人力资源和社会保障部职业能力建设司推荐
有色金属行业职业教育培训规划教材

轻有色金属及其合金板带箔材生产

刘 阳 等编著

U0342221

北 京
冶 金 工 业 出 版 社
2013

内 容 简 介

本书是有色金属行业职业教育培训规划教材之一，是根据有色金属企业生产实际、岗位技能要求以及职业学校教学需要编写的，并经人力资源和社会保障部职业培训教材工作委员会办公室组织专家评审通过。

本书详细介绍了轻有色金属及其合金板、带、箔材生产工艺、技术和设备。全书共分 10 章，包括概述、轧制设备、轧制基础理论、热轧、冷轧、热处理、板带材精整、中厚板生产、铝箔生产、产品的检验及包装。在内容组织及结构安排上，力求简明扼要，通俗易懂，理论联系实际，切合生产实际需要，突出行业特点。为便于读者自学，加深理解和学用结合，各章均附复习思考题。

本书可作为有色金属企业岗位操作人员的培训教材，也可作为职业学校（院）相关专业的教材，同时还可供有关工程技术人员参考。

图书在版编目 (CIP) 数据

轻有色金属及其合金板带箔材生产/刘阳等编著 . —北京：冶金工业出版社，2013.4
有色金属行业职业教育培训规划教材
ISBN 978-7-5024-6128-7

Ⅰ.①轻…　Ⅱ.①刘…　Ⅲ.①轻有色金属合金—金属板—生产工艺—职业教育—教材　②轻有色金属合金—金属带—生产工艺—职业教育—教材　③轻有色金属合金—金属箔—生产工艺—职业教育—教材　Ⅳ.①TG146.2

中国版本图书馆 CIP 数据核字 (2013) 第 016858 号

出 版 人　谭学余
地　　　址　北京北河沿大街嵩祝院北巷 39 号，邮编 100009
电　　　话　(010)64027926　电子信箱　yjcbs@cnmip.com.cn
责任编辑　张登科　王雪涛　美术编辑　李 新　版式设计　孙跃红
责任校对　王贺兰　责任印制　牛晓波
ISBN 978-7-5024-6128-7
冶金工业出版社出版发行；各地新华书店经销；三河市双峰印刷装订有限公司印刷
2013 年 4 月第 1 版，2013 年 4 月第 1 次印刷
787mm×1092mm　1/16；16.25 印张；432 千字；245 页
45.00 元

冶金工业出版社投稿电话：(010)64027932　投稿信箱：tougao@cnmip.com.cn
冶金工业出版社发行部　电话：(010)64044283　传真：(010)64027893
冶金书店　地址：北京东四西大街 46 号(100010)　电话：(010)65289081(兼传真)
（本书如有印装质量问题,本社发行部负责退换）

有色金属行业职业教育培训规划教材
编辑委员会

主　任　丁学全　中国有色金属工业协会党委副书记、中国职工教
　　　　　　　　育和职业培训协会有色金属分会理事长、全国有
　　　　　　　　色金属职业教育教学指导委员会主任
　　　　　谭学余　冶金工业出版社社长
副 主 任　丁跃华　有色金属工业人才中心总经理、有色金属行业职
　　　　　　　　业技能鉴定指导中心主任、中国职工教育和职业
　　　　　　　　培训协会有色金属分会副理事长兼秘书长
　　　　　鲁启峰　中国职工教育和职业培训协会冶金分会秘书长
　　　　　任静波　冶金工业出版社总编辑
　　　　　杨焕文　中国有色金属学会副秘书长
　　　　　赵东海　洛阳铜加工集团有限责任公司董事长、党委书记
　　　　　洪　伟　青海投资集团有限公司董事长、党委书记
　　　　　贺怀钦　河南中孚实业股份有限公司董事长
　　　　　张　平　江苏常铝铝业股份有限公司董事长
　　　　　王力华　中铝河南铝业公司总经理、党委书记
　　　　　李宏磊　中铝洛阳铜业有限公司副总经理
　　　　　王志军　洛阳龙鼎铝业有限公司常务副总经理
秘 书 长　杨伟宏　洛阳有色金属工业学校校长（0379-64949030，
　　　　　　　　yangwh0139@126.com）

副秘书长　张登科　冶金工业出版社编审（010-64062877，zhdengke@
　　　　　　　　　sina.com）

委　　员　（按姓氏笔画排序）

王进良　中孚实业高精铝深加工分公司

王　洪　中铝稀有稀土有限公司

王　辉　株洲冶炼集团股份有限公司

李巧云　洛阳有色金属工业学校

李　贵　河南豫光金铅股份有限公司

闫保强　洛阳有色金属工业设计研究院

刘静安　中铝西南铝业（集团）有限责任公司

陆　芸　江苏常铝铝业股份有限公司

张安乐　洛阳龙鼎铝业有限公司

张星翔　中孚实业高精铝深加工分公司

张鸿烈　白银有色金属公司西北铅锌厂

但渭林　江西理工大学南昌分院

武红林　中铝东北轻合金有限责任公司

郭天立　中冶葫芦岛有色金属集团公司

党建锋　中电投宁夏青铜峡能源铝业集团有限公司

董运华　洛阳有色金属加工设计研究院

雷　霆　云南冶金高等专科学校

序

有色金属工业是国民经济重要的基础原材料产业和技术进步的先导产业。改革开放以来，我国有色金属工业取得了快速发展，十种常用有色金属产销量已经连续多年位居世界第一，产品品种不断增加，产业结构趋于合理，装备水平不断提高，技术进步步伐加快，时至今日，我国已经成为名符其实的有色金属大国。

"十二五"期间，是我国由有色金属大国向强国转变的重要时期，要成为有色金属强国，根本靠科技，基础在教育，关键在人才，有色金属行业必须建立一支规模宏大、结构合理、素质优良、业务精湛的人才队伍，尤其是要建立一支高水平的技能型人才队伍。

建立技能型人才队伍既是有色金属工业科学发展的迫切需要，也是建设国家现代职业教育体系的重要任务。首先，技能型人才和经营管理人才、专业技术人才一样，同是企业人才队伍中不可或缺的重要组成部分，在企业生产过程中，装备要靠技能型人才去掌握，工艺要靠技能型人才去实现，产品要靠技能型人才去完成，技能型人才是企业生产力的实现者。其次，我国有色金属行业与世界先进水平相比还有一定差距，要弥补差距，赶超世界先进水平靠的是人才，而现在最缺乏的就是高技能型人才。再次，随着对实体经济重要性认识的不断深化，有色金属工业对技能型人才的重视程度和需求也在不断提高。

人才要靠培养，培养需要教材。有色金属工业人才中心和洛阳有色金属工业学校为了落实中国有色金属工业协会和教育部颁发的《关于提高职业教育支撑有色金属工业发展能力的指导意见》精神，为了适应行业技能型人才培养的需要，与冶金工业出版社合作，组织编写了这套面向企业和职业技术院校的培训教材。这套教材的显著特点就是体现了基本理论知识和基本技能训练的"双基"培养目标，侧重于联系企业生产实际，解决现实生产问题，是一套面向中级技术工人和职业技术院校学生实用的中级教材。

该教材的推广和应用，将对发展行业职业教育，建设行业技能人才队伍，推动有色金属工业的科学发展起到积极的作用。

中国有色金属工业协会会长　陈全训

2013 年 2 月

前　言

节能降耗、改善环境已成为人类生活与社会持续发展的必要条件，人们正努力开辟新途径，寻求新的发展方向和有效的发展模式。轻量化显然是有效的发展途径之一，铝、镁、钛是轻量化必选的金属材料。轻有色金属板、带、箔生产，是以金属材料及热处理、有色金属压力加工原理、轻有色金属熔炼与铸造等为基础，结合一系列的现代化技术装备、先进的生产工艺以及科学的管理知识，形成了完整的、专业化的生产系统，在金属加工工业占有重要的地位。

本书是按照人力资源和社会保障部的规划，参照行业职业技能标准和职业技能鉴定规范，根据有色金属企业生产实际、岗位技能要求以及职业学校教学需要编写的。书稿经人力资源和社会保障部职业培训教材工作委员会办公室组织专家评审通过，由人力资源和社会保障部职业能力建设司推荐作为有色金属行业职业教育培训规划教材。

本书详细介绍了轻有色金属及其合金板、带、箔材的生产工艺、技术和设备。全书共分10章，包括概述、轧制设备、轧制基础理论、热轧、冷轧、热处理、板带材精整、中厚板生产、铝箔生产、产品的检验及包装。在内容组织和结构安排上，力求简明扼要，通俗易懂，理论联系实际，切合生产实际需要，突出行业特点。为便于读者自学，加深理解和学用结合，各章均附复习思考题。

本书可作为有色金属企业岗位操作人员的培训教材，也可作为职业学校（院）相关专业的教材，同时也可供有关的工程技术人员参考。

本书第1、2、4~10章由刘阳编写，第3章由申智华编写。本书由广东有色金属加工技术委员会主席王自焘、中铝洛铜高精度电子铜带厂厂长李向宇、中铝河南铝箔厂厂长李斌主持审稿，在编写过程中得到了洛阳有色金属工业学校领导杨伟宏以及李巧云、姚晓燕、白素琴、谭劲峰、马宝平等同志的热情帮助和指导，张华乐同志主要参与了本书的图片处理，在此一并表示衷心的感谢。

　　另外，本书参考了一些相关的手册或文献资料，对其作者致以诚挚的谢意。

　　由于编者水平所限，编写经验不足，书中不妥之处，恳请读者批评指正。

编　者

2012 年 12 月

目　录

1 概　　述

　　轻有色金属是指密度小于 4500kg/m³ 的有色金属，如铝、镁、钛等金属及其合金等，轻有色金属以密度小、比强度与比模量高的特性而在运载火箭、卫星、飞机、汽车、船舶上获得广泛应用，是制造其中许多结构件和零、部件的主要材料。这些轻有色金属可通过压力加工的方法，制成各种各样的加工材，其中最具代表性、应用最广泛的是铝及铝合金加工材。铝及铝合金板、带、箔材是加工材的重要品种。

1.1　轻有色金属及其合金生产技术发展

1.1.1　种类和主要成分

　　用于轻有色金属及其合金板、带、箔材生产的金属材料大多是铝及铝合金、镁及镁合金、钛及钛合金，它们的常用牌号和主要化学成分分列于表 1-1 ~ 表 1-3 中。

表 1-1　常用铝及铝合金的牌号和化学成分

系　列	牌　号	主要成分/%
1××	1A97	Al 不小于 99.97
	1070	Al 不小于 99.7
	1060	Al 不小于 99.6
	1050	Al 不小于 99.5
	1145	Al 不小于 99.45
	1035	Al 不小于 99.35
	1100	Al 不小于 99.00
2×××	2A01	Cu 2.2 ~ 3.0, Mg 0.20 ~ 0.50, Al 余量
	2A02	Cu 2.6 ~ 3.2, Mn 0.45 ~ 0.70, Mg 2.0 ~ 2.4, Al 余量
	2A11	Cu 3.8 ~ 4.8, Mn 0.4 ~ 0.8, Mg 0.40 ~ 0.80, Al 余量
	2A12	Cu 3.8 ~ 4.9, Mn 0.3 ~ 0.9, Mg 1.20 ~ 1.8, Al 余量
	2014	Cu 3.9 ~ 5.0, Mn 0.4 ~ 1.2, Mg 0.20 ~ 0.80, Si 0.5 ~ 1.2, Al 余量
	2024	Cu 3.8 ~ 4.9, Mn 0.3 ~ 0.9, Mg 1.20 ~ 1.8, Al 余量
3×××	3A21	Mn 1.0 ~ 1.6, Al 余量
	3003	Mn 1.0 ~ 1.5, Cu 0.05 ~ 0.20, Al 余量
	3004	Mn 1.0 ~ 1.5, Mg 0.8 ~ 1.3, Al 余量
	3005	Mn 1.0 ~ 1.5, Mg 0.2 ~ 0.6, Al 余量
4×××	4043	Si 4.5 ~ 6.0, Al 余量
	4004	Si 9.0 ~ 10.5, Mg 1.0 ~ 2.0, Al 余量
	4007	Si 11.0 ~ 13.0, Al 余量

系　列	牌　号	主要成分/%
5×××	5A02	Mn 0.15~0.4，Mg 2.0~2.8，Al 余量
	5A03	Mn 0.3~0.6，Mg 3.2~3.8，Si 0.5~0.8，Al 余量
	5A05	Mn 0.3~0.6，Mg 4.8~5.5，Al 余量
	5A06	Mn 0.5~0.8，Mg 5.8~6.8，Al 余量
	5052	Cr 0.15~0.35，Mg 2.2~2.8，Al 余量
	5154	Cr 0.15~0.35，Mg 2.2~2.8，Al 余量
	5754	Mg 2.6~3.6，Al 余量
	5083	Mn 0.5~1.0，Mg 4.0~4.9，Cr 0.05~0.25，Al 余量
	5086	Mn 0.2~0.7，Mg 3.5~4.5，Cr 0.05~0.25，Al 余量
6×××	6A02	Mn 或 Cr 0.15~0.35，Mg 0.45~0.9，Si 0.5~1.2，Cu 0.2~0.6，Al 余量
	6061	Cr 0.04~0.35，Mg 0.8~1.2，Si 0.4~0.8，Cu 0.15~0.4，Al 余量
	6063	Mg 0.45~0.9，Si 0.2~0.6，Al 余量
7×××	7A04	Mn 0.2~0.6，Zn 5.0~7.0，Mg 1.8~2.8，Cr 0.1~0.25，Cu 1.4~2.0，Al 余量
	7020	Mn 0.05~0.5，Zn 4.0~5.0，Mg 1.0~1.4，Cr 0.1~0.35，Al 余量
	7075	Zn 5.1~6.1，Mg 2.1~2.9，Cr 0.18~0.28，Cu 1.2~2.0，Al 余量
8×××	8011	Si 0.5~0.9，Fe 0.6~1.0，Al 余量
	8090	Cu 1.0~1.6，Mg 0.6~1.3，Li 2.2~2.7，Zr 0.04~0.16，Al 余量

表 1-2　常用镁及镁合金牌号和化学成分

系　列	牌　号	主要成分/%
Mg	Mg 99.95	Mg 不小于 99.95
	Mg 99.50	Mg 不小于 99.50
MgAlZn	AZ31B	Al 2.5~3.5，Zn 0.6~1.4，Mn 0.2~1.0，Mg 余量
	AZ40M	Al 3.0~4.0，Zn 0.2~0.8，Mn 0.15~0.5，Mg 余量
	AZ41M	Al 3.7~4.7，Zn 0.8~1.4，Mn 0.3~0.6，Mg 余量
	AZ61M	Al 5.5~7.0，Zn 0.5~1.5，Mn 0.15~0.5，Mg 余量
MgMn	M2M	Mn 1.3~2.5，Mg 余量
MgMnRE	ME20M	Mn 1.3~2.2，Ce 0.15~0.35，Mg 余量
MgZnZr	ZK61M	Zn 5.0~6.0，Zr 0.3~0.9，Mg 余量

表 1-3 常用钛及钛合金牌号和化学成分

类 别	牌 号	化学成分/%
α 钛合金	TA6	Ti-5Al
	TA7	Ti-5Al-2.5Sn
β 钛合金	TB2	Ti-5Mo-5V-8Cr-3Al
α + β 钛合金	TC4	Ti-6Al-4V
	TC3	Ti-5Al-4V
	TC2	Ti-4Al-1.5Mn

1.1.2 生产技术发展

1.1.2.1 国外轻有色金属加工技术的发展特点及发展趋势

A 国外铝加工技术的发展特点

国外铝加工技术的发展特点如下:

(1) 工艺装备更新换代快,更新周期一般为 10 年左右。设备向大型化、精密化、紧凑化、成套化、自动化方向发展。

(2) 工艺技术不断推新,向节能降耗、精简连续、高速高效、广谱交叉的方向发展。

(3) 十分重视工具和模具的结构设计、材质选择,不断改进和完善加工工艺、热处理工艺和表面处理工艺,产品质量和寿命得到极大的提高。

(4) 产品结构处于大调整时期。为了适应科技的进步和经济、社会的发展及人们生活水平的提高,很多传统的和低档的产品被淘汰,新型的高档高科技产品不断涌现。

(5) 十分重视科技进步、技术创新和信息开发。随着信息时代和知识经济时代的到来,这对铝加工技术更为重要。

(6) 科学管理全面实现自动化和现代化,体制和机制不断调整,以适应社会发展和市场变化的需要。

B 国外铝加工技术的发展趋势

a 铝合金材料的发展趋向

目前,全世界已正式注册的铝合金达千种以上,分别包含在 $1 \times \times \times \sim 9 \times \times \times$ 系列中,为世界经济的发展和人类的进步做出了巨大贡献。但是,随着科技的进步和人们生活水平的提高,有些合金已被淘汰,急需发展一批高强、高韧、高模、耐磨、耐蚀、耐疲劳、耐高温、耐低温、耐辐射、防火、防爆、易切削、易抛光、可表面处理、可焊接和超轻的新型铝合金,如 $R_m > 780 MPa$ 的高强高韧合金、密度小于 $2400 kg/m^3$ 的铝锂合金、粉末冶金和复合材料等。

b 熔铸技术的发展趋向

铸坯的质量直接决定铝材的最终质量。应采用所有的新科技手段提高铝合金铸锭的冶金质量,主要的发展方向是:

(1) 优化铝合金的化学成分、主要元素配比和微量元素的含量,不断提高铝锭的纯度。

(2) 强化和优化铝熔体在线净化处理技术,尽量减少熔体中的气体(H_2 等)和夹杂物的含量,如使每 100g 铝中 H_2 含量小于 0.1mL;钠离子的质量分数小于 3×10^{-6} 等。

(3) 强化、优化细化处理和变质处理技术,不断改进和完善 Al-Ti-B、Al-Ti-C 等细化工艺,改进变质处理工艺。

（4）采用先进的熔铝炉型和高效喷嘴，不断提高熔炼技术和热效率。目前世界上最大的熔铝炉为150t，是一种圆形、可倾斜、可开盖的计算机自动控制的燃气炉。各种炉型正向大型化和自动化方向发展。

（5）采用先进的铸造方法，如电磁铸造、油气混合润滑铸造、矮结晶器铸造等以提高生产效率和产品质量，节能降耗，降低成本。

（6）采用先进的均匀化处理设备与工艺，提高铸锭的化学成分、组织与性能的均匀性。

c　轧制技术的发展趋势

铝合金板、带、箔材的产量占铝加工材总产量的60%左右，由于其用途十分广泛，所以铝材的轧制技术也发展很快，主要表现在：

（1）热轧机向大型化、控制自动化和精密化方向发展。目前，世界上最大的热轧机为美国的5588mm热轧机组，热轧板的最大宽度为5200mm，最厚为300mm，最长为30m。"二人转"的老式轧机将被淘汰，四辊式单机架单卷取将被双卷取代替，适当发展热粗轧＋热精轧（即1＋1）的生产方式，大力发展1＋3、1＋4、1＋5等热连轧生产方式，大大提高生产效率和产品质量。

（2）连续铸轧和连铸连轧向高速高精超宽薄壁方向发展。最近美国研制成功的高速超薄连续铸轧机组可生产宽为2000mm，厚度为2mm的连续铸轧带材，速度可达10m/min以上，可代替冷轧机直接供给铝箔毛料，甚至可用为易拉罐的毛坯料。

（3）冷轧向宽幅（宽度大于2000mm）、高速（速度最大为45m/s）、高精（±2μm）、高度自动化控制方向发展，并且开始发展冷连轧工艺，可大幅度提高生产效率。

铝箔轧制向更宽、更薄、更精、更自动化的方向发展，可用不等厚的双合轧制生产0.004mm的特薄铝箔，同时开发了喷雾成型等其他生产铝箔的方法。

C　国外镁合金加工技术的发展趋势

与其他金属相比，镁及镁合金有许多突出的工艺及性能特点。20世纪90年代以来，汽车工业出于节能和环保的考虑，对镁合金的需求呈现出快速、稳步上升的趋势。由于在镁合金的制备、加工成型技术方面取得了一系列突破，镁合金的生产成本不断降低，使用性能不断提高，大大促进了镁合金在汽车、电子、通信、家电等众多工业领域的应用。

美国、德国、澳大利亚等国都投资数十亿美元，实施各自的镁工业研究开发计划，扩展镁合金在汽车上的应用；日本通过立法限制工程塑料的使用，率先将镁合金用于制造笔记本电脑、移动电话、摄像机、数码相机等先进电子装置的壳体，并逐步推广到电视、投影仪、音响等大型家电中。我国台湾已有15家年产量约为2000万套的镁制笔记本电脑壳体的生产企业，占据全球40%以上市场份额。

在高性能镁合金材料及加工技术、防护技术方面取得大的突破之后，镁合金材料应用范围将不断扩大。

D　国外钛合金技术的发展趋势

国外钛工业主要集中在美国、俄罗斯和日本三个国家。生产技术方面，克劳尔法仍是生产海绵钛的主导工艺；电子束冷床炉熔炼技术已在钛铸锭的制备上进行了商业化应用；大型锻件和精密锻造技术正在不断地发展；激光成型等近终成型技术正在不断地得到应用。一些常规加工技术如锻造、轧制等已完全实现了计算机自动控制。

钛合金材料在非航空工业应用所占的比例为50%~60%，航空工业应用的比例为40%~50%。钛在航空工业上的应用比例，美国、俄罗斯等国远远高于日本和中国，约占到了70%~80%。日本以非航空工业应用为主，约占90%。钛在生物医学和汽车上的应用受到世界各国的普遍关注。新型医用钛合金、高温钛合金、高强钛合金、低成本钛合金等的研究比较活跃，新的制备、成型加工技术方兴未艾。

世界钛技术的发展趋势是：钛的低成本化制备、加工技术，包括海绵生产、钛合金材料设计及加工过程等的低成本化；大型优质钛合金坯料制备技术，包括单次冷床炉熔炼直接轧制技术，钛带连续加工技术生产等；近终成型技术，包括激光成型、精密铸造、精密模锻、超塑成型/扩散连接、喷射成型等；钛的推广应用技术，包括生物医用钛、汽车用钛、建筑用钛等。

1.1.2.2　国内轻有色金属加工技术的发展特点及发展趋势

A　我国铝加工技术的发展历史与现状

1949 年以前，我国铝合金及其加工业几乎是空白，根本谈不上装机水平、工艺技术的先进性。1956 年我国第一家大型综合性铝加工企业——东北轻合金加工厂正式投产，从而初步形成了从采矿、冶炼到加工的完整的铝工业体系，为开拓和发展铝加工工业奠定了良好的基础。1968～1977 年是我国铝加工工业的开拓阶段。我国自己设计、自己制造设备、自己建设安装的西北铝加工厂和西南铝加工厂分别于 1968 年和 1970 年相继投产，依靠自力更生完成了我国铝加工企业较合理的布局。此后，在全国建设了一批（近 100 家）中小型铝加工厂和铝制品厂。

1978～1992 年是我国铝加工工业振兴与大发展的时期。1994 年以后，我国的铝加工技术日臻成熟，生产规模、工艺装备、技术和质量水平以及科技开发等步入了一个更高层次的发展阶段，开始与国际铝加工工业接轨。

B　我国铝加工技术的发展趋势

我国铝加工技术的发展趋势为：

（1）大合并，上规模。淘汰规模小、设备落后、开工不足和产品质量低劣的企业，建成几个具有国际一流水平的大型综合性铝加工企业。

（2）产品结构大调整，向中、高档和高科技产品发展。淘汰低劣产品，研制开发高新技术产品，代替进口，满足市场需求。

（3）大搞科技进步、技术创新和信息开发，建立技术开发中心。更新工艺，使铝加工技术达到国际一流水平。

（4）体制与机制调整，与国际铝加工工业接轨，把我国的铝加工工业和技术推向国际市场，创建我国完整的铝加工技术体系和自主知识产权体系。

C　我国镁加工技术的现状与发展趋势

镁合金材料广泛用于汽车、摩托车、机械、航空、航海、国防等领域，金属镁的需求量每年以 20% 的速度快速增长，正成为继钢铁、铝之后第三大金属工程材料，在一些重要领域出现了以镁代铝、以镁代钢、以镁代塑的趋势，被誉为"21 世纪绿色工程材料"。

我国镁工业近几年发展很快，2002 年原镁产量达 26.8 万吨，占世界产量的 56%，其中 80% 出口。但我国镁的加工和应用与发达国家相比，差距仍然较大。

"十五"科技攻关计划镁合金专项攻关安排国家拨款经费 4100 万元，主要任务是培育具有国际竞争力的镁合金新产业。"863"计划安排国家拨款经费 1150 万元，支持耐热、耐腐蚀和变形镁合金新产品的技术开发，以实现从镁资源大国、原材料生产大国向先进镁合金及其产品强国的跨越式发展。

到 2003 年，我国在先进镁合金及其应用研究方面取得了如下进展：已申请 15 项发明专利和 18 项实用新型专利；原材料方面，正在筹建万吨级高品质新型镁合金材料生产基地；装备方面，开发了具有自主知识产权的系列镁合金专用压铸机以及镁合金熔炼系统，国内市场占有率已达到 40%；已开发八类 3C 产品和汽车、摩托车零部件，并实现部分装车；采用下沉阴极电解新工艺，成功制备出稀土含量为 15% ~ 20%、具有自主知识产权的低成本镁中间合金，为开发汽车动力、传动系统所需抗高温蠕变和耐腐蚀镁合金奠定基础。

我国镁工业当前与国际水平的主要差距是：对高强、高韧合金，耐热、耐腐蚀镁合金体系的研究不够，尚未形成完整的合金体系；镁合金变形加工技术研究开发落后；镁合金基础理论研究不充分；镁合金材料的应用开发起步较晚，急需开发应用市场。

镁合金轧制板材在笔记本电脑、移动电话、电视机、MD、CD、投影机等 3C 产品中广泛应用。变形镁合金作为新型的轻质结构材料已应用于汽车、造船、航空航天和电子工业等部门。镁合金加工技术的关键课题是：设计合理的加工工艺流程；设计合理的加工生产配套工具；制定各种成分、各种规格镁合金铸锭、板坯、半成品的加热制度；制定各种成分、各种规格镁合金热轧、挤压和锻造工艺参数；制定各种成分、各种规格镁合金精轧和冷成型加工工艺参数；制定各种成分、各种规格镁合金的热处理制度。

常用的镁合金塑性差，不像铝合金那样能以很高的道次变形率（50% ~ 60%）进行加工，但近年发展的 Mg-Li 合金（锂含量 10% ~ 14%）比强度高，具有优良的冷、热变形能力，又具有超塑性，适于轧制厚板和薄板。在高温下，镁合金具有较高的塑性，若热轧温度不低于 370℃，M_2M、ME20M、AZ40M、AZ41M 等合金的热轧总加工率可达 95% 以上。镁合金冷轧较困难，一般道次变形率只有 10% ~ 15%。若变形率高会发生严重的裂边，甚至无法轧制。生产镁合金薄规格板材时，通常要进行三次或更多次的反复加热与轧制。一般厚板可在热轧机上直接生产，而薄板一般采用冷轧和温轧两种方式生产。镁合金一般采用块式生产法，厚板厚度为 10 ~ 70mm，薄板厚度为 0.10 ~ 10mm。板材轧制可用二辊轧机、四辊轧机，通常用二辊轧机，大批量生产可用四辊轧机。轧制可用锭坯、铸坯，也可用挤压坯或锻坯，铸坯可用厚壁铸铁模铸造，浸入法铸造，也可用半连续法或连续法铸造。锭坯在轧制前应进行均匀化处理并铣面以除掉表面缺陷。近年来，挤压坯的生产备受重视，日本用 0.18 ~ 2mm 厚，300 ~ 800mm 宽的挤压坯直接冷轧得到 0.15mm 以下薄板。

新开发的"双辊连铸，温间轧制"的宽幅镁合金板制造技术，是直接采用双辊轧制法将熔融的各种镁合金铸成宽幅板，然后用连续轧制法制造塑性加工性良好的薄板，可用于制造深拉伸制品。该技术生产效率高，产品成本大幅下降。

一般来说，易塑性变形的镁锰（$w(Mn) < 2.15\%$）合金和镁-锌-锆合金可直接用铸锭轧制；难塑性变形的合金，如含 5.15% ~ 7.10% Al，0.115% ~ 0.15% Mn，0.15% ~ 1.15% Zn 的镁-铝-锌合金，则宜用挤压坯轧制。

双辊连续铸轧镁合金薄带是将熔融的镁合金注入两个反向旋转的轧辊之间，在镁合金熔液快速凝固的同时发生塑性变形，将铸造与塑性加工合为一体，直接由镁液连续铸轧生产板带坯。此工艺具有快速凝固特点，可获得超细晶粒组织，能显著提高镁合金塑性，解决镁合金常温难以塑性加工的难题。同时此工艺极大地缩短了工艺流程，减少了镁合金氧化烧损，降低了轧制成本。

目前，我国对镁合金材料的技术需求主要为：镁合金变形加工技术的研究开发；镁合金焊接技术和表面防护技术及装备的研究开发。

D　我国钛加工技术的现状与发展趋势

作为世界四个主要钛工业国家（美、日、俄、中）之一，我国已形成了较为完善的钛工业体系。2002 年海绵钛和钛加工材达到了 3680t 和 4163t 的历史最好水平。据估计，我国海绵钛和钛加工材的实际消费能力已达到 8000t 和 7000t。

在生产技术方面，我国引进了电子束冷床炉熔炼技术、快锻技术、精密锻造技术等，并加以消化和吸收，对推动我国钛加工技术进步起到了十分重要的作用。另外，我国钛的精密铸造技术、超塑成型/扩散连接技术，激光成型技术等也取得了长足的发展。

在研究与开发方面，我国强化了自主知识产权意识，已研制的钛合金有 50 余种，有 20 多种列入国家标准，形成了近 20 余种具有我国自主知识产权的钛合金。目前，我国正致力于 4 种钛合金的研究与开发，即高温钛合金、结构钛合金、耐蚀钛合金和功能钛合金，并且已取得显著进展。

我国钛合金的应用主要以非航空工业为主，占 85% 以上，航空航天工业应用占 13%，产品品种主要包括锻件、棒丝、管、板等。民用主要用于石油、化工等行业，近期发展的主要目标是国内市场。我国钛及钛合金的研究与应用主要以市场和民用为主，受国际钛工业发展的影响较小。随着我国经济的发展和国力的增强，钛材在航空航天工业上的应用将有所增加。在民用方面，除了传统的石油、化工、电力等行业外，体育、医疗器械、装饰、建筑等行业也正在成为钛材新的应用领域。

我国钛工业与世界先进水平差距主要是：海绵钛生产规模小，能耗高，生产效率低；缺乏先进的大型钛合金熔炼技术和装备，对高熔点、易偏析合金大规格铸锭成分均匀性及缺陷的控制有待改进；设备加工能力和加工过程的自动控制水平低，产品性能不稳定、成材率低；应用水平较低，军事用钛比例低，民用钛领域相对较窄；基础研究薄弱，原创性和革新性的材料设计、工艺少。

1.2 轻有色金属及其合金的分类、产品状态、品种及规格

1.2.1 分类

轻有色金属指密度小于 4500kg/m³ 的有色金属材料，包括铝、镁、钛、钠、钾、钙、锶、钡等纯金属及其合金。这类金属的共同特点是：密度小（530 ~ 4500kg/m³），化学活性大，其中在工业上应用最为广泛的是铝及铝合金、镁及镁合金、钛及钛合金。

1.2.1.1 铝及铝合金

铝及铝合金通常分为变形铝合金和铸造铝合金（图 1-1）。在有色金属板、带、箔生产中主要采用变形铝合金，而变形铝合金又可分为工业纯铝、热处理不可强化铝合金和热处理可强化铝合金。

A 纯铝

铝是元素周期表中第 ⅢA 族元素，具有面心立方点阵，无同素异构转变；原子序数为 13，相对原子质量为 26.9815。铝是银白色金属，具有密度小、电导率高（约为纯铜的 60%）、导热性能良好、耐腐蚀性好、无低温脆性、塑性好、易加工成型和对光的反射率高等

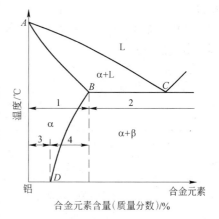

图 1-1 铝合金分类示意图

1—变形铝合金；2—铸造铝合金；3—热处理不可强化铝合金；4—热处理可强化铝合金

优点。

a　纯铝的一般特性

纯铝具有以下特性：

（1）密度小。纯铝的密度约为铁密度的35%。

（2）可强化。纯铝的强度虽不高，但通过冷加工可使其强度提高一倍以上；还可通过添加合金元素使其合金化，再经过热处理进一步强化，其比强度可与优质合金钢媲美。

（3）易加工。铝可用任何铸造方法铸造。铝的塑性好，可轧成薄板和箔；拉成管材和细丝；挤压成各种型材；可进行车、铣、镗、刨等机械加工。

（4）耐腐蚀。铝及铝合金表面易生成一种致密、牢固的Al_2O_3保护膜，因此，铝有很好的耐大气腐蚀和水腐蚀的能力。

（5）无低温脆性。铝在摄氏零度以下，随着温度的降低，强度和塑性不仅不会降低，反而提高。

（6）导电、导热性好。铝的导电、导热性能仅次于银、铜和金。室温时电工铝的等体积电导率可达62% IACS。若按单位质量导电能力计算，其导电能力为铜的一倍。

（7）反射性强。铝的抛光表面对白光的反射率达80%以上，纯度越高，反射率越大。同时，铝对红外线、紫外线、电磁波、热辐射等都有良好的反射性能。

（8）纯铝无磁性、冲击不产生火花，十分适合用作仪表材料，电气设备的屏蔽材料，易燃、易爆物生产器材。

（9）纯铝有吸音性，对室内装饰有利。

（10）耐核辐射。铝对高能中子来说，具有与其他金属相同程度的中子吸收截面，对低能范围内的中子，其吸收截面小，仅次于铍、镁、锆等金属。

铝的加工性能良好，在常温和加热状态下都有较高的塑性，既可在室温下进行轧制、深冲和拉伸，也可在350~500℃温度下进行轧制、挤压等热加工。

铝可以进行气焊、氩弧焊、原子氢焊和接触焊接，但铝的切削性能不好。

纯铝的机械强度低而塑性高，不能承受较大的载荷。

对铝进行冷的压力加工变形时，铝的抗拉强度、屈服强度和硬度都随着变形程度的增加而提高，但其伸长率却相应降低。

纯铝可制成不同规格的板材、带材、箔材、管材、棒材、型材、线材及电缆、导线、电容器等电气器材。

b　纯铝的物理性能

纯铝的主要物理性能见表1-4。

表1-4　纯铝的主要物理性能

性　　能	高纯铝（99.996%）	工业纯铝（99.5%）
原子序数	13	
相对原子质量	26.9815	
晶格常数(20℃)/m	4.0494×10^{-10}	4.04×10^{-10}
密度(20℃)/kg·m^{-3}	2698	2710
熔点/℃	660.24	约655

续表1-4

性　能		高纯铝(99.996%)	工业纯铝(99.5%)
沸点/℃		2060	
熔解热/J·kg^{-1}		3.961×10^5	3.894×10^5
燃烧热/J·kg^{-1}		3.094×10^7	3.108×10^7
凝固体积收缩率/%			6.6
比热容(20℃)/J·(kg·K)$^{-1}$		934.92	964.74
热导率(25℃)/W·(m·K)$^{-1}$		235.2	222.6(O态)
线膨胀系数/μm·(m·K)$^{-1}$	20~100℃	24.58	23.5
	100~300℃	25.45	25.6
弹性模量/MPa			70000
切变模量/MPa			26250
声音传播速度/m·s^{-1}			4900
电导率/%IACS		64.94	59(O态),57(H态)
电阻率(20℃)/μΩ·m		0.0267	0.02922(O态),57(H态)
磁导率/H·m^{-1}		1.0×10^{-5}	1.0×10^{-5}
反射率/%	$\lambda = 2500 \times 10^{-10}$ m		87
	$\lambda = 5000 \times 10^{-10}$ m		90
	$\lambda = 20000 \times 10^{-10}$ m		97

铝的电极电位为 $-0.5 \sim -3V$，99.99%铝在53% NaCl + 0.3% H_2O 中对甘汞参比电极的电位为 $(-0.87 + 0.01)V$。铝虽然是活泼金属之一，但是在许多氧化性介质、水、大气、大部分中性溶液和许多弱酸性介质与强氧化性介质中，铝具有相当高的稳定性。这是因为铝在上述介质中，能在其表面形成一层致密、连续的氧化物膜。这种氧化物的摩尔体积约比铝的大30%。这层氧化膜处在压应力的作用下，当它遭到破坏时，又会立即形成。在大气中，铝表面形成的氧化膜厚度相当薄，其厚度是温度的函数，在室温下，厚约 $2.5 \sim 5.0 \mu m$，因此铝在大气中是耐腐蚀的。

铝及铝合金的腐蚀是一个很复杂的过程，既受环境因素的影响，又与合金的性质有关。在环境因素中，既有物理方面的因素，又有化学方面的因素。属于前者的有：温度、运动、搅拌、压力及杂散电流；属于后者的有：成分、杂质（类型与数量）等。

纯铝分高纯铝（如1A99）和普通工业纯铝（如1060、1050等）。高纯铝纯度高，铝含量高达99.85%~99.99%，其特点是传热导电性能和塑性变形能力好，有很好的抗腐蚀性能。普通工业纯铝，根据其所含元素种类和杂质数量，分为很多牌号，性能有差异，可根据用途选用。

工业纯铝中的主要杂质是 Fe 和 Si，其次是 Cu、Mg、Zn、Mn、Cr、Ti、B 等以及一些稀土元素，这些微量元素在部分工业纯铝中还起合金化的作用，并且对合金的组织和性能均有一定的影响。不同纯度铝的典型力学性能见表1-5。

表 1-5　不同纯度铝的典型力学性能

铝含量/%	抗拉强度/MPa	屈服强度/MPa	伸长率/%	剪切模量/MPa	弹性模量/MPa
99.99	45	10	50		62
99.8	60	20	45		
99.7	65	26			
99.6	70	30	43	50	
99.5	85	30	30	55	69

纯铝对光的反射能力见图 1-2，铝的纯度与强度的关系见图 1-3，铝的纯度与硬度的关系见图 1-4。

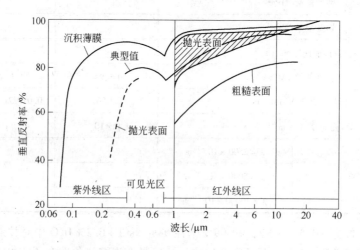

图 1-2　纯铝对光的反射能力

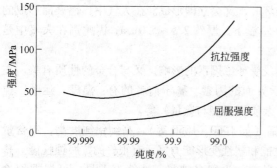

图 1-3　铝的纯度与强度的关系

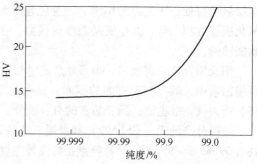

图 1-4　铝的纯度与硬度的关系

c　合金元素及杂质对纯铝性能的影响

（1）合金元素对纯铝性能的影响。

Mg：镁在纯铝中可以是添加元素，并主要以固溶状态存在，其作用是提高强度，对再结晶温度的影响较小。不同镁含量的工业 Al-Mg 合金的力学性能见图 1-5。镁对铝的强化作用明显，每增加 1% Mg，抗拉强度大约提高 34MPa。镁可以单独加入形成二元 Al-Mg 合金，也可以和其他合金元素一同加入。与固溶体平衡的相为 Al_8Mg_2，其热处理强化作用不明显，故二元 Al-Mg 合金为热处理不可强化铝合金，而 Al_8Mg_2 相的形态和分布对合金抗蚀性有明显的影响，如果沿晶界呈链状分布，将造成晶间腐蚀和应力腐蚀开裂；如果呈弥散状态分布于晶内和晶界，则明显提高合金的抗蚀性能。

Mn、Cr：Mn、Cr 可以明显提高再结晶温度，细化再结晶晶粒。锰含量和热处理工艺对 Al-Mn 合金抗拉强度和伸长率的影响见图 1-6。锰含量对 Al-Mn 合金再结晶温度的影响见图 1-7。锰固溶于铝中，可将再

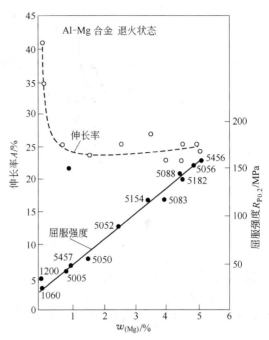

图 1-5 不同镁含量的工业 Al-Mg 合金的力学性能

结晶温度提高 20～100K，铝愈纯，锰含量愈高，作用愈明显。对再结晶晶粒的细化主要是通过 Al_6Mn 弥散质点阻碍再结晶晶粒长大来实现。锰是铝合金的重要合金元素，可以单独加入形成二元 Al-Mn 合金（如 3A21 合金），更多的是和其他合金元素一同加入，因而，大多数合金中含有锰。另外，锰会明显增加铝的电阻，所以用作电导体材料时应控制锰的含量。合金中锰含量过多时，会形成粗大、硬脆的 Al_6Mn 化合物，损害合金的性能。

Mg 和 Mn：以镁为主要合金元素的 Al-Mg 合金中通常还加入 1% 以下的锰。锰的补充强化

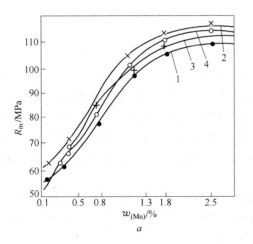

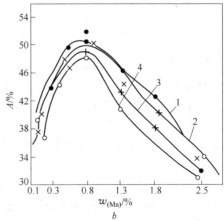

图 1-6 锰含量和热处理工艺对 Al-Mn 合金抗拉强度（a）和伸长率（b）的影响

1—退火；2—淬火；3—淬火＋自然时效；4—淬火＋人工时效

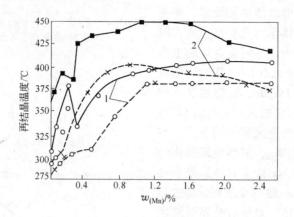

图 1-7　锰含量对 Al-Mn 合金再结晶温度的影响
1—高纯合金；2—工业纯合金

作用比等量的镁效果更好，因此加锰后可降低镁含量，同时可以降低热裂倾向，尤其是在含有钠元素时更为明显。另外，锰还可以使 Al_8Mg_2 均匀沉淀，改善合金的抗蚀性能和焊接性能。不同锰含量对 Al-Mg 合金板材力学性能的影响见图 1-8。

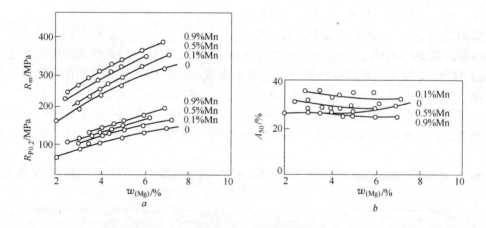

图 1-8　不同锰含量对 Al-Mg 合金板材力学性能的影响

　　Mg 和 Si：镁和硅同时加入铝中，形成 Al-Mg-Si 系合金，这是一类重要的热处理可强化铝合金，强化相为 Mg_2Si，其镁与硅的质量比为 1.73∶1。Al-Mg-Si 系合金基本上按这一比例设计镁、硅含量。Mg_2Si 在铝中的溶解度最大为 1.85%，且随温度的降低溶解度减小，时效时形成的 GP 区（原子偏聚区）和细小沉淀相对合金起强化作用。在变形铝合金中，硅作为单一合金元素加入，仅限于用作焊料的特殊铝合金。硅加入铝中也起一定的强化作用，如图 1-9 所示。

　　Cu：Cu 是重要的合金化元素，在纯铝中主要以固溶状态存在，对合金的强度有贡献，对再结晶温度也有影响。$CuAl_2$ 有着明显的强化效果。Al-Cu 合金各种状态的力学性能与铜含量的关系见图 1-10，铜含量较高的铝合金切削性能良好。

　　Cu 和 Mg：以铜和镁为主要合金元素，形成 Al-Cu-Mg 合金系列。Al-Cu-Mg 系合金，需要加入其他元素，如锰等，以改善合金的性能。但锰含量不能太高（<1%），否则形成粗大的

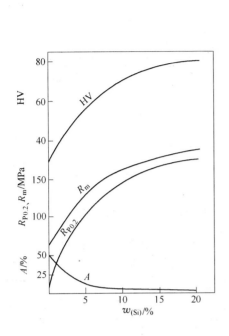

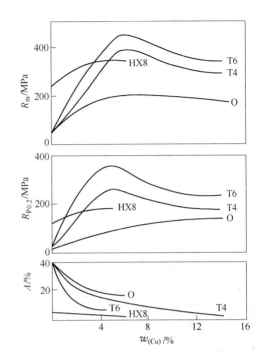

图 1-9 硅对 Al-Si 合金力学性能的影响　　　　图 1-10 Al-Cu 合金力学性能与铜含量的关系

Al_6Mn 化合物，降低合金的塑性。图 1-11 为锰含量对 Al-4% Cu-0.5% Mg 合金力学性能的影响。

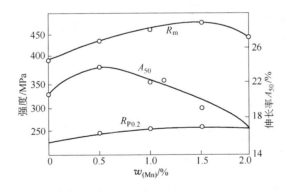

图 1-11 锰含量对 Al-4% Cu-0.5% Mg 合金力学性能的影响

　　Zn：锌单独加入铝中，在变形的条件下对合金强度的提高有限，同时有应力腐蚀开裂倾向，因而限制了它的应用，但锌能提高铝的电极电位。

　　Zn 和 Mg：在铝中同时加入锌和镁，形成强化相 $MgZn_2$，对合金产生明显的强化作用。$MgZn_2$ 含量从 0.5% 到 12% 时，可不断增加合金的抗拉强度和屈服强度，而且镁的含量超过形成 $MgZn_2$ 相所需要的量时，还会产生补充强化作用，如图 1-12 所示。

　　Zn、Mg 和 Cu：在 Al-Zn-Mg 的基础上加入铜，形成 Al-Zn-Mg-Cu 系超硬铝，其强化效果在所有铝合金中是最大的，是重要的航空航天用材料。一般来说，锌、镁、铜总含量在 9% 以上

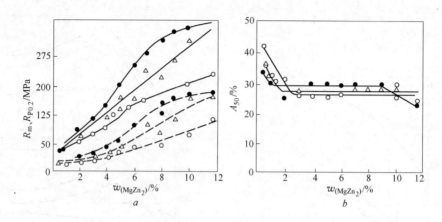

图 1-12　$MgZn_2$ 含量和 $MgZn_2$ 加过量镁对 99.95% Al 力学性能的影响

时，强度高，但合金的抗蚀性、成型性、可焊性、缺口敏感性、抗疲劳强度等均会降低；总含量在 6% ~ 8% 以下，合金成型性能优良，应力腐蚀开裂敏感性基本消失。锌、镁、铜含量与抗拉强度和伸长率之间的关系见图 1-13。Al-Zn-Mg-Cu 系合金具有最高的强度，但断裂韧性较低。降低杂质（主要是铁和硅）和气体含量，减小有利于裂纹扩展的金属间化合物的尺寸和数量级，亦即使用高纯金属基体，是提高合金断裂韧性的有效途径之一，同时改善热处理工艺，能显著提高传统合金的性能。

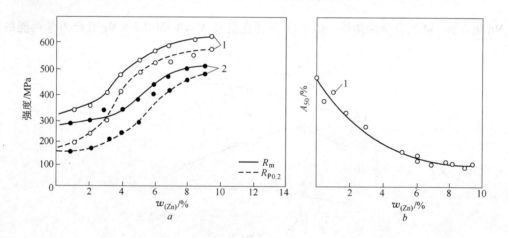

图 1-13　锌、镁、铜含量对合金力学性能的影响（1.6mm 板材，水淬，135℃，时效 2h）
1—3% Mg + 1.5% Cu；2—1% Mg + 1.5% Cu

　　Li：锂是自然界中最轻的金属。锂加入铝中，可大大提高合金的弹性模量和降低合金的密度。在铝中每添加 1% 的锂，弹性模量增加约 6%，密度降低约 3%。同时，Al-Li 合金具有高比强度、较好的抗蚀性能以及低的裂纹扩展速率，因此是制造飞机、空间飞行器和舰艇等的极好的金属材料。由于工艺上的困难和许多物理冶金问题没有完全解决，目前尚未在工业上大量使用。

（2）微量元素和杂质对纯铝性能的影响。

Fe：Fe 与 Al 可以生成 $FeAl_3$。Fe 和 Si 与 Al 可以生成三元化合物 α（Al、Fe、Si）和 β

（Al、Fe、Si），它们是纯铝中的主要相，性硬而脆，对力学性能影响较大，一般使纯铝的强度略有提高，并可提高再结晶温度，但使塑性降低。

Si：Si 与 Fe 是铝中的共存元素。当硅过剩时，以游离硅状态存在，性硬而脆，使合金的强度略有提高，但塑性降低；对高纯铝的二次再结晶晶粒度有明显影响。

铁和硅除了在部分合金中作为主要合金元素外，在大多数其他变形铝合金中，铁和硅都是常见的杂质，对合金的性能有明显的影响。微量的铁和硅对铝的强度有一定的影响，如图 1-14 所示。当铁和硅的比例不当时会使铸件产生裂纹，图 1-15 为工业纯铝中铁、硅含量与裂纹倾向性的关系。该图是根据铸造环的试验结果得出的，图中的数字表示裂纹率，曲线右下方的合金裂纹倾向性大，而位于曲线左上方的合金裂纹倾向性小。若提高铁含量，使 $w(\text{Fe}) > w(\text{Si})$，合金成分位于曲线左上方，即可缩小结晶温度范围，减小裂纹倾向性。$w(\text{Fe}) : w(\text{Si}) \geqslant 2$ 的铝板，有利于冲压。

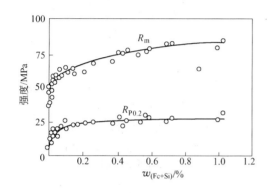

图 1-14　铁和硅对纯铝（O 态）抗拉强度和屈服强度的影响

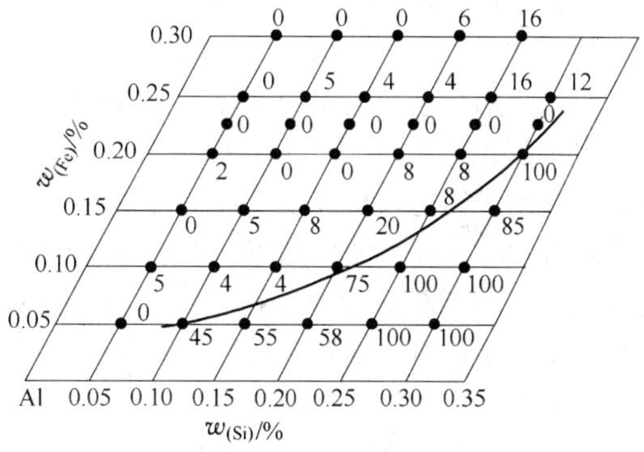

图 1-15　工业纯铝中铁、硅含量与裂纹倾向性的关系

Ti、B：Ti 是纯铝的主要变质元素，既可以细化铸锭晶粒，又可以提高再结晶温度并细化晶粒，还可细化焊缝组织，减小开裂倾向，提高材料力学性能。Ti 和 B 一起加入，效果更为明显。但钛对再结晶温度的影响与 Fe 和 Si 的含量有关，当合金含有铁时，其影响非常显著；若合金含有少量的硅，其作用减小；但当硅含量达到 0.48%（质量分数）时，钛又可以使再结晶温度显著提高。钛一般以 Al-Ti 或 Al-Ti-B 中间合金或细化线形式加入。钛加入铝中形成 TiAl_3，与熔体产生包晶反应而成为非自发核心，起细化晶粒作用。

Na：钠在铝中几乎不溶解，最大固溶度小于 0.0025%。钠熔点低（97.8℃），合金中存在钠时，凝固过程中钠被吸附在枝晶表面或晶界。热加工时，晶界上的钠形成液态吸附层，产生脆性开裂，即所谓"钠脆"。当有硅存在时，形成 AlNaSi 化合物，无游离钠存在，不产生钠脆。但如果有镁存在，镁夺取硅，析出游离钠产生钠脆。镁含量超过 3% 时，就会发生钠脆。因此，高镁铝合金不允许使用钠盐熔剂。

添加元素和杂质对纯铝的电学性能影响较大，一般均使导电性能降低，其中 Ni、Cu、Fe、Si、Zn 使其降低较小，而 V、Cr、Mn、Ti 则使其降低较大。此外，杂质的存在破坏了铝表面形成氧化膜的连续性，使铝的抗蚀性降低。

铁和硅是纯铝中的有害杂质，应予控制。

B　铝合金

由于纯铝的机械强度低，不能承受较大的载荷。在铝中加入一种元素，就能使其组织结构和性能发生改变，适宜作各种加工材或铸造材料，如在铝中加入铜、镁、锌、硅、锰等配制成铝合金，其机械强度就比纯铝的机械强度大幅提高。这些合金元素在固态铝中的溶解度一般是有限的，而且随温度的变化而变化。元素溶在铝中形成铝基固溶体（α），不溶在铝中的一般形成化合物（金属间化合物β）。合金元素在固态铝中的溶解度，在大多数情况下，温度升高，溶解度增加；温度降低，溶解度减小。可以利用不同的热处理制度，使其性能改变，淬火时效强度、硬度提高称为强化。加热使冷作硬化恢复变软称为退火。形成固溶体合金时，有利于压力加工和锻造。合金元素或化合物与铝形成共晶体，可以使合金流动性变好，有利于铸造。根据工业上的需要，在铝中加入不同的元素，可以配制成特性不同的铝合金，如高强度铝合金、耐腐蚀铝合金、耐热铝合金、锻造铝合金等。因此，铝及铝合金在工业上得到了十分广泛的应用。

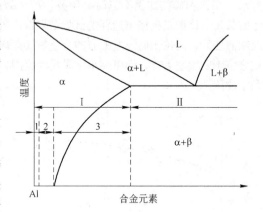

图 1-16　铝合金状态示意图
1—工业纯铝；2—热处理不可强化铝合金；
3—热处理可强化铝合金

根据铝合金的化学成分和生产工艺特点不同，可以将铝合金分为铸造铝合金（图1-16中Ⅱ）和变形铝合金（图1-16中Ⅰ）两大类。铸造铝合金用于铸造各种成型零件，其主要特点是化学组分中存在较多的共晶体，铸造时具有较好的流动性，能够较好地填充铸型，使铸件致密，但铸造铝合金的抗拉强度和塑性一般较低，不适于压力加工。

变形铝合金的强度和塑性一般较高，可通过压力加工变形的方法制成各种材料和半成品。板带材生产主要用变形铝合金。按照其化学成分和热处理特点不同，变形铝合金又分为热处理不可强化铝合金和热处理可强化铝合金。

（1）热处理不可强化铝合金。这类合金的特点是固溶体组织，有第二相但不多，不能通过淬火时效使其强化。热处理不可强化铝合金就是含有比较多的合金元素，热处理强化效果不大而不被利用的合金，其特点是塑性及压力加工性能好、抗腐蚀，如5052、5A05、3003等。

这类铝合金主要有纯铝系（1×××）、Al-Mn系（3×××）和Al-Mg系（5×××）。

（2）热处理可强化铝合金。这类铝合金用淬火和时效等热处理方法能够显著提高机械强度，主要有Al-Cu系如2A01、2A02、2A11、2A12等，Al-Si系如6A02、6061等，Al-Zn系如7A04、7A09等。

常用铝及铝合金板材典型力学性能见表1-6。

表1-6　常用铝及铝合金板材典型力学性能

牌号	状态	弹性模量 E/MPa	剪切模量 G/MPa	泊松系数 γ	屈服强度 $R_{p0.2}$/MPa	抗拉强度 R_m/MPa	伸长率 A/%	断面收缩率 /%	抗剪强度 /MPa	疲劳强度 /MPa	布氏硬度 HB
1060	H18	69627	26478	0.31	98.1	147.1	6	60		41~62	32
	O	69627	26478	0.31	29.4	78.5	35	80	53.9	34.3	25
3A21	O	69627	26478	0.31	49	127.5	23	70	78.5	49	30
	H24	69627	26478	0.31	127.5	166.7	10	55	98.1	63.7	43
	H18	69627	26478	0.31	176.5	215.7	5	50	107.9	68.6	55

牌号	状态	弹性模量 E/MPa	剪切模量 G/MPa	泊松系数 γ	屈服强度 $R_{P0.2}$/MPa	抗拉强度 R_m/MPa	伸长率 A/%	断面收缩率 /%	抗剪强度 /MPa	疲劳强度 /MPa	布氏硬度 HB
5A02	O	68646	26478	0.3	78.5	186.5	23			117.7	45
	H24	68646	26478		205.9	245.2	6			122.6	60
	H18					313.8	4				
	H112					176.5	21				
5A03	O	68548	26184	0.3	117.7	230.5	22			112.8	58
	H24	68646			225.6	264.8	8				75
	H112				142.2	225.6	14.5				
5A06	O	68646			156.9	333.4	20			127.5	70
	H24				338.3	441.3	13				
	H112				186.3	333.4	20				
6A02	O	69627	26478	0.31		117.7	30			62	30
	T4	69627	26478	0.31	117.7	215.7	22			96.1	65
	T6	69627	26478	0.31	274.6	323.6	16			96.1	95
2A11	O					176.5	20				
	T4	69627	26478	0.31	245.2	402.1	15		264.8	122.6	115
2A12	O	70608	26478			176.5	21				
	T4	70608	26478	0.31	372.7	509.9	12		294.2	137.3	130
	T6	70608	26478		421.7	460.9	6				
7A04	T6	65704	26478	0.31	431.5	509.9	14				

C　我国变形铝及铝合金牌号表示方法（GB/T 16474—1996）

a　术语

（1）合金元素：为使金属具有某种特性，在基体金属中有意加入或保留的金属或非金属元素。

（2）杂质：存在于金属中的但并非有意加入的金属或非金属元素。

（3）组合元素：在规定化学成分时，对某两种或两种以上的元素总含量规定极限值时，这两种或两种以上的元素统称为一组组合元素。

（4）极限含量算术平均值：合金元素允许的最大与最小百分含量的算术平均值。

b　牌号命名的基本原则

（1）国际四位数字体系牌号可直接引用。

（2）未命名为国际四位数字体系牌号的变形铝及铝合金，应采用四位字符牌号（但试验铝及铝合金采用前缀加四位字符牌号）命名。

c　四位字符体系牌号命名方法

四位字符体系牌号的第一、三、四位为阿拉伯数字，第二位为英文大写字母（C、I、L、N、O、P、Q、Z 字母除外）。牌号的第一位数字表示铝及铝合金的组别，如表1-7所示。除改型合金外，铝合金组别按主要合金元素（6××× 按 Mg₂Si）来确定，主要合金元素指极限含量算术平均值为最大的合金元素。当有一个以上的合金元素极限含量算术平均值同为最大时，应按 Cu、Mn、Si、Mg、Mg_2Si、Zn、其他元素的顺序来确定合金组别。牌号的第二位字母表示原始纯铝或铝合金的改型情况，最后两位数字用以标识同一组中不同的铝合金或表示铝的纯度。

表 1-7　牌号级别及系列

组　别	牌号系列	组　别	牌号系列
纯铝（铝含量不小于 99.00%）	1×××	以镁和硅为主要合金元素并以 Mg_2Si 相为强化相的铝合金	6×××
以铜为主要合金元素的铝合金	2×××		
以锰为主要合金元素的铝合金	3×××	以锌为主要合金元素的铝合金	7×××
以硅为主要合金元素的铝合金	4×××	以其他合金元素为主要合金元素的铝合金	8×××
以镁为主要合金元素的铝合金	5×××	备用合金组	9×××

（1）纯铝的牌号命名法。铝含量不低于 99.00% 时为纯铝，其牌号用 1××× 系列表示。牌号的最后两位数字表示最低铝百分含量。当最低铝百分含量精确到 0.01% 时，牌号的最后两位数字就是最低铝百分含量中小数点后面的两位。牌号第二位的字母表示原始纯铝的改型情况。如果第二位的字母为 A，则表示为原始纯铝；如果是 B~Y 的其他字母（按国际规定用字母表的次序选用），则表示为原始纯铝的改型，与原始纯铝相比，其元素含量略有改变。

（2）铝合金的牌号命名法。铝合金的牌号用 2×××~8××× 系列表示。牌号的最后两位数字没有特殊意义，仅用来区别同一组中不同的铝合金。牌号第二位的字母表示原始合金的改型情况。如果牌号第二位的字母是 A，则表示为原始合金；如果是 B~Y 的其他字母（按国际规定用字母表的次序选用），则表示为原始合金的改型合金。改型合金与原始合金相比，化学成分的变化，仅限于下列任何一种或几种情况：

1）一种合金元素或一组组合元素形式的合金元素，极限含量算术平均值的变化量符合表 1-8 的规定；

2）增加或删除了极限含量算术平均值不超过 0.30% 的一个合金元素；增加或删除了极限含量算术平均值不超过 0.40% 的一组组合元素形式的合金元素；

3）为了同一目的，用一个合金元素代替了另一个合金元素；

4）改变了杂质的极限含量；

5）细化晶粒的元素含量有变化。

表 1-8　极限含量平均值

原始合金中的极限含量算术平均值/%	极限含量算术平均值的变化量(不大于)/%	原始合金中的极限含量算术平均值/%	极限含量算术平均值的变化量(不大于)/%
≤1.2	0.15	>4.0~5.0	0.35
>1.0~2.0	0.20	>5.0~6.0	0.40
>2.0~3.0	0.25	>6.0	0.50
>3.0~4.0	0.30		

注：改型合金中的组合元素极限含量的算术平均值，应与原始合金中相同组合元素的算术平均值或各相同元素（构成该组合元素的各单个元素）的算术平均值之和相比较。

1.2.1.2　镁及镁合金

镁合金是实际应用中最轻的金属结构材料，但与铝合金相比，镁合金的研究和发展还很不充分，镁合金的应用也很有限。镁的密度小，是铝的 2/3，是铁的 1/4。镁合金的比强度和比刚度高，均优于钢和铝合金，可满足航空、航天、汽车及电子产品轻量化和环保的要求。此外，镁合金还具有铸造性能优良、弹性模量较低、阻尼减振性好、导电导热性好、电磁屏蔽性好以及原料丰富、优良的切削加工性能和回收容易等优点，成为世界各地应用增长最快的新型金属材料之一，被誉为"21 世纪的绿色工程结构材料"。

A 纯镁

镁是银白色金属，是元素周期表中第 II$_A$ 族元素，原子序数 12，晶体结构为密排六方晶格，无同素异构转变。

a 镁的性能和用途

（1）镁的主要物理性能见表 1-9。

表 1-9 镁的主要物理性能

性 能		单 位	量 值
原子序数			12
原子价			+2
相对原子质量			24.305
原子体积		cm^3/mol	13.99
原子直径		nm	0.32
密度（20℃，纯度为99.9%）	变 形	g/cm^3	1.738
	铸 造	g/cm^3	1.737
单晶体镁的平均线膨胀系数	15~35℃，沿 a 轴	10^{-6}/℃	27.1
	15~35℃，沿 c 轴	10^{-6}/℃	24.3
导热系数		J/(mm·s·℃)	26.6
比电导率（与铜的电导率之比）		%	38.6
熔 点		℃	649
熔化潜热		J/g	372.02
681℃时的表面张力		N/cm^2	563×10^{-5}
沸点（1atm）		℃	1107
蒸发潜热		kJ/g	5.5
升华热		kJ/g	5.8
燃烧热		kJ/g	25.1
液态镁在650℃的热容量		J/(g·℃)	1.25
镁蒸气的比热容		J/(g·℃)	0.87
结晶时的体积收缩率		%	3.97~4.2
由649℃（固态）冷却到20℃的收缩率		%	2
磁导率		H/m	1.000012
声音在固态镁中的传播速度		m/s	4800
氧化时产生的热量（MgO）		J/mol	609.4
对光的反射率	$\lambda = 0.500\mu m$	%	72
	$\lambda = 1.000\mu m$	%	74
	$\lambda = 3.000\mu m$	%	80
	$\lambda = 9.000\mu m$	%	93

（2）不同纯度镁的密度见表1-10。

表1-10 不同纯度镁的密度

镁的纯度/%	在20℃时的密度/g·cm^{-3}	镁的纯度/%	在20℃时的密度/g·cm^{-3}
99.99	1.7388	99.94	1.7386
99.95	1.7387	99.90	1.7381

添加元素对镁密度的影响见图1-17。

（3）添加元素对镁线膨胀系数的影响见图1-18。

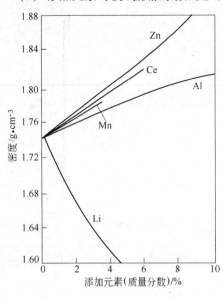

图1-17 添加元素对镁密度的影响 图1-18 添加元素对镁线膨胀系数的影响

（4）在0～400℃温度范围内，纯镁的导热系数随温度的升高由1.55J/（cm·s·℃）降低为1.42J/（cm·s·℃）。向镁中加入合金元素时其导热系数一般减小，某些添加元素对镁导热系数的影响见图1-19。

（5）随着温度的升高，镁的电阻系数增加。镁的电阻系数与温度的关系见图1-20。

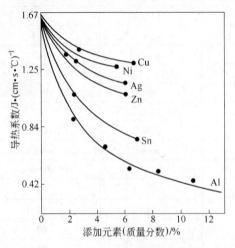
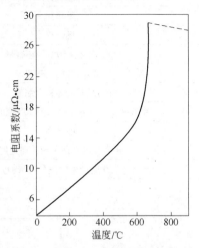

图1-19 添加元素对镁导热系数的影响 图1-20 镁的电阻系数与温度的关系

（6）液态镁的表面张力与温度的关系见图1-21。

（7）镁的耐蚀性能。由于镁的标准电极电位较低（−2.363V），比铝的电位还负，在常用介质中的电位也都很低，是负电性很强的金属，其耐蚀性很差。镁表面的氧化膜一般都疏松多孔，不像氧化铝膜那样致密而有保护性，故镁及镁合金耐蚀性较差，具有极高的化学和电化学活性。其电化学腐蚀过程主要以析氢为主，以点蚀或全面腐蚀形式迅速溶解直至粉化。镁合金在酸性、中性和弱碱性溶液中都不耐蚀。在 pH 值大于 11 的碱性溶液中，由于生成稳定的钝化膜，镁合金是耐蚀的。如果碱性溶液中

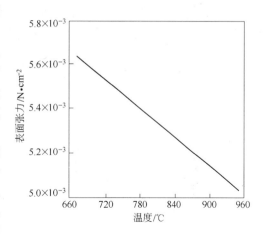

图1-21　液态镁的表面张力与温度的关系

存在 Cl^-，使镁表面钝态破坏，镁合金也会被腐蚀。在 NaCl 溶液中，镁在所有结构金属中具有最低电位，故其抗蚀能力很低，这严重制约了镁合金的应用。但是随着镁合金腐蚀防护研究的不断深入和新型耐蚀镁合金材料的开发，镁合金的应用领域进一步扩大。为了防止镁的腐蚀，在储存使用之前，需采取适当的防腐措施，如涂油、覆膜等。镁在各种介质中的腐蚀情况见表1-11。

表 1-11　镁在各种介质中的腐蚀情况

介质种类	腐蚀情况	介质种类	腐蚀情况
淡水、海水、潮湿大气	腐蚀破坏	甲醚、乙醚、丙酮	不腐蚀
有机酸及其盐	强烈腐蚀破坏	石油、汽油、煤油	不腐蚀
无机酸及其盐（不含氟盐）	强烈腐蚀破坏	芳香族化合物	不腐蚀
氨溶液、氢氧化铵	强烈腐蚀破坏	氢氧化钠溶液	不腐蚀
甲醛、乙醛、三氯乙醛	腐蚀破坏	干燥空气	不腐蚀
无水乙醇	不腐蚀		

镁及镁合金在与其他金属接触时，还可能产生接触腐蚀。因此，镁在与铝及铝合金（铝-镁系合金除外）、铜及铜合金、镍及镍合金、钢及贵金属接触时，需在接触面上垫浸油纸、浸石蜡纸或其他对镁没有腐蚀作用的材料。

工业纯镁的强度低、塑性差、耐蚀性低，不能做结构材料。金属镁主要用于铝基合金的重要添加元素；用于镁合金制造各种零部件；用于炼钢脱硫，约占13%；此外，镁还用于阴极保护材料、金属还原剂和化工行业等。世界镁的消费区域主要集中在北美和欧洲地区，其消费量约占全球总消费量的3/4。

b　杂质对镁的组织和性能的影响

镁中最常见的杂质有铝、铁、硅、铜、镍、钠、铍、钙等，铍和钙为有益杂质。铝能溶于镁中形成固溶体，对镁的组织和性能无明显影响。其他为有害杂质，其中以铁、铜、镍的危害最大，要严格控制。

铁、钠、钾不溶于镁内，而以纯金属形式存在于晶粒边界。硅、铜、镍在镁中的溶解度极小，常与镁形成 Mg_2Si、Mg_2Cu、Mg_2Ni 等金属间化合物，以网状形式分布于晶界。钠、钾能使合金的偏析及收缩增大，导致合金力学性能降低。

少量的铁、铜、镍、硅对镁的力学性能影响不大，但能强烈降低镁的耐蚀性能，尤以铁、铜、镍为甚。图 1-22 为少量铁、铜、镍对镁耐蚀性能的影响。

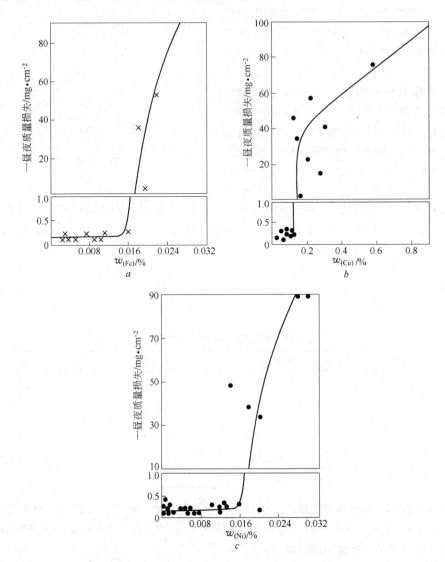

图 1-22　少量铁、铜、镍对镁耐蚀性能的影响

由图 1-22a 可知，只有当铁含量小于 0.016% 时，才对镁的耐蚀性不发生影响，而在实际生产中铁的含量远远超过这个范围。为了消除铁的有害影响，通常在镁及镁合金中加入一定量的锰（0.15% ~ 0.5%）。锰能与铁生成化合物并沉积于熔体底部，从而消除了铁的有害影响。对于铜和镍，由图 1-22b、c 可知，只有当其含量分别小于 0.15% 和 0.016% 时，才对镁的耐蚀性能不产生影响。实际生产中，镁及镁合金中的铜和镍含量均在此限度以内，因此其影响一般可不予考虑。

熔炼时加入少量的铍（0.005% ~ 0.2%），在熔体表面形成一层致密的氧化膜，可提高熔体的抗氧化能力。但当铍含量超过 0.002% 时，会导致晶粒粗大，降低力学性能，并使合金的热脆倾向增大。

镁中加入钙可减少镁的氧化及显微疏松。镁中含有少量的钙（0.05% ~ 0.2%）可以细化晶粒，提高镁及镁合金的力学性能。

B 镁合金

工业纯镁的强度低、塑性差、耐蚀性低，不能做结构材料，但在镁中添加铝、锰、锌、锆等元素配制成不同牌号的镁合金时，其强度显著提高，如含有锌、锆的 ZK60 镁合金人工时效状态的棒材，其抗拉强度 320MPa，屈服强度 250MPa，可达到低碳钢的强度水平。

根据生产工艺的不同，镁合金可分为铸造（包括压铸和砂型铸造）镁合金和变形镁合金。许多镁合金既可做铸造镁合金，又可做变形镁合金。变形镁合金可用于制造各种镁材（板材、棒材、型材、带材、管材及线材）、模锻件及锻件。有些镁合金可热处理强化，有些则不能热处理强化。经锻造和挤压后，变形镁合金比相同成分的铸造镁合金有更高的强度，可以加工成形状更复杂的零件。

根据化学成分的不同，镁合金可分为 Mg-Al-Zn、Mg-Mn-RE、Mg-Mn、Mg-Li 系镁合金。Mg-Al-Zn 系镁合金是应用最广泛的耐热镁合金，压铸镁合金主要是 Mg-Al 系合金。以 Mg-Al 系合金为基础，添加一系列其他合金元素形成了新的 AZ（Mg-Al-Zn）、AM（Mg-Al-Mn）、AS（Mg-Al-Si）、AE（Mg-Al-RE）系列镁合金。

铸造镁合金主要用于成型铸造。

变形镁合金可用于制造板材、带材、管材、棒材、型材、线材、锻件及模锻件等。

变形镁合金按合金组元不同主要有镁-锰系（Mg-Mn）、镁-铝-锌系（Mg-Al-Zn）、镁-锌-锆系（Mg-Zn-Zr）等。

镁为密排六方晶格，这就决定了镁的塑性低，且物理性能和力学性能均有明显的方向性，使其在室温下的变形只能沿晶格底面（0001）进行滑移，这种单一滑移系使它的压力加工变形能力很低。镁只有在加热到 225℃ 以上时，才能通过滑移系的增加使其塑性显著提高。因此，镁及镁合金的压力加工都是在热状态下进行的，一般不宜进行冷加工。

a Mg-Mn 系合金

Mg-Mn 系合金的使用组织是退火组织，在固溶体基体上分布着少量 β-Mn 颗粒，有良好的耐蚀性和焊接性。随锰含量的增加，合金的强度略有提高。Mg-Mn 合金高温塑性好，可生产板材、棒材、型材和锻件，其中板材用于焊接件、飞机的蒙皮、壁板及润滑系统的附件；棒材用于汽油和润滑油系统附件及形状简单、受力不大的高抗蚀性零件。

Mg-Mn 系合金的主要合金牌号有 M2M 和 ME20M。锰是 Mg-Mn 系合金中的主要合金元素，其主要作用是提高合金的耐蚀性能。因为在熔炼过程中锰能与铁生成锰-铁化合物沉积于熔体底部，消除了铁的有害影响，所以大多数镁合金中都加入少量的锰。

少量的锰对镁的强度影响不大，但使其塑性降低，如表 1-12 所示。显然，这是由于合金中的脆性相（α-Mn）随锰含量的增加而增多的原因。

表 1-12 锰含量对 Mg-Mn 合金力学性能的影响

材料状态	力学性能	锰含量/%				
		0.40	0.75	1.2	2.0	2.5
锻压	抗拉强度/MPa	210	210	200	205	200
	伸长率/%	5.0	4.0	3.5	3.5	3.0

锰含量对 Mg-Mn 系合金的密度、导电系数、导热系数及在海水中耐蚀性能的影响分别见图 1-23 ~ 图 1-27。

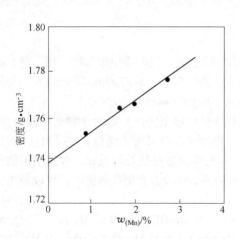

图 1-23　锰含量对 Mg-Mn 系合金密度的影响

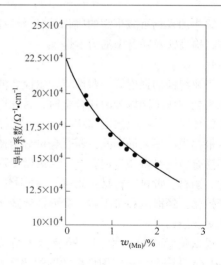

图 1-24　锰含量对 Mg-Mn 系合金导电系数的影响

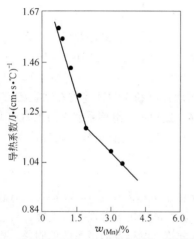

图 1-25　锰含量对 Mg-Mn 系合金导热系数的影响

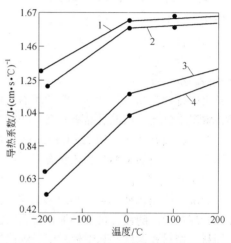

图 1-26　Mg-Mn 系合金导热系数与温度的关系
1~4—几种不同 Mg-Mn 系合金

由图 1-27 看出，当合金中含 1.5% 锰时，在海水中的腐蚀速度为最低。

在 Mg-Mn 系合金中常出现锰的聚集物，称为锰偏析。由于镁在锰中的溶解度很小，因此合金中出现的聚集物可以认为是纯锰（α-Mn）。α-Mn 相质硬而脆，呈颗粒状聚集。试验证明，锰偏析对合金的抗拉强度、屈服强度及压缩屈服强度影响不大，但使合金的伸长率降低。锰偏析对合金耐大气腐蚀能力影响不大，但通过析氢腐蚀试验发现，锰偏析能使合金在海水中或中性盐溶液中的腐蚀性能变坏。因此，生产中对锰偏析要予以控制。

在镁合金中，Mg-Mn 系合金耐蚀性能最好，在

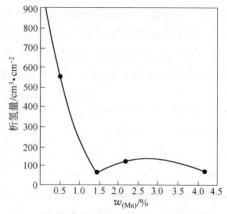

图 1-27　锰含量对 Mg-Mn 系合金
在海水中耐蚀性能的影响

中性介质中，M2M 和 ME20M 合金都没有应力腐蚀破裂倾向。ME20M 合金的析氢试验结果如图1-28 所示。

Mg-Mn 系合金在热加工温度范围内的塑性很高，可进行轧制、挤压和锻造。该合金不能热处理强化，但其焊接性能良好，易于用气焊、氩弧焊、点焊等方法焊接，并有良好的切削加工性能。

Mg-Mn 系合金板材、棒材及其他材料可用来制造受力不大，但要求焊接性及耐蚀性好的零件、飞机蒙皮、壁板及内部零件等。

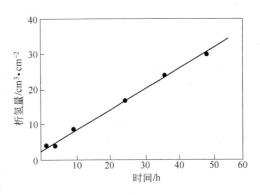

图 1-28　ME20M 合金棒材的析氢量与时间的关系

b　Mg-Al-Zn 系合金

Mg-Al-Zn 系合金是应用较广的一类镁合金，其主要特点是强度较高，可进行热处理强化，具有良好的铸造性能。但 Mg-Al-Zn 系合金的耐蚀性差，屈服强度和耐热性也不高。

铝在镁中的溶解度很大，共晶温度（437℃）下为 12.7%。温度下降时，溶解度迅速减小，100℃时仅为 2.0%。因此，该系合金可进行热处理强化，强化相为 $Mg_{17}Al_{12}$。工业用 Mg-Al-Zn 系合金的铝含量一般不超过 9%，也就是在最大固溶度范围以内。但在实际铸造条件下，只要铝含量超过 6%，由于不平衡的结晶过程，组织中就会出现共晶体。

锌在镁中的溶解度很大，在共晶温度（340℃）下可达 6.2%，所以，当合金中的锌含量不高时，在显微组织中没有发现单独的镁锌相（MgZn）。当锌含量增加到 6.2%，才有针状的镁锌化合物出现。

铝和锌在镁中的溶解度都随温度的降低而减小，因此，Mg-Al-Zn 系合金可以进行热处理强化。由于 Mg-Al-Zn 系合金中的强化相在温度升高时迅速软化，所以该系合金的高温性能较差。

工业用 Mg-Al-Zn 系合金的主要牌号有 AZ40M、AZ41M、AZ31B、AZ61M、AZ62M、AZ80M 等。

铝：铝是 Mg-Al-Zn 系合金中的主要合金元素，其主要作用是提高合金的室温强度。图1-29为在不同热处理状态下铝含量对合金力学性能的影响。

由图 1-29a 看出，在铸造状态下，随着铝含量的增加，合金的抗拉强度、屈服强度和伸长率都有所增加，这是铝所起的固溶强化效果。但当铝含量超过 6% 以后，脆性相 $Mg_{17}Al_{12}$ 的数量不断增多，因而导致抗拉强度和伸长率降低，但对屈服强度的影响不大。

由图 1-29b 看出，铸锭进行淬火后，$Mg_{17}Al_{12}$ 化合物全部或部分溶入固溶体内，因此强度提高，并且强度曲线的最大值移向高铝含量一边（在 10% Al 附近）。如果把铸锭再进行挤压变形，使合金中的化合物破碎，组织变得细而均匀，性能会获得更好的改善，在溶解度范围以内，抗拉强度和屈服强度都连续增加，如图 1-29c 所示，这是符合变形合金的特点的。在目前应用的变形 Mg-Al-Zn 系合金中，铝的最大含量为 9% 左右，铝含量再高，将使合金的塑性明显降低，并容易引起应力腐蚀破裂。

锌：锌和铝一样，也能提高合金的强度及热处理强化效果。在含量适当时，能改善合金的塑性，对提高耐蚀性也有一定的好处。但锌对铸造性能有不利的影响，增加形成疏松和热裂纹的倾向，所以在工业用 Mg-Al-Zn 合金中，锌含量都较低，约 1% 左右。

锰：为了提高合金的耐蚀性，合金中一般都加入少量的锰（0.15% ~ 0.6%）。在半连续铸造中，由于锰呈不均匀分布，常常出现偏析区，即产生锰偏析。锰偏析分布没有一定

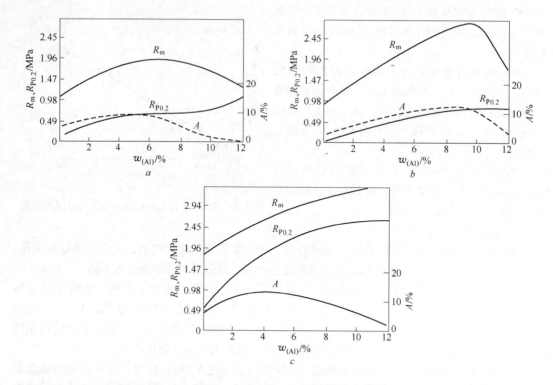

图 1-29　Mg-Al 合金力学性能与铝含量及热处理状态的关系

的规律, 不能通过加工变形和热处理予以消除。据检测结果表明, Mg-Al-Zn 系合金的锰偏析物是 α(MnAl) 化合物, 而 Mg-Mn 系合金中的偏析物一般认为是 α-Mn 的质点。这些化合物都是脆性相, 对合金的塑性、冲击韧性和析氢腐蚀性能都有不利的影响。但试验结果证明, 当单纯存在锰偏析而程度又不很严重时, 对材料的抗拉强度、屈服强度、疲劳强度和周期强度影响不大。

AZ40M、AZ41M、AZ31B、AZ61M 合金中, 由于合金元素含量较低, 强化相的数量较少, 因此不能进行热处理强化。

AZ62M、AZ80M 合金中的合金元素含量较高, 强化相数量较多, 因此可以进行热处理强化。

AZ40M、AZ41M、AZ31B 合金的应力腐蚀破裂倾向较小, 热塑性很高, 可加工成板材、棒材、锻件等各种镁材。AZ61M、AZ62M、AZ80M 合金的应力腐蚀破裂倾向较大, 热塑性较低, 主要用作挤压件和锻件。

Mg-Al-Zn 系合金板材、棒材、锻件及模锻件可用于承受较大载荷的零件。

Mg-Al-Zn 系合金的切削加工性能良好。

c　Mg-Zn-Zr 系合金

在变形镁合金中, Mg-Zn-Zr 系合金具有最高的强度, 良好的塑性及耐蚀性。Mg-Zn-Zr 系合金是热处理强化变形镁合金, 主要牌号有 ZK60、ZK61 等, 为高强度变形镁合金, 经过挤压后具有细晶组织, 有较高的强度和塑性。挤压棒材经过固溶和人工时效后, $R_{P0.2}$ = 343MPa, R_m = 363MPa, A = 9.5%; 而经过挤压和人工时效后, $R_{P0.2}$ = 324MPa, R_m = 355MPa, A = 16.7%。

锌是 Mg-Zn-Zr 系合金的主要强化元素。锌对 Mg-Zn 二元合金力学性能的影响见图 1-30。

由图 1-30 可见,对铸造合金,当含 5% Zn 时其强度达到最大值,继续增加锌含量,合金的强度和伸长率反而下降。变形合金的力学性能普遍比铸造合金的高。目前,工业用 Mg-Zn-Zr 系合金的锌含量大多在 4% ~6% 的范围内,由于锌有引起显微疏松和热裂纹的倾向,锌含量进一步提高时,对合金的铸造性能和压力加工都有不利影响。

锌含量对 Mg-Zn 合金的密度、导电系数和导热系数的影响见图 1-31 ~ 图 1-33。

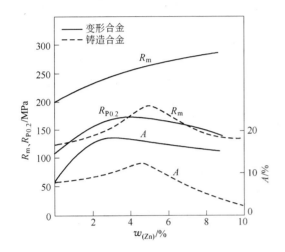

图 1-30 锌对 Mg-Zn 二元合金力学性能的影响

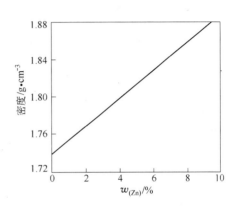

图 1-31 锌对 Mg-Zn 合金密度的影响

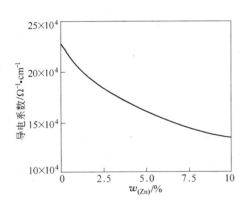

图 1-32 锌对 Mg-Zn 合金导电系数的影响

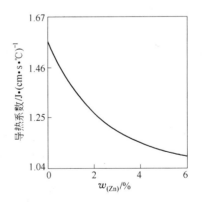

图 1-33 锌对 Mg-Zn 合金导热系数的影响

Mg-Zn 二元合金在工业上因其晶粒粗大,力学性能低而很少得到应用,向其中添加少量的锆,能显著细化晶粒,提高强度。原因是:锆在液态镁中的溶解度很小,在液态金属结晶时,锆首先以 α-Zr 质点形式析出。α-Zr 与镁均为密排六方晶格,而且晶格常数也很接近,因此液体金属中的 α-Zr 微粒就成为合金结晶时的结晶核心,促使晶粒细化。另外,锆还能减缓合金元素的扩散速度,阻止晶粒长大。

锆含量达 0.6% ~0.8% 时,具有最大的细化晶粒和提高合金力学性能的作用。此外,锆对改善合金的耐蚀性(图 1-34)和耐热性(图 1-35)也有一定的作用,所以锆是一种有益的合金元素。

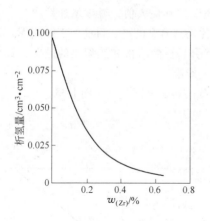

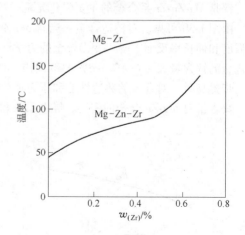

图 1-34　锆对 Mg-Zr 系合金腐蚀速度的影响　　图 1-35　锆对 Mg-Zr 及 Mg-Zn-Zr 合金耐热性的影响

在一般腐蚀介质中，ZK60M 合金具有较好的耐蚀性，无应力腐蚀破裂倾向。合金的切削加工性能良好，但焊接性能不良，熔焊和接触焊均有形成裂纹的倾向。

由于 ZK60M 合金强度高，耐蚀性好，无应力腐蚀倾向，且热处理工艺简单，能制造形状复杂的大型构件，如飞机上的机翼翼肋等，零件的工作温度不超过 150℃。

d　Mg-Li 系合金

Mg-Li 系合金采用密度只有 534kg/m³ 的锂作合金元素，可得到比镁还轻的合金，因此具有超轻高强比合金之称。Mg-Li 合金具有较好的塑性和较高的弹性模量，且阻尼减震性好，易于切削加工，是航空工业理想的材料。

根据锂含量和合金组织的不同，Mg-Li 系合金可以分为以下三类：

（1）含 5.5% Li 以下的合金，其组织为锂在密排六方晶格镁中的 α 固溶体；

（2）含 5.5% ~ 10.2% Li 的合金，其组织为 α 固溶体及不规则的片状 β 相；

（3）含 10.2% Li 以上的合金，全部由 β 固溶体的晶粒组成。β 固溶体为体心立方晶格，有比密排六方晶格的 α 相更高的冷、热变形能力，变形量允许达到 50% ~ 60%。

Mg-Li 合金的缺点是化学活性很高，锂易与空气中的氧、氢、氮结合生成稳定化合物，因此 Mg-Li 系合金的熔炼和铸造必须在惰性气体中进行，而且其抗蚀性低于一般镁合金，应力腐蚀倾向严重。

Mg-Li 二元合金的力学性能不高，和其他元素 Al、Zn、Si 等合金化后可显著提高抗拉强度和屈服强度，但目前它们的应用范围很窄。工业上具有实用价值的 Mg-Li 系合金有 LA141、LA91 及 LA933，这些合金的锂含量为 9% ~ 14%，密度只有 1250 ~ 1350kg/m³，比弹性模量却很高。LA141A 是工业上最常见的 Mg-Li 合金，铝含量为 0.75% ~ 1.75%。图 1-36 ~ 图 1-40 分别为温度对 LA141A 合金各种性能的影响。

LA141A 合金的锂含量高，可以在室温下

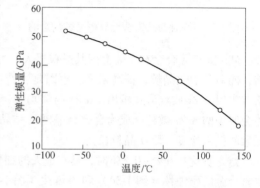

图 1-36　温度对 LA141A 弹性模量的影响

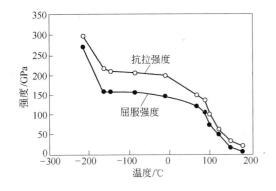

图 1-37 温度对 LA141A 强度的影响

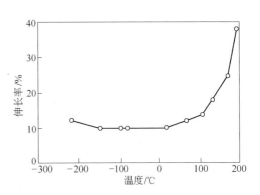

图 1-38 温度对 LA141A 伸长率的影响

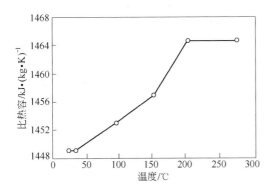

图 1-39 温度对 LA141A 比热容的影响

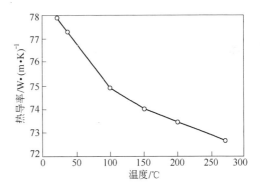

图 1-40 温度对 LA141A 热导率的影响

成型。Mg-Li 合金也能产生加工硬化效应。稳定化处理能够消除 Mg-Li 合金的应力腐蚀开裂敏感性。它和其他镁合金一样可以进行焊接加工，但由于其抗蚀性差，焊接后必须立即释放所有焊接部位的应力，防止应力腐蚀开裂。

C 镁及镁合金牌号（GB/T 5153）

（1）纯镁牌号以 Mg 加数字的形式表示，Mg 后的数字表示 Mg 的质量分数。

（2）镁合金牌号以英文字母加数字再加英文字母的形式表示。前面的英文字母是其最主要的合金组成元素代号（元素代号符合表 1-13 规定），其后的数字表示其最主要的合金组成元素的大致含量。最后面的英文字母为标识代号，用以标识各具体元素相异或元素含量有微小差异的不同合金。

表 1-13 元素代号

元素代号	元素名称	元素代号	元素名称
A	铝	M	锰
B	铋	N	镍
C	铜	P	铅

元素代号	元素名称	元素代号	元素名称
D	镉	Q	银
E	稀土	R	铬
F	铁	S	硅
G	钙	T	锡
H	钍	W	镱
K	锆	Y	锑
L	锂	Z	锌

示例 1：AZ31B——A 代表铝，Z 代表锌，3 代表铝的大致含量 3%，1 代表锌的大致含量 1%，B 为标识代号。

示例 2：ZK61M——Z 代表锌，K 代表锆，6 代表锌的大致含量 6%，1 代表锆的大致含量 1%，M 为标识代号。

镁合金新旧牌号对照如下：

M2M—MB1、AZ40M—MB2、AZ41M—MB3、ME20M—MB8、ZK61M—MB15、Mg99.50—Mg1、Mg99.00—Mg2

1.2.1.3　钛及钛合金

钛是 20 世纪 50 年代发展起来的一种重要的结构金属，钛合金因具有比强度高、耐蚀性好、耐热性高等特点而被广泛用于各个领域。世界上许多国家都认识到钛合金材料的重要性，相继对其进行研究开发，并得到了实际应用。钛是周期表中第ⅣB 族元素，外观似钢。钛在地壳中含量较丰富，远高于 Cu、Zn、Sn、Pb 等常见金属。我国钛的资源极为丰富，仅四川攀枝花地区发现的特大型钒钛磁铁矿中，伴生钛金属储量约达 4.2 亿吨，接近国外探明钛储量的总和。

钛是银白色金属，原子序数为 22，相对原子质量 47.88，金属活性在镁、铝之间，常温下并不稳定，因此，在自然界中只以化合态存在，常见的钛的化合物有钛铁矿（$FeTiO_3$）、金红石（TiO_2）等。钛的摩尔体积为 $10.54cm^3/mol$，硬度较差，莫氏硬度约为 4，因此延展性好。钛的热稳定性很好，熔点为 1668℃，沸点为 3287℃，密度为 $4500kg/m^3$，具有质量轻、比强度高、耐高温等优点。钛的电极电位低，钝化能力强，在常温下极易形成由氧化物和氮化物组成的致密的与基体结合牢固的钝化膜，在大气及淡水、海水、硝酸、碱溶液等许多介质中非常稳定，具有极高的抗蚀性。

钛在固态下具有同素异构转变，在 882.5℃ 以下为密排六方晶格，称为 α-Ti，强度高而塑性差，加工变形较困难。在 882.5℃ 以上为体心六方晶格，称为 β-Ti，塑性较好，易于进行压力加工。目前，钛及钛合金的加工条件较复杂，成本较高，这在很大程度上限制了它的应用。

钛分为工业纯钛和钛合金。

A　工业纯钛

钛是一种新型金属，性能与所含碳、氮、氢、氧等杂质含量有关，最纯的碘化钛杂质含量不超过0.1%，但其强度低、塑性高。99.5%工业纯钛的性能见表1-14。

表1-14 99.5%工业纯钛的性能

项目	密度 /kg·m^{-3}	熔点 /℃	导热系数 /W·(m·K)$^{-1}$	抗拉强度 /MPa	伸长率 /%	断面收缩率 /%	弹性模量 /MPa	硬度 HB
数值	4500	1668±4	15.24	539	25	25	$1.078×10^5$	195

工业纯钛的钛含量一般在99.5%~99.0%之间，室温组织为α相，塑性好，具有优良的焊接性能和耐蚀性能，长期工作温度可达300℃，可制成板材、棒材、线材等，主要用于飞机的蒙皮、构件和耐蚀的化学装置、海水淡化装置等。

工业纯钛不能进行热处理强化，实际使用中主要采用冷变形进行强化。热处理工艺主要有再结晶退火和去应力退火。

B 钛合金

为了进一步改善钛的性能，需进行合金化。按照对钛的α相、β相转变温度的影响，所加的合金元素可分为三类：α相稳定元素、β相稳定元素以及对相变影响不大的中性元素。

根据钛合金在退火状态下的相组成，可将其分为α钛合金、β钛合金和α+β钛合金，牌号分别用TA、TB、TC加上编号来表示，这是目前国内使用较普遍的钛合金分类方法。

α钛合金中加入的主要元素有Al、Sn、Zr等，在室温和使用温度下均处于α单相状态，在500~600℃时具有良好的热强性和抗氧化能力，焊接性能也好，并可利用高温锻造进行热成型加工。典型牌号是TA7，主要用于制造导弹燃料罐、超声速飞机的涡轮机匣等部件。

β钛合金中加入的主要元素有Mo、V、Cr等，有较高的强度和优良的冲压性能，可通过淬火和时效进一步强化。典型牌号是TB2，主要用于制造压气机叶片、轴、轮盘等重载荷零件。β钛合金是β相固溶体组成的单相合金，未热处理即具有较高的强度，淬火、时效后合金得到进一步强化，室温强度可达1372~1666MPa；但热稳定性较差，不宜在高温下使用。

α+β钛合金室温组织为α+β两相组织，它是双相合金，具有良好的综合性能，组织稳定性好，有良好的韧性、塑性和高温变形性能，能较好地进行热压力加工，能进行淬火、时效使合金强化。热处理后的强度约比退火状态提高50%~100%；高温强度高，可在400~500℃的温度下长期工作，其热稳定性次于α钛合金。典型牌号是TC4，既可用于低温结构件，也可用于高温结构件，常用来制造航空发动机压气机盘和叶片以及火箭液氢燃料箱部件等。

三种钛合金中最常用的是α钛合金和α+β钛合金；α钛合金的切削加工性最好，α+β钛合金次之，β钛合金最差。α钛合金代号为TA，β钛合金代号为TB，α+β钛合金代号为TC。

氧、氮、碳和氢是钛合金的主要杂质。氧和氮在α相中有较大的溶解度，对钛合金有显著强化效果，但使合金塑性下降。通常规定钛中氧和氮的含量分别在0.15%~0.2%和0.04%~0.05%以下。氢在α相中溶解度很小，钛合金中溶解过多的氢会产生氢化物，使合金变脆。通常钛合金中氢含量控制在0.015%以下。氢在钛中的溶解是可逆的，可以用真空退火除去。

C 常用钛合金

钛合金按用途可分为耐热合金、高强合金、耐蚀合金（钛-钼、钛-钯合金等）、低温合金以及特殊功能合金（钛-铁贮氢材料和钛-镍记忆合金等）。常用钛合金的牌号、化学成分、热处理和力学性能见表1-15。

表 1-15　常用钛合金的牌号、化学成分、热处理和力学性能（GB/T 2965—1996，GB/T 3620—1994）

类　别	牌号	化学成分（质量分数）/%	热处理	室温力学性能		高温力学性能		
				R_m/MPa	A/%	试验温度/℃	R_m/MPa	A_{100mm}/%
α 钛合金	TA6	Ti-5Al	退　火	685	10	350	420	390
	TA7	Ti-5Al-2.5Sn	退　火	785	10	350	490	440
β 钛合金	TB2	Ti-5Mo-5V-8Cr-3Al	固溶 + 时效	1370	8			
α + β 钛合金	TC4	Ti-6Al-4V	固溶 + 时效					
	TC3	Ti-5Al-4V	退　火	800	10			
	TC2	Ti-3Al-1.5Mn	退　火	685	12	350	420	390

　　钛合金通过调整热处理工艺可以获得不同的相组成和组织。一般认为细小等轴组织具有较好的塑性、热稳定性和疲劳强度；针状组织具有较高的持久强度、蠕变强度和断裂韧性；等轴和针状混合组织具有较好的综合性能。

　　钛合金具有以下特点：

　　（1）强度高。钛合金的密度一般在 4500kg/m³ 左右，仅为钢的 60%，纯钛的强度接近普通钢的强度，一些高强度钛合金超过了许多合金结构钢的强度。因此，钛合金的比强度（强度/密度）远大于其他金属结构材料，可制出单位强度高，刚性好，质轻的零部件。目前，飞机的发动机构件、骨架、蒙皮、紧固件及起落架等都使用钛合金。

　　（2）热强度高。钛合金使用温度比铝合金高几百度，在中等温度下仍能保持所要求的强度，可在 450～500℃ 的温度下长期工作，在 150～500℃ 范围内仍有很高的比强度，而铝合金在 150℃ 时比强度明显下降。钛合金的工作温度可达 500℃，铝合金则在 200℃ 以下。

　　（3）抗蚀性好。钛合金在潮湿的大气和海水介质中工作，其抗蚀性远优于不锈钢；对点蚀、酸蚀、应力腐蚀的抵抗力特别强；对碱、氯化物、氯的有机物品、硝酸、硫酸等有优良的抗腐蚀能力，但钛对具有还原性的氧及铬盐介质的抗蚀性差。

　　（4）低温性能好。钛合金在低温和超低温下，仍能保持其力学性能。低温性能好，间隙元素极低的钛合金，如 TA7，在 -253℃ 下还能保持一定的塑性。因此，钛合金也是一种重要的低温结构材料。

　　（5）化学活性大。钛的化学活性大，与大气中 O、N、H、CO、CO_2、水蒸气、氨气等产生强烈的化学反应。当碳含量大于 0.2% 时，会在钛合金中形成硬质 TiC；温度较高时，与 N作用也会形成 TiN 硬质表层；在 600℃ 以上时，钛吸收氧形成硬度很高的硬化层；氢含量上升，也会形成脆化层。吸收气体而产生的硬脆表层深度可达 0.1～0.15mm，硬化程度为 20%～30%。钛的化学亲和性大，易与摩擦表面产生黏附。

　　（6）导热系数小、弹性模量小。钛的导热系数 λ 为 15.24W/(m·K)，约为镍的 1/4，铁的 1/5，铝的 1/14，而各种钛合金的导热系数比钛的导热系数下降约 50%。钛合金的弹性模量约为钢的 1/2，故其刚性差、易变形，不宜制作细长杆和薄壁件，切削时加工表面的回弹量很大，约为不锈钢的 2～3 倍，造成刀具后刀面的剧烈摩擦、黏附、黏结磨损。

　　D　钛合金的用途

　　钛合金强度高而密度小，力学性能好，韧性和抗蚀性能好。另外，钛合金的工艺性能差，切削加工困难，在热加工中，非常容易吸收氢、氧、氮、碳等杂质，并且抗磨性差，生产工艺复杂。钛的工业化生产是从 1948 年开始的。由于航空工业发展的需要，钛工业以平均每年约 8% 的增长速度发展。目前世界钛合金加工材年产量已达 4 万余吨，钛合金牌号近 30 种。使用最广泛的钛合金是 Ti-6Al-4V(TC4)，Ti-5Al-2.5Sn(TA7) 和工业纯钛（TA1、TA2 和 TA3）。

钛合金主要用于制作飞机发动机压气机部件，其次用于火箭、导弹和高速飞机的结构件。20 世纪 60 年代中期，钛及其合金已在一般工业中应用，用于制作电解工业的电极、发电站的冷凝器、石油精炼和海水淡化的加热器以及环境污染控制装置等。钛及其合金已成为一种耐蚀结构材料，用于生产储氢材料和形状记忆合金等。

我国于 1956 年开始钛和钛合金研究；60 年代中期开始钛材的工业化生产并研制成 TB2 合金。钛合金是航空航天工业中使用的一种新的重要结构材料，密度、强度和使用温度介于铝和钢之间，但比强度高并具有优异的抗海水腐蚀性能和超低温性能。1950 年美国首次在 F-84 战斗轰炸机上用作后机身隔热板、导风罩、机尾罩等非承力构件；60 年代开始将钛合金的使用部位从后机身移向中机身、部分地代替结构钢制造隔框、梁等重要承力构件。钛合金在军用飞机中的用量迅速增加，达到飞机结构质量的 20%～25%。70 年代起，民用机开始大量使用钛合金，如波音 747 客机用钛量达 3640kg 以上。马赫数（在某一介质中物体运动的速度与该介质中的声速之比）小于 2.5 的飞机用钛主要是为了代替钢，以减轻结构质量。又如，美国 SR-71 高空高速侦察机（飞行马赫数为 3，飞行高度 26212m），钛占飞机结构质量的 93%，号称"全钛"飞机。当航空发动机的推重比从 4～6 提高到 8～10，压气机出口温度相应地从 200～300℃增加到 500～600℃时，原来用铝制造的低压压气机盘和叶片就必须改用钛合金，或用钛合金代替不锈钢制造高压压气机盘和叶片，以减轻结构质量。70 年代，钛合金在航空发动机中的用量占结构总量的 20%～30%，主要用于制造压气机部件，如锻造钛风扇、压气机盘和叶片、铸钛压气机机匣、轴承壳体等。航天器主要利用钛合金的高比强度、耐腐蚀和耐低温性能来制造各种压力容器、燃料储箱、紧固件、仪器绑带、构架和火箭壳体。人造地球卫星、登月舱、载人飞船和航天飞机也都使用钛合金板。

E 钛及钛合金的牌号

a 钛及钛合金术语

钛及钛合金术语见表 1-16。

表 1-16 钛及钛合金术语

名 称	定 义	名 称	定 义
海绵钛	用 Mg 或 Na 还原 $TiCl_4$ 获得的非致密金属钛	α 钛合金	含有 α 稳定剂，在室温稳定状态基本为 α 相的钛合金
碘法钛	用碘作载体从海绵钛提纯得到的纯度较高的致密金属钛，钛含量可达 99.9%	近 α 钛合金	α 合金中加入少量 β 稳定剂，在室温稳定状态 β 相含量一般小于 10% 的钛合金
工业纯钛	钛含量不低于 99% 并含有少量 Fe、C、O、N 和 H 等杂质的致密金属钛	α+β 钛合金	含有较多的 β 稳定剂，在室温稳定状态由 α 及 β 相所组成的钛合金，β 相含量一般为 10%～50%
钛合金	以钛为基体金属含有其他元素及杂质的合金	β 钛合金	含有足够多的 β 稳定剂，在适当的冷却速度下能使其室温组织全部为 β 相的钛合金

b 钛及钛合金牌号表示方法

钛及钛合金牌号表示方法见表 1-17。

表 1-17　钛及钛合金牌号表示方法

合金分类	牌号举例		牌号表示方法
	名　称	代　号	
钛及钛合金	α 钛及钛合金	TA1-M、TA4	
	β 钛合金	TB2	
	α + β 钛合金	TC1、TC4、TC9	

c　钛及钛合金牌号

钛及钛合金的牌号见表 1-18。

表 1-18　钛及钛合金牌号

合金牌号	名义化学成分	合金牌号	名义化学成分	合金牌号	名义化学成分
TA1ELI	工业纯钛	TA15	Ti-6.5Al-1Mo-1V-2Zr	TB5	Ti-15V-3Al-3Cr-3Sn
TA1	工业纯钛	TA15-1	Ti-2.5Al-1Mo-1V-1.5Zr	TB6	Ti-10V-2Fe-3Al
TA1-1	工业纯钛	TA15-2	Ti-4Al-1Mo-1V-1.5Zr	TB7	Ti-32Mo
TA2ELI	工业纯钛	TA16	Ti-2Al-2.5Zr	TC1	Ti-2Al-1.5Mn
TA2	工业纯钛	TA17	Ti-4Al-2V	TC2	Ti-4Al-1.5Mn
TA3ELI	工业纯钛	TA18	Ti-3Al-2.5V	TC3	Ti-5Al-4V
TA3	工业纯钛	TA19	Ti-6Al-2Sn-4Zr-2Mo-0.1Si	TC4	Ti-6Al-4V
TA4ELI	工业纯钛	TA20	Ti-4Al-3V-1.5Zr	TC4ELI	Ti-6Al-4VELI
TA4	工业纯钛	TA21	Ti-1Al-1Mn	TC6	Ti-6Al-1.5Cr-2.5Mo-0.5Fe-0.3Si
TA5	Ti-4Al-0.005B	TA22	Ti-3Al-1Mo-1Ni-1Zr	TC8	Ti-6.5Al-3.5Mo-0.25Si
TA6	Ti-5Al	TA22-1	Ti-3Al-0.5Mo-0.5Ni-0.5Zr	TC9	Ti-6.5Al-3.5Mo-2.5Sn-0.3Si
TA7	Ti-5Al-2.5Sn	TA23	Ti-2.5Al-2Zr-1Fe	TC10	Ti-6Al-6V-2Sn-0.5Cu-0.5Fe
TA7ELI	Ti-5Al-2.5SnELI	TA23-1	Ti-2.5Al-2Zr-1Fe	TC11	Ti-6.5Al-3.5Mo-1.5Zr-0.3Si
TA8	Ti-0.05Pd	TA24	Ti-3Al-2Mo-2Zr	TC12	Ti-5Al-4Mo-4Cr-2Zr-2Sn-1Nb
TA8-1	Ti-0.05Pd	TA24-1	Ti-2Al-1.5Mo-2Zr	TC15	Ti-5Al-2.5Fe
TA9	Ti-0.2Pd	TA25	Ti-3Al-2.5V-0.05Pd	TC16	Ti-3Al-5Mo-4.5V
TA9-1	Ti-0.2Pd	TA26	Ti-3Al-2.5V-0.1Ru	TC17	Ti-5Al-2Sn-2Zr-4Mo-4Cr
TA10	Ti-0.3Mo-0.8Ni	TA27	Ti-0.10Ru	TC18	Ti-5Al-4.75Mo-4.75V-1Cr-1Fe
TA11	Ti-8Al-1Mo-1V	TA27-1	Ti-0.10Ru	TC19	Ti-6Al-2Sn-4Zr-6Mo
TA12	Ti-5.5Al-4Sn-2Zr-1Mo-1Nd-0.25Si	TA28	Ti-3Al	TC20	Ti-6Al-7Nb
TA12-1	Ti-5.0Al-4Sn-2Zr-1.5Mo-1Nd-0.25Si	TB2	Ti-5Mo-5V-8Cr-3Al	TC21	Ti-13Nb-13Zr
TA13	Ti-2.5Cu	TB3	Ti-3.5Al-10Mo-8V-1Fe	TC22	Ti-6Al-4V-0.05Pd
TA14	Ti-2.3Al-11Sn-5Zr-1Mo-0.2Si	TB4	Ti-4Al-7Mo-10V-2Fe-1Zr	TC23	Ti-6Al-4V-0.1Ru

1.2.2 产品状态

1.2.2.1 变形铝合金状态代号

变形铝合金适用于铝及铝合金加工产品。

A 基本原则

（1）基础状态代号用一个英文大写字母表示。

（2）细分状态代号采用基础状态代号后跟一位或多位阿拉伯数字表示。

B 基础状态代号

基础状态分为5种，如表1-19所示。

表1-19 基础状态代号、名称、说明与应用

代号	名 称	说明与应用
F	自由加工状态	适用于在成型过程中，对于加工硬化和热处理条件无特殊要求的产品，该状态产品的力学性能不作规定
O	退火状态	适用于经完全退火获得最低强度的加工产品
H	加工硬化状态	适用于通过加工硬化提高强度的产品，产品在加工硬化后可经过（也可不经过）使强度有所降低的附加热处理。H代号后面必须跟有两位或三位阿拉伯数字
W	固溶热处理状态	一种不稳定状态，仅适用于经固溶热处理后，室温下自然时效的合金，该状态代号仅表示产品处于自然时效阶段
T	热处理状态（不同于F、O、H状态）	适用于热处理后，经过（或不经过）加工硬化达到稳定状态的产品。T代号后面必须跟有一位或多位阿拉伯数字

C 细分状态代号

a H的细分状态

在字母H后面添加两位阿拉伯数字（称作HXX状态），或三位阿拉伯数字（称作HXXX状态）表示H的细分状态。

（1）HXX状态。H后面的第1位数字表示获得该状态的基本处理程序，如下所示：

H1——单纯加工硬化状态。适用于未经附加热处理，只经加工硬化即获得所需强度的状态。

H2——加工硬化及不完全退火的状态。适用于加工硬化程度超过成品规定要求后，经不完全退火，使强度降低到规定指标的产品。对于室温下自然时效软化的合金，H2与对应的H3具有相同的最小极限抗拉强度值；对于其他合金，H2与对应的H1具有相同的最小极限抗拉强度值，但伸长率比H1稍高。

H3——加工硬化及稳定化处理的状态。适用于加工硬化后经低温热处理或由于加工过程中的受热作用致使其力学性能达到稳定的产品。H3状态仅适用于在室温下逐渐时效软化（除非经稳定化处理）的合金。

H4——加工硬化及涂漆处理的状态。适用于加工硬化后，经涂漆处理导致不完全退火的产品。

H后面的第2位数字表示产品的加工硬化程度。数字8表示硬状态，通常采用O状态的最

小抗拉强度与表1-20规定的强度差值之和，来规定 HX8 状态的最小抗拉强度值。对于 O（退火）和 HX8 状态之间的状态，用在 HX 代号后分别添加从 1 到 7 的数字来表示。在 HX8 后添加数字 9 表示比 HX8 加工硬化程度更大的超硬状态。各种 HXX 细分状态代号及对应的加工硬化程度如表 1-21 所示。

表 1-20　HX8 状态与 O 状态的最小抗拉强度差值

O 状态的最小抗拉强度 /MPa	HX8 状态与 O 状态的最小抗拉强度差值/MPa	O 状态的最小抗拉强度 /MPa	HX8 状态与 O 状态的最小抗拉强度差值/MPa
≤40	55	165 ~ 200	100
45 ~ 60	65	205 ~ 240	105
65 ~ 80	75	245 ~ 280	110
85 ~ 100	85	285 ~ 320	115
105 ~ 120	90	≥320	120
125 ~ 160	95		

表 1-21　细分状态代号及对应的加工硬化程度

细分状态代号	加工硬化强度
HX1	抗拉强度极限为 O 与 HX2 状态的中间值
HX2	抗拉强度极限为 O 与 HX4 状态的中间值
HX3	抗拉强度极限为 HX2 与 HX4 状态的中间值
HX4	抗拉强度极限为 O 与 HX8 状态的中间值
HX5	抗拉强度极限为 HX4 与 HX6 状态的中间值
HX6	抗拉强度极限为 HX4 与 HX8 状态的中间值
HX7	抗拉强度极限为 HX6 与 HX8 状态的中间值
HX8	硬状态
HX9	超硬状态。最小抗拉强度极限值超过 HX8 状态至少 10MPa

注：当按表中确定的 HX1 ~ HX9 状态的抗拉强度极限值，不是以 0 或 5 结尾时，应修约至以 0 或 5 结尾的相邻较大值。

（2）HXXX 状态。HXXX 状态代号如下所示：

H111——适用于最终退火后又进行了适量的加工硬化，但加工硬化程度又不及 H11 状态的产品。

H112——适用于热加工成型的产品。该状态产品的力学性能有规定要求。

H116——适用于镁含量不小于 4.0% 的 5××× 系合金制成的产品。这些产品具有规定的力学性能和抗剥落腐蚀性能要求。

花纹板的状态代号（略）。

b　T 的细分状态

在字母 T 后面添加一位或多位阿拉伯数字表示 T 的细分状态。

（1）TX 状态。在 T 后面添加 0 ~ 10 的阿拉伯数字，表示的细分状态（称作 TX 状态），如表 1-22 所示。T 后面的数字表示对产品的基本处理程序。

表 1-22 TX 细分状态代号说明与应用

状态代号	说 明 与 应 用
T0	固溶热处理后、经自然时效再通过冷加工的状态，适用于经冷加工提高强度的产品
T1	由高温成型过程冷却，然后自然时效至基本稳定的状态。适用于由高温成型过程冷却后，不再进行冷加工（可进行矫直、矫平但不影响力学性能极限）的产品
T2	由高温成型过程冷却，经冷加工后自然时效至基本稳定的状态。适用于由高温成型过程冷却后，进行冷加工或矫直、矫平以提高强度的产品
T3	固溶热处理后进行冷加工，再经自然时效至基本稳定的状态。适用于在固溶热处理后，进行冷加工或矫直、矫平，以提高强度的产品
T4	固溶热处理后自然时效至基本稳定的状态。适用于固溶热处理后，不再进行冷加工（可进行矫直、矫平，但不影响力学性能极限）的产品
T5	由高温成型过程冷却，然后进行人工时效的状态。适用于由高温成型过程冷却后，不经过冷加工（可进行矫直、矫平，但不影响力学性能极限）予以人工时效的产品
T6	固溶热处理后进行人工时效的状态。适用于固溶热处理后，不再进行冷加工（可进行矫直、矫平，但不影响力学性能极限）的产品
T7	固溶热处理后进行过时效的状态。适用于固溶热处理后，为获取某些重要特性，在人工时效时，强度在时效曲线上越过了最高峰点的产品
T8	固溶热处理后经冷加工，然后进行人工时效的状态。适用于经冷加工或矫直、矫平以提高强度的产品
T9	固溶热处理后人工时效，然后进行冷加工的状态。适用于经冷加工提高强度的产品
T10	由高温成型过程冷却后，进行冷加工，然后人工时效的状态。适用于经冷加工或矫直、矫平以提高强度的产品

注：某些 6×××系的合金，无论是炉内固溶热处理，还是从高温成型过程急冷以保留可溶性组分在固溶体中，均能达到相同的固溶热处理效果，这些合金的 T3、T4、T6、T7、T8 和 T9 状态可采用上述两种处理方法的任一种。

（2）TXX 状态及 TXXX 状态（消除应力状态除外）。在 TX 状态代号后再添加一位阿拉伯数字（称作 TXX 状态），或添加两位阿拉伯数字（称作 TXXX 状态），表示经过了明显改变产品特性（如力学性能、抗腐蚀性能等）的特定工艺处理的状态，如表 1-23 所示。

表 1-23 TXX 及 TXXX 细分状态代号说明与应用

状态代号	说 明 与 应 用
T42	适用于自 O 或 F 状态固溶热处理后，自然时效到充分稳定状态的产品，也适用于需方对任何状态的加工产品热处理后，力学性能达到了 T42 状态的产品
T62	适用于自 O 或 F 状态固溶热处理后，进行人工时效的产品，也适用于需方对任何状态的加工产品热处理后，力学性能达到了 T62 状态的产品
T73	适用于固溶热处理后，经过时效达到规定的力学性能和抗应力腐蚀性能指标的产品

状态代号	说明 与 应用
T74	与 T73 状态定义相同。该状态的抗拉强度大于 T73 状态，但小于 T76 状态
T76	与 T73 状态定义相同。该状态的抗拉强度分别高于 T73、T74 状态，抗应力腐蚀断裂性能分别低于 T73、T74 状态，但其抗剥落腐蚀性能仍较好
T7X2	适用于自 O 或 F 状态固溶热处理后，进行人工时效处理，力学性能及抗腐蚀性能达到了 T7X 状态的产品
T81	适用于固溶热处理后，经 1% 左右的冷加工变形提高强度，然后进行人工时效的产品
T87	适用于固溶热处理后，经 7% 左右的冷加工变形提高强度，然后进行人工时效的产品

（3）消除应力状态。在上述 TX 或 TXX、TXXX 状态代号后添加 51 或 510、511、52、54，表示经过了消除应力处理的产品状态代号，如表 1-24 所示。

表 1-24　消除应力状态代号说明与应用

状态代号	说明 与 应用
TX51、TXX51、TXXX51	适用于固溶热处理或自高温成型过程冷却后，按规定量进行拉伸的厚板、轧制或冷精整的棒材以及模锻件、锻环或轧制环，这些产品拉伸后不再进行矫直。厚板的永久变形量为 1.5% ~3%；轧制或冷精整棒材的永久变形量为 1% ~3%；模锻件、锻环或轧制环的永久变形量为 1% ~5%
TX510、TXX510、TXXX510	适用于固溶热处理或自高温成型过程冷却后，按规定量进行拉伸的挤制棒、型和管材，以及拉制管材，这些产品拉伸后不再进行矫直。挤制棒、型和管材的永久变形量为 1% ~3%；拉制管材的永久变形量为 1.5% ~3%
TX511、TXX511、TXXX511	适用于固溶热处理或自高温成型过程冷却后，按规定量进行拉伸的挤制棒、型和管材，以及拉制管材，这些产品拉伸后可略微矫直以符合标准公差。挤制棒、型和管材的永久变形量为 1% ~3%；拉制管材的永久变形量为 1.5% ~3%
TX52、TXX52、TXXX52	适用于固溶热处理或自高温成型过程冷却后，通过压缩来消除应力，以产生 1% ~5% 的永久变形量的产品
TX54、TXX54、TXXX54	适用于在终锻模内通过冷整形来消除应力的模锻件

c　W 的消除应力状态

正如 T 的消除应力状态代号表示方法，可在 W 状态代号后添加相同的数字（如 51、52、54），以表示不稳定的固溶热处理及消除应力状态。

1.2.2.2　镁及镁合金状态代号

与铝及铝合金状态代号相同（略）。

1.2.2.3　钛及钛合金状态代号

钛及钛合金的状态代号仍沿用老代号，如 R—热加工状态；M—退火状态；ST—固溶处理状态；Y—冷加工状态；C—淬火状态等。

1.2.3 品种及规格

用于生产轻有色金属板、带、箔的金属材料大多数是铝及铝合金、镁及镁合金、钛及钛合金，它们的品种和规格列于表1-25～表1-27中。

表1-25　铝及铝合金品种及规格

牌　号	状　态	规　格		
		板材厚度/mm	带材厚度/mm	箔材厚度/mm
1235、1070、1060、1050、1145、1100、1200	F、H112、O、H12、H22、H14、H24、H16、H26、H18	0.20～150.00	0.20～8.00	0.005～0.2
2017、2A11、2A12、2014、2024	F、O、T3、T4、T6	0.50～150.00	0.50～6.00	
3003、3004、3104、3005、3105、3102	F、O、H112、H12、H22、H14、H24、H16、H26、H18	0.20～150.00	0.20～6.00	0.005～0.2
5182、5A02、5A03、5A05、5A06、5005、5082、5052、5086、5083	F、O、H12、H22、H32、H14、H24、H34、H16、H26、H36、H18、H112	0.20～150.00	0.20～8.00	
6061、6A02、6082	F、O、H112、T4、T6	0.40～150.00	0.40～8.00	
7075、7005	F、O、T6	0.50～100.00		
8A06、8011	O、H14、H24、H18	0.20～150.00	0.20～3.00	

表1-26　变形镁及镁合金品种及规格

牌　号	状　态	规格/mm		
		厚　度	宽　度	长　度
Mg 99.00	H18	0.20	3.0～6.0	≥100
M2M、AZ40M	O	0.80～10.00	400～1200	1000～3500
	H112、F	>8.00～70.00	400～1200	1000～3500
AZ41M	H18、O	0.40～2.00	≤1000	≤2000
	O	>2.00～10.00	400～1200	1000～3500
	H112、F	>8.00～70.00	400～1200	1000～2000
AZ31B	H24	>0.40～2.00	≤600	≤2000
		>2.00～4.00	≤1000	≤2000
		>8.00～32.00	400～1200	1000～3500
		>32.00～70.00	400～1200	1000～2000

牌 号	状 态	规格/mm		
		厚 度	宽 度	长 度
AZ31B	H26	6.30 ~ 50.00	400 ~ 1200	1000 ~ 2000
	O	>0.40 ~ 1.00	≤600	≤2000
		>1.00 ~ 8.00	≤1000	≤2000
		>8.00 ~ 70.00	400 ~ 1200	1000 ~ 2000
	H112、F	>8.00 ~ 70.00	400 ~ 1200	1000 ~ 2000
ME20M	H18、O	0.40 ~ 0.80	≤1000	≤2000
	H24、O	>0.80 ~ 10.00	400 ~ 1200	1000 ~ 3500
	H112、F	>8.00 ~ 32.00	400 ~ 1200	1000 ~ 3500
		>32.00 ~ 70.00	400 ~ 1200	1000 ~ 2000

表1-27 钛及钛合金品种及规格

牌 号	制造方法	供应状态	规格/mm		
			厚 度	宽 度	长 度
TA1、TA2、TA3、TA4、TA5、TA6、TA7、TA8、TA8-1、TA9、TA9-1、TA10、TA11、TA15、TA17、TA18、TC1、TC2、TC3、TC4	热轧	热加工状态 R、退火状态 M	>4.75 ~ 60.0	400 ~ 3000	1000 ~ 4000
	冷轧	冷加工状态 Y、退火状态 M、固溶状态 ST	0.30 ~ 6.00	400 ~ 1000	1000 ~ 3000
TB2	热 轧	固溶状态 ST	>4.0 ~ 10.0	400 ~ 3000	1000 ~ 4000
	冷 轧		1.0 ~ 4.0	400 ~ 1000	1000 ~ 3000
TB5、TB6、TB8	冷 轧	固溶状态 ST	0.30 ~ 4.75	400 ~ 1000	1000 ~ 3000

1.3 轻有色金属及其合金生产工艺流程

1.3.1 板、带材生产工艺流程

板材是指横截面呈矩形,厚度均匀并大于0.20mm的轧制产品。通常边部经过剪切或锯切,并以平直状态交货。厚度不超过宽度的1/10。

带材是指横截面呈矩形,厚度均匀并大于0.20mm的轧制产品。通常边部经过纵切,并成卷交货。厚度不超过宽度的1/10。

1.3.1.1 半连续铸锭生产法工艺流程

半连续铸锭生产板、带材典型工艺流程见图1-41。

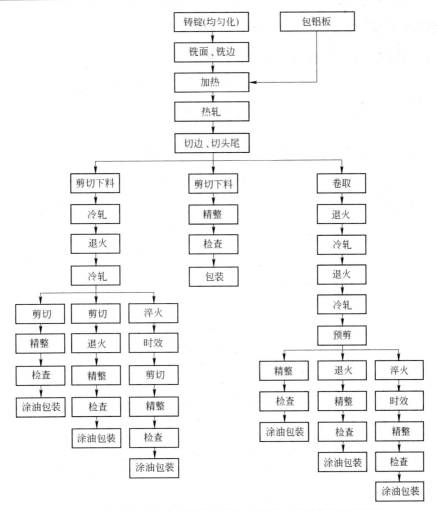

图 1-41 铝及铝合金半连续铸锭方法生产板、带材典型工艺流程

1.3.1.2 连续铸轧生产法工艺流程

连续铸轧生产板、带材工艺流程见图 1-42。

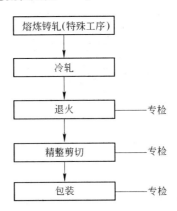

图 1-42 铝及铝合金连续铸轧生产板、带材典型工艺流程

1.3.2　铝箔生产工艺流程

从铝箔毛料到生产出铝箔的工艺流程见图1-43、图1-44。

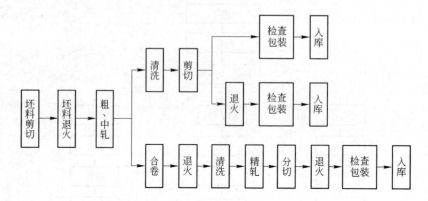

图 1-43　老式设备铝箔生产工艺流程

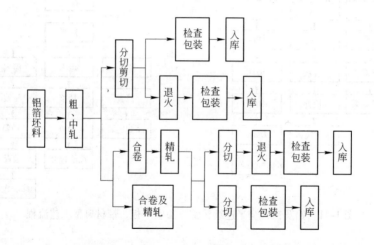

图 1-44　现代设备生产铝箔工艺流程

复习思考题

1. 轻有色金属及其合金的分类、产品状态、品种及规格。
2. 轻有色金属及其合金板、带、箔材生产工艺。

2 轧制设备

在轧制车间中，用于实现板、带材生产所需的设备，包括主要设备和辅助设备两大类。本章重点介绍主要设备——轧机。

一台轧机一般由驱动主电动机、传动装置和工作机座三部分组成。

驱动主电动机是轧机的动力源，它把电能转变成机械能使轧辊转动。主电动机分为直流电动机和交流电动机两种。主电动机的功率取决于轧机的用途、轧制品种规格和生产率等因素。

轧机的传动装置包括减速器、齿轮机座、连接轴和联轴器等。电动机的运动和能量通过传动装置传递给工作机座完成轧制过程。各部分的主要作用如下：

（1）减速器。以一定的速比降低主轴转速，以适应轧制转速的要求。当轧辊转速与主电动机转速相同时，不需要减速器。

（2）齿轮机座。将动力传递给轧辊。按照不同轧辊个数，一般由两个或三个直径相等的圆柱形人字齿轮组成，在垂直面内形成一排，装在封闭的传动箱内。在单辊传动或两台电动机分别带动两个轧辊时，可省略齿轮机座。

（3）飞轮。用于储存和释放能量，均衡主电动机的负荷。当轧辊空转时储存能量，在轧制时，飞轮减速，放出能量。

（4）连接轴。连接齿轮座和轧辊，用以传递动力。

（5）联轴器。将齿轮座、减速器和主电动机连接在一起，传递动力。联轴器分为主联轴器和电动机联轴器。

轧机的工作机座是轧机的核心部件，直接承受金属塑性变形抗力，主要包括轧辊、轴承座、牌坊、压下机构和平衡装置等工作部件。根据不同的轧辊数量，轧机的工作机座有多种不同的结构形式，如二辊式、三辊式、四辊式和多辊式等。它是轧机的主要工作部分，直接关系到轧制产品的产量和质量。轧机主机列如图2-1所示。

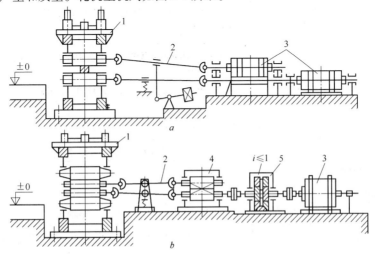

图2-1　轧机的组成

a—用两个电动机直接驱动轧辊；*b*—用一个电动机驱动轧辊

1—工作机座；2—万向接轴；3—主电动机；4—齿轮机；5—减速器

板、带材轧机分热轧机、冷轧机和箔材轧机，用来生产有色金属及其合金板、带、箔材。

2.1　热轧设备

2.1.1　锭坯的加热设备

常见的铸锭加热设备为加热炉，分地坑式铸锭加热炉、链式双膛铸锭加热炉和推进式铸锭加热炉。典型的铸锭加热炉技术参数见表 2-1 和表 2-2。

表 2-1　地坑式和链式双膛铸锭加热炉的主要技术参数

使　用　单　位		东北轻合金有限责任公司	
加热方式		电加热 720kW	电加热 2×850kW
铸锭规格/mm×mm×mm		300×1550×5680	300×1050×2300
炉膛尺寸/mm×mm×mm		3250×2400×7600	400×2040×22745（每个炉膛）
装炉量		6 块 30t	2×16t
工作温度/℃		400~500	480~500
典型加热周期	1×××系	加热 10h，保温 19h	加热 5~8h
	2×××系		加热 4.5~6h
	3×××系		加热 6~8h
	5×××系	加热 6h，保温 41h	加热 5~8h
	6×××系	加热 8h，保温 41h	加热 5~8h
	7×××系	加热 6h	加热 6~8h

表 2-2　推进式铸锭加热炉主要技术参数

使　用　单　位		西南铝业有限责任公司
设备制造		美　国
铸锭规格	1×××、3×××和 5×××软合金、2×××、7×××硬铝合金	（340~480）mm×（950~1700）mm×（2500~5000）mm，最大锭重 11t（40~380）mm×（1000~1700）mm×（3000~5000）mm，最大锭重 10.5t
典型规格		340mm×1260mm×5000mm，重 5.93t，用 635℃的循环热空气经 7.5h 加热到 500℃；480mm×1700mm×5000mm，重 11.0t，用 635℃的循环热空气经 10.7h 加热到 550℃
炉体空间/mm×mm×mm		5000（宽）×21800（长）×1700（高）
最大装炉量/t		418（480mm×1700mm×5000mm，38 块）
工作温度/℃		300~650
能耗/GJ·h⁻¹		73.7（使用天然气的发热值为：35.1MJ/m³）
天然气		最小压力：0.02MPa，最大流量：2100m³/h
电		380V±10%，（50±2.5）Hz，3 相，总容量 509.3kW（其中 7 台循环电动机为 261kW）
压缩空气		2850cm³/s，0.4~0.5MPa
冷却水		284L/min，0.15MPa，最高温度 33℃

2.1.2　热轧机类型及特点

热轧机的种类和机型有很多，从最初的单机架二辊热轧机逐步发展到单机架单卷取热轧机、双机架（热粗轧＋热精轧）四辊热轧机、单机架单卷取四辊轧机、单机架双卷取四辊热轧机、四辊热粗轧＋多机架热精连轧机等。

其基本配置形式如图2-2所示。

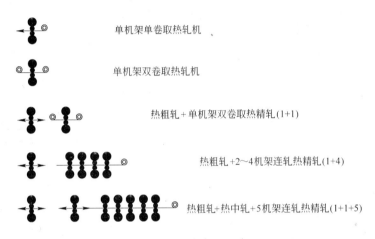

图2-2　四辊热轧机机型配置

2.1.2.1　单机架二辊式轧机

单机架二辊式轧机由一台可逆式轧机组成，采用反复轧制的方法生产厚板和热轧卷。该形式设备投资少，但效率不高，产品表面质量较差。目前国内大多数铝加工厂选用这种形式，如图2-3所示。

图2-3　$\phi750\text{mm} \times 1600\text{mm}$ 二辊可逆式热轧机

2.1.2.2　双机架四辊轧机

双机架四辊轧机由一台粗轧机和一台精轧机构成，是把相距一定距离的两台轧机串联起来，将单机架轧制道次分配在两台轧机上，如能合理地分配轧制道次和轧制时间，其生产能力比单机架轧制大 1.5～1.7 倍，可作为厚板生产和热轧大卷生产的共用轧机，如图 2-4 所示。此形式轧机投资比热连轧的少，但工艺稳定性较差，比较适合老厂改造。双机架四辊轧机的典型实例见表 2-3。

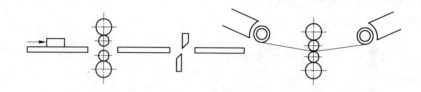

图 2-4　双机架热轧机

表 2-3　西南铝业有限责任公司现有的热粗轧＋热精轧机组主要技术参数

名　称	2800mm 四重可逆式热粗轧机	2800mm 四重可逆式热精轧机
工作辊/mm×mm	(750～700)/1400×2800	(650～610)/1400×2800
支撑辊/mm×mm	(1400～1300)×2800	(1400～1300)×2800
主传动电动机/kW	2×3200	1×4600
轧制力/MN	30	29
轧制速度/m·min^{-1}	240	240
轧制力矩/N·m	156×9.8×10^3	
辊缝调节	开口度500mm,电动压下初调,液压缸精调	电动压下初调,液压缸精调
工作辊清刷辊	2个钢丝辊 ϕ305mm×2650mm	2个钢丝辊 ϕ305mm×2800mm
辊型控制形式		正负弯辊
乳液流量/L·min^{-1}	8300	8000
立辊尺寸/mm×mm	829/810×550	
立辊轧制速度/m·s^{-1}	1.5	
立辊移动速度/mm·s^{-1}	(0～2)×50	
立辊开口度/mm	900～2800	
立辊最大压下量/mm	20/30	
导尺最大推力/N	13×9.8×10^3	
提升铸块质量/t	7	
提升铸块并旋转90°时间/s	6.05	
辅助设备 I	重型剪: 剪切厚度 80～100mm,剪切力 7500kN; 电动机 630kW	切边机: 　切边厚度 2.0～9.6mm;速度 270m/min
辅助设备 II	轻型剪: 剪切厚度 40mm,剪切力 2500kN;电动机 200kW	卷取机: 卷取张力 40t,卷取速度 30～252m/min;电动机 2×850kW
带式助卷器		出入口各 1 个,2 根皮带

续表 2-3

名 称		2800mm 四重可逆式热粗轧机	2800mm 四重可逆式热精轧机
铸锭规格		软合金(340~480)mm×(950~1700)mm×(2500~5000)mm,最大锭重11.1t	
		硬合金(340~430)mm×(1040~2040)mm×(2000~5000)mm,最大锭重11.9t	
热粗轧后/mm×mm×mm		(6~80)×(950~2620)×(4000~23500)	
热轧卷规格	软合金	厚2.5~7.0mm,宽950~2560mm,外径900~1920mm,内径610mm,最大卷重11t	
	硬合金	厚2.5~7.0mm,宽950~2560mm,外径900~1600mm,内径610mm,最大卷重7t	

2.1.2.3 单机架双卷取四辊热轧机

单机架双卷取热轧机是在轧机入口和出口处各带一台卷取机的可逆式热轧机,它既可作为热粗轧机,又可作为热精轧机,如图 2-5 所示。经加热的铸锭在辊道上通过多道次可逆轧制,轧至18~25mm 厚,然后进行双卷取可逆式精轧,经过3~5 道次轧制,最小厚度可达到2.5mm。轧机生产能力可达150kt/a。这种配置的热轧机除生产罐料技术尚不成熟外,能生产各种合金板、带材。

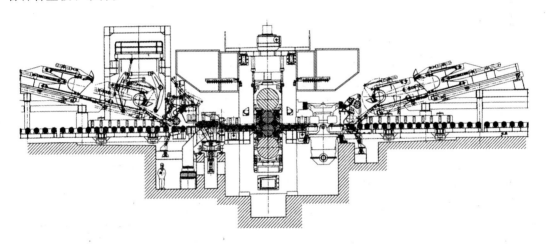

图 2-5 单机架双卷取热轧机组示意图

表 2-4 列出了 ϕ930mm/1500mm×2250mm 四辊可逆式单机架双卷取热轧机的基本参数。

表 2-4 ϕ930mm/1500mm×2250mm 四辊可逆式单机架双卷取热轧机的基本参数

名 称	参 数	名 称	参 数
工作辊直径/mm	930	立辊辊面宽度/mm	760
工作辊辊面宽度/mm	2250	立轧速度/m·min⁻¹	0/90/230
支撑辊直径/mm	1500	立辊电动机功率/kW	2×1400
支撑辊辊面宽度/mm	2500	立辊总轧制力/kN	7500
轧制速度/m·min⁻¹	0/100/200	立辊乳液最大流量/L·min⁻¹	500
主电动机功率/kW	2×7000	卷取机最大卷取速度/m·min⁻¹	225
最大轧力/kN	40000	卷取机张力/kN	250/25
乳液最大流量/L·min⁻¹	约10900	卷取电动机功率/kW	2×150
立辊直径/mm	965		

2.1.2.4　多机架串列式半连续热轧机

多机架串列式半连续热轧机特点是产量大、效率高，热轧带坯最薄 2.0～3.0mm，可充分利用热能，工艺稳定，易保证产品品质。多机架串列式半连续热轧机如图 2-6、图 2-7 所示。

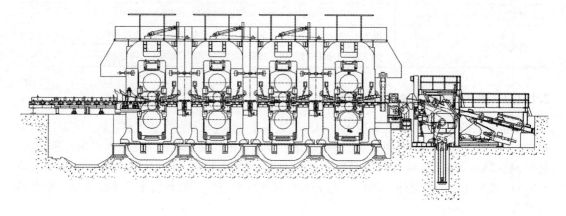

图 2-6　热连轧机组示意图

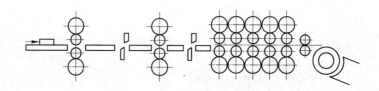

图 2-7　多机架串列式半连续热轧机

典型的热粗轧机 + 热连轧机技术参数见表 2-5。

表 2-5　典型的热粗轧机 + 热连轧机技术参数

名　称	热 粗 轧 机	热 连 轧 机
工作辊/mm × mm	（950～900）×2400	（780～710）×2400
支撑辊/mm × mm	（1600～1500）×2400	（160～150）×2400
开口度/mm	700	80
主传动电动机	2×4000kW（AC）	每个机架 1×5000kW（AC）
轧制力/kN	45000	40000
轧制速度/m·min⁻¹	240	F4～600
辊缝调节	电动压下初调,液压缸精调	电动压下初调,液压缸精调
重型剪及切边机	重型剪： 剪切厚度 150mm,剪切力 7500kN	切边机： 切边厚度 1.8～8mm,星形圆盘刀速度 70m/min
立　辊	直径 φ1000mm	
	辊身长度 750mm	
	轧制力 8000kN	
	轧制速度 240m/min	

名　称	热粗轧机	热连轧机
轻型剪及卷取机	轻型剪： 剪切厚度60mm，剪切力3000kN	卷取机： 卷取速度680m/min
铸锭规格	(450～630)mm×(900～2000)mm×(2700～8800)mm，最大锭重30t	
热轧板规格	(18～150)mm×(900～2100)mm×(4000～15000)mm	
热轧卷规格	厚1.8～18mm，宽850～2100mm，外径2800mm，卷重30t	
质量自动化	APFC—凸度和板形自动控制，AGC—厚度自动控制；AFC—温度自动控制	

国外热轧机的技术参数比较见表2-6。

表2-6　国外热轧机的技术参数比较

设备名称	参数名称	西马克公司	克莱西姆公司	戴维公司	石川岛播磨重工业公司
粗轧机	轧辊尺寸/mm×mm 或mm×mm×mm	ϕ1050/1525 ×2300	ϕ960/1325 ×2500	ϕ930×1500 ×2500/2400	ϕ1050/1525 ×2300
	工作辊与支撑辊最小直径/mm	ϕ980/1350	ϕ910/1450	ϕ870/1400	ϕ880/1480
	轧制力/kN	40000	3400	35000	3000
	轧制力矩/kN·m	1950/975	2000	1700/850	1923/641
	弯辊力(正/负弯)/kN	3080/2260		4300/3500	
	轧制速度/m·min^{-1}	(0～100)/200	(0～90)/200	(0～100)/200	(0～67)/200
	主电动机功率/kW	2×3000	2×3100	2×3000	2×2250
	工作辊表面硬度(肖氏)	70～75	75～79	(70～75)±3	68～72
	支撑辊表面硬度(肖氏)	50～55	50～55	(60～65)±3	50～53
	压下速度/mm·s^{-1}	9.8	5	2.5	2
立辊轧机	立辊尺寸/mm×mm	ϕ1100×900	ϕ965×760	ϕ1000×780	ϕ950×810
	轧制力/kN	1200	9000	7000	
	轧制速度/m·min^{-1}	0～100/200	0～90/200	0～75/200	0～80/200
	主电动机功率/kW	2×1000	1345	2×700	1500
	压下速度/mm·s^{-1}	40	30	33.3	0～55/110
	压下电动机功率/kW	2×75	2×90	2×120	75/150
	至粗轧机的距离/m	10	3.75	12.08	12.1
	辊中部直径/mm	371.6	376	355	295
	辊的锥度	1:40	1:28.4	1:24.5	1:20
	辊身长度/mm	2300	2500	2500	2400
	辊间距/mm	500	750	430	4500/600
重型剪	结构形式	电动上切式	液压下切式	电动下切式	电动下切式
	最大剪切力/kN	9000	7500	11850/7000	6500
	剪切厚度/mm	90(硬合金)～ 125(软合金)	90(硬合金)～ 125(软合金)	90(硬合金)～ 125(软合金)	100(硬合金)～ 125(软合金)

设备名称	参 数 名 称	西马克公司	克莱西姆公司	戴维公司	石川岛播磨重工业公司
重型剪	开口度/mm	500	650	400	210(切后可升至1000)
	电动机功率/kW	2×430		AC250	AC220
轻型剪	结构形式	电动上切式	液压下切式	电动下切式	电动下切式
	最大剪切力/kN	1700	900	475	1850
	被剪切材料厚度/mm	35(硬合金)~50(软合金)	35(硬合金)~55(软合金)	25(硬合金)~50(软合金)	38(硬合金)~50(软合金)
	开口度/mm	400	500	500	140(切后可升至500)
	驱动电动机功率/kW	150		AC75	AC75
精轧机列	轧辊尺寸/mm×mm	ϕ750/1525×2600/2300	ϕ760/1525×2500	ϕ750/1500×2500/2400	ϕ725/1520×2400
	工作辊/支撑辊最小直径/mm	700/1350	710/1425	700/1400	675/1480
	轧制力/kN	40000	34000	35000	30000
	弯辊(正/负弯)/kN	3080/3080		4300/3500	
	轧制速度/m·min^{-1}	最大210、320、480	0~72/270、0~108/1360、0~144/360	最大180、270、360	0~50/120、0~85/212.5、0~144/360
	主电动机功率/kW	3×5000	3×5500	2250×2(共3组)	3×3000
	工作辊表面硬度(肖氏)		75~80	(70~75)±3	68~72
	支撑辊表面硬度(肖氏)		60~65	(60~65)±3	47~53
	压下速度/mm·s^{-1}	4	5		2
切边机	可剪切材料最大厚度/mm	8(硬合金)、10(软合金)	6(硬合金)、10(软合金)	10	8
	切边最大宽度/mm	100		100	2×65
	最大切边速度/m·min^{-1}	486	0~325、420	450	415
	圆盘剪直径/mm	600	610	600	600
	驱动电动机功率/kW	340	220	275	220
卷取机	卷筒直径/mm	580/610	588/610	580/160	586/610
	卷取张力/kN	300	17~40	20.6~206	191.7
	卷取速度/m·min^{-1}	480	360	396	415
	卷取电动机功率/kW	1200	880	850	1300
粗轧机系统	总流量/L·min^{-1}	10000	10000	1100	6000
	主乳液箱容积/m^3	260	400	260	90(净30、脏60)
	主泵流量/L·min^{-1}	5000	5500	7200	6000

设备名称	参 数 名 称	西马克公司	克莱西姆公司	戴维公司	石川岛播磨重工业公司
粗轧机系统	电动机功率/kW	132		200	200
	电动机台数	3(1 台备用)	3(1 台备用)	3(1 台备用)	2(1 台备用)
	冷却水用量/L·min⁻¹	8716	11000	11000	
粗轧机排烟系统	排烟能力/m³·min⁻¹	3667	5000	3000	2000
	排烟风机功率/kW	2×110		150	160
精轧机列冷却	总流量/L·min⁻¹	26400	6000	24000	3×6000
	主乳液箱容积/m³	2×350	1000	480	250（脏160、净90）
	主泵流量/L·min⁻¹	8500	6600	8800	6000
	电动机功率/kW	25/250		180	200
	电动机台数	4(1 台备用)	4(1 台备用)	4(1 台备用)	4(1 台备用)
	冷却水用量/L·min⁻¹		3×6600	16400	
精轧机列排烟系统	排烟能力/m³·min⁻¹	8333	7500	4000	3000
	排烟风机功率/kW	4×132		2×150	2×250
	排烟风机转速/r·min⁻¹	1000		1450	750
	过滤器净化率/%		80		90

2.1.3　热轧机的基本组成

2.1.3.1　热粗轧机的基本组成

热粗轧机的基本组成为：入口侧轻型辊道、上锭辊道、入口侧工作辊道、入口侧导尺、立辊、入口侧机架辊道、乳液吹扫铸锭装置、轧机机架、工作辊装置、支撑辊装置、轧辊平衡、液压弯辊缸、机械压下（辊缝粗调）、液压负载缸、工作辊清辊器、轧辊冷却和辊缝润滑、乳液吹扫装置、主传动装置、管道网、平台、排烟罩、卷帘门、换辊装置、工作辊换辊、支撑辊换辊、出口侧机架辊道、出口侧导尺、出口侧工作辊道、出口侧运输辊道、重型剪导尺、重型剪、重型剪废料收集装置、厚板吊运、重型剪辊道、出口侧轻型辊道、轻型剪导尺、轻型剪、轻型剪废料收集装置、热精轧机入口辊道、冷却喷淋装置、液压系统、循环油系统、热粗轧机轴承油-气润滑系统、热粗轧机润滑脂润滑系统、热粗轧机轧辊冷却系统、排烟系统、自动防火系统等。

2.1.3.2　热精轧机的基本组成

热精轧机的基本组成为：入口侧卷取机、入口侧带式助卷器、入口侧偏转辊/夹送辊、入口侧测厚仪支架、入口剪切机、入口侧卷材运输车、入口侧卷材座（离线装置）、入口侧板带冷却喷射装置、轧机机架、工作辊装置、支撑辊装置、轧制线调整机构、轧制液压缸、工作辊清辊器、工作辊平衡和工作辊弯辊、主传动装置、入口侧和出口侧工作辊卫板、入口侧和出口侧卫板平台和内部导向装置、轧辊冷却液分配装置、工作辊换辊、支撑辊换辊、管道网、平台、排烟罩、卷帘门、出口侧测厚仪支架、出口剪切机、出口侧偏转辊/夹送辊、出口侧板带冷却喷射装置、剪边机、碎边机、碎边运输机、出口侧卷取机、出口侧带式助卷器、出口侧卷材运输车、自动捆带机、出口侧卷材存放运输装置（离线装置）、自动卷材喷涂标记机、试样剪切机组、液压系统、热精轧机轴承油气润滑系统、热精轧机气动系统、热粗轧机轧辊冷却系统、排烟系统、自动防火系统等。在热连轧机组中还有机架间的张力辊。

2.1.4　现代热轧机

2.1.4.1　热轧机组的大型化

热轧机组的发展趋势是大型化，轧辊辊面宽、直径大、辊道长，机列总长可达几百米。铣面后铸锭质量可达30t。轧机开口度大于700mm，便于生产特厚的热轧板。

2.1.4.2　最大程度减少粘铝

采用的辊道辊全部是锥形辊。辊道辊有喷乳液装置，并安装辊道清洁器、工作辊清刷辊、偏导辊带清刷辊、切头剪喷乳液等装置。

热轧机工作辊辊式清辊器由辊刷、驱动装置、加压装置、振动装置、冷却润滑装置等组成。清辊器的辊刷旋转清理工作辊。清辊器沿轴向振动，振动行程一般为 30～50mm，振动频率为 30 次/min。由于清理掉的铝粉聚集在辊刷内的辊套金属丝上，必须随时用冷却液冲洗，冷却液可采用冷却轧辊的乳液，冷却液冲洗还能起到降低清辊器产生的摩擦热的作用。

清辊器的设置有 4 个的，每个工作辊的入口和出口各 1 个；也有两个的，只在出口的上下工作辊各设 1 个。辊刷内的辊套金属丝可以是尼龙丝和特种钢丝。一般使用 3000h 后需要更换金属丝。冲洗用的冷却液流量约为 100～200L/min。

2.1.4.3　厚度自动控制系统

热粗轧机厚度自动控制系统包括：手动设定、位置控制、轧制力控制、辊缝校正（轧机调零）、弹性曲线的测量、存贮和补偿、辊缝设定等。

热精轧机厚度自动控制系统包括：出口侧同位素厚度和凸度测量仪反馈控制、出口侧 X 射线测厚仪反馈控制、位置传感器反馈控制、压力传感器反馈控制等。

现代化的厚度自动控制系统还包括：轧辊偏心补偿（先对轧辊进行偏心测试、数据输入计算机、靠调整压下给予补偿）、弯辊影响补偿、辊缝校正（轧机调零）、弹性曲线的测量、存贮和补偿、辊缝设定装置及轧制速度效应（轧制速度高、改变轴承润滑）调节系统等。

2.1.4.4　断面凸度控制系统

A　轧辊凸度可调节装置

近年来，轧辊凸度可变技术已经广泛用于铝的热轧机上，主要是用在热精轧和热连轧上，也可用于热粗轧的支撑辊上。

TP 辊也是一支撑辊，其辊面是一个套筒，套筒内有多个锥形活塞环，改变液压压力，移动锥形活塞环，可改变支撑辊的形状，适合于改造加装在已有轧机上，能方便将已有的实心辊拆掉，装上 TP 辊。TP 辊有多个锥形活塞环，有较高的制造难度。

CVC 辊可以是工作辊，也可以是六辊轧机的中间辊。CVC 辊可以轴向窜动，能够根据需要组合成不同的辊形，配合其他板形控制机构，可以得到很好的板形。由于在线轧制时轴向窜动难度大，一般只离线调节。

DSR 辊也是一支支撑辊，是由轧辊内液压缸的作用改变轧辊形状的，它能够较大程度地改变辊形，所以可以起到明显的调节作用，而且适合于在线调节。它又特别适合加装在已有轧机上，能方便将已有的实心辊拆掉，装上 DSR 辊，因而具有更大的灵活性。

B 测厚仪和凸度测量仪

厚度测量仪和凸度测量仪可以是单独的，也可合并在一起只用一台测量仪。一般只设在热精轧机或热连轧机上，热粗轧机上很少设置。

如果是两个 X 射线（或同位素）厚度测量仪，则其中 1 个固定（作为厚度测量），另 1 个横向移动即可形成扫描式凸度测量仪。

多点式凸度测量仪在测量宽度方向的上方有几个发射头，下方有几十个接收通道（如上方 7 个发射头，下方 82 个通道），可连续记录凸度数据。

C 断面凸度控制手段

研磨好合适的原始辊型，合理地安排轧制程序表。把位置传感器、凸度反馈信号输入计算机进行计算，自动地调整轧辊的正负弯辊和乳液喷射。不过，在线纠偏不是凸度控制的主要手段，根据检测的凸度值，对预设定重新调整是最主要的。

有的厂家提出断面凸度控制主要在于热精轧，热粗轧可以不设置正负弯辊。

2.1.4.5 温度检测及温度自动控制系统

在热粗轧机上可以安装多个接触式测温仪和非接触式测温仪：可安装 1 个接触式测温仪用于检测上锭辊道上的铸锭温度，将此数据送入计算机，系统根据目标温度计算出每个道次的温降，修正各道次的轧制参数；可安装两个接触式测温仪用于检测热粗轧机入口和出口的温度。每测一次温度需要 10s，不是每道次都测温，在整个热粗轧过程中只测几次，开环控制，测得的温度数据输入计算机，在控制室显示；可安装 1 个接触式测温仪用于厚剪处。

在热精轧机上可以安装多个接触式测温仪和非接触式测温仪：可安装 4 个接触式测温仪，1 个用于热精轧机入口辊道上检测入口温度，2 个用于检测轧机入口和出口的温度，1 个是位于出口卷取机上的气缸推动测温仪；可安装 3 个非接触式测温仪用于检测前后卷取时的温度（比色双波红外线测温计），其中 1 个非接触式测温仪位于热粗轧的轻型剪前，用于控制出热粗轧进热精轧前的热精轧机入口辊道上方的冷却喷淋装置，两个位于卷取机上方，测量点在卷材宽度中心部位。

温度控制的手段：精轧时闭环控制轧制速度的升高或降低，闭环控制调节热精轧机的入口侧和出口侧板带冷却喷射装置。在线温度调节不是主要目的，通过自学习功能对预设定重新调整是最主要的。

2.1.4.6 自学习功能模块

所有的模块都具有自学习功能，包括道次与道次自学习、卷与卷自学习、批与批自学习系统。

2.1.4.7 系统诊断和远程诊断装置

系统诊断和远程诊断装置包括基础自动化的监视、记录和诊断；大功率传动装置的监视、记录和诊断；用调制解调器通过电话线实现全厂的计算机相连，设计人员在办公室就可进行远程诊断。

2.1.4.8　立辊

生产裂边较严重的硬合金必须有立辊轧机，而对于生产 1×××、3××× 合金来说，对是否需要设置立辊则有不同的看法，一般情况下热轧厚度在 100~150mm 以上时才使用立辊。立辊有靠近轧机式的和远离轧机式的。远离轧机式的立辊适合于较小的铸锭。铸锭较大的热轧机组应该选择立辊靠近轧机，让立辊与轧机形成连轧以适应各种厚度的铸锭。

2.1.4.9　切边机和碎边机

切边机是必须具备的，但切边机又是设计、制造非常困难的设备，要在热状态下剪切有黏性的铝材，不容易保证切齐和碎边。

整体式切边和碎边机适合于速度高的精轧机，有利于增加穿带速度。要调整好刀盘间隙和重叠量，保证碎边效果，碎边机要有足够的刚度和较大的乳液冷却量。

2.1.5　热轧机的安全操作

热轧机的操作人员应该熟悉本岗位的职责，熟悉热轧机结构、控制及连锁装置，掌握其技术性能和工艺参数，严格执行安全操作规程、工艺规程，按作业指导书进行操作；必须进行规定的培训和技术指导，并通过考试合格后方可上岗。

2.1.5.1　生产前的检查与准备

（1）开车前通知主电室、稀油和乳液地下室做好生产准备工作。

（2）对全机列设备进行检查和准备，检查紧固各连接螺栓，对各润滑点进行加油润滑，保证各安全保护装置完整无缺。

（3）确保机列设备已处于工作状态时，正式通知电工向需开动设备送电。

（4）必须彻底清扫全部机列，清擦轧辊和辊道，把灰尘、油污、铁锈等清除干净。

（5）热轧机列凡与被轧制金属接触的各部分，必须进行仔细检查，发现有凸起不平、粘辊、附着脏物、危及产品质量或设备安全处，认真处理后方准生产。

（6）查看生产计划单或生产卡片，了解要生产制品的牌号、规格、数量等。

2.1.5.2　启动设备和空荷试车

（1）低速启动轧机主传动，使轧辊低速转动预热。

（2）开动主轧机压下机构，提升、下降到极限位置，检查行程限位开关是否灵敏、安全可靠。

（3）开动轧机前后各辊道试运转，并开动前后导尺，检查工作是否可靠，经试运转正常后可投入正常生产。

2.1.5.3　操作中的注意事项

（1）操作者必须集中精力，注意各种信号，精心操作。

（2）铸锭加热温度、规格、轧制道次、每道次压下量都要严格按工艺规程规定进行。

（3）设备运转过程中各工种应坚守岗位，协调生产，对设备进行巡回检查，排除隐患，出现设备故障应立即停车处理。

（4）当板带出现较严重的"镰刀"形时，应停止轧制，检查轧辊间隙、乳液浓度、乳液管路等，处理好后再继续生产。

（5）在热轧过程中，当发现有粘辊或啃辊时，必须停止轧制进行清理，然后喷射乳液冲洗干净，再继续生产。

2.1.5.4 停机注意事项

（1）生产结束后，抬起主轧机轧辊，导尺推头退回原位，各操作手柄置于停止位置。

（2）轧机完全停稳后，通知主电室停电，并交还"允许工作牌"，稀油及乳液地下室停止供稀油、乳液。

（3）对设备进行全面检查，清扫设备及周围卫生，认真填写各项原始记录、生产卡片及交接班记录，设备遗留问题必须填写交接清楚。

2.2 冷轧设备

现代化冷轧机以单机架和多机架四辊轧机为主，也有采用六辊、十二辊等多辊冷轧机。

2.2.1 冷轧机的组成

现代化冷轧机的主要设备组成有：上卷小车，开卷机，开卷直头装置，轧机入口侧装置，轧机主机座，轧机出口侧装置，板厚检测装置，板形检测装置，液压剪，卷取机，卸卷小车，上、卸套筒装置及套筒返回装置，轧辊润滑、冷却系统，轧制油过滤系统，快速换辊系统，轧机排烟系统，油雾过滤净化系统，CO_2 自动灭火系统，卷材储运系统，稀油润滑系统，高压、中压、低压（辅助）液压系统，直流或交流变频传动及控制系统，板厚自动控制系统（AGC），板形自动控制系统（AFC）等。其主要结构形式如图 2-8 所示。

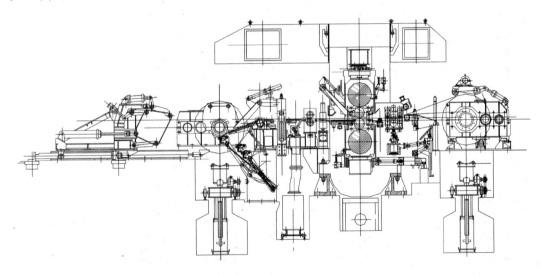

图 2-8　四重冷轧机结构示意图

2.2.2 冷轧机的种类

常用冷轧机的结构有二辊、四辊及多辊轧机，按操作方式分为可逆式与不可逆式轧机。常用冷轧机的各种形式见图 2-9。

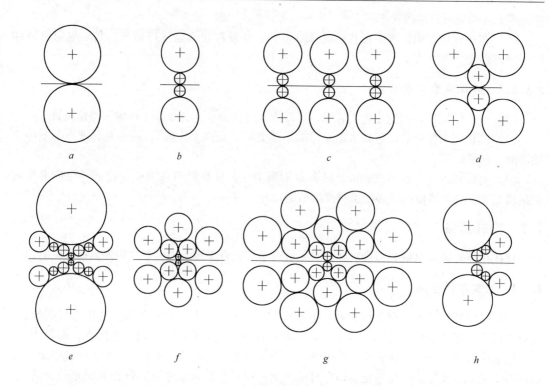

图 2-9　冷轧机的形式

a—二辊轧机；b—四辊轧机；c—3 机架连轧机；d—六辊轧机；

e—十六辊轧机；f—十二辊轧机；g—二十辊轧机；h—偏八辊轧机

典型冷轧机的技术性能见表 2-7、表 2-8。

表 2-7　1850mm 六辊 CVC 冷轧机主要技术参数

项　目	参　数	项　目	参　数
轧机形式	六辊不可逆式 CVC	主传动电动机功率/kW	1×4000
轧机规格/mm×mm	φ440/φ520/φ1250×1850/φ2050/φ1800	主传动电动机转速/r·min⁻¹	0~200/433/480
轧制的材料	1×××系、3×××系、5×××系	工作辊尺寸/mm×mm	φ440/φ400×1850
来料最大厚度/mm	8	中间辊尺寸/mm×mm	φ520/φ490×20050
来料宽度范围/mm	850~1700	支撑辊尺寸/mm×mm	φ1250/φ1150×1800
来料卷材内外径/mm	φ610/φ1920	轧制方向(站在操作侧看带材前进方向)	从右至左
来料最大卷重/kg	11000	开卷机张力范围/t	0.48~11.2
成品最小厚度/mm	0.15	开卷机电动机功率/kW	1×880
成品宽度范围/mm	850~1700	开卷机电动机转速/r·min⁻¹	(0~260)/820
成品卷最大外径/mm	φ1920	开卷速度/m·min⁻¹	(0~470)/900
成品卷最小外径/mm	φ1000	卷轴直径/mm	φ545~615
成品卷最大质量/kg	11000	卷取机张力范围/t	0.333~15
套筒规格/mm×mm	φ605/φ665×1850	卷取机电动机功率/kW	2×880
轧制力/t	1600	卷取机转速/r·min⁻¹	(0~260)/820
轧制速度/m·min⁻¹	0~290/630(低速)	卷取速度/m·min⁻¹	(0~700)/1320
	0~550/1200(高速)	工艺油喷射量/L·min⁻¹	6000

表 2-8 1450mm 冷轧机主要技术参数

项 目	参 数	项 目	参 数
轧机形式	四辊不可逆式铝带箔轧机	保证值厚度公差/mm	0.05 ± 0.002
轧机规格/mm × mm	$\phi 380/\phi 960 \times 1450$		0.1 ± 0.005
轧制的材料	1 × × ×系、3 × × ×系、5 × × ×系、8 × × ×系		0.5 ± 0.015
			2.0 ± 0.02
来料最大厚度/mm	8	工作辊尺寸/mm × mm	$\phi 380/\phi 360 \times 1450$
来料宽度范围/mm	700 ~ 1300	支撑辊尺寸/mm × mm	$\phi 960/\phi 920 \times 1450$
来料卷材内外径/mm	$\phi 750/\phi 1700$	开卷机张力范围/t	0.2 ~ 10
来料最大卷重/kg	7000	开卷机电动机功率/kW	2 × 179
成品最小厚度/mm	0.05	开卷机电动机转速/r · min^{-1}	1450
成品宽度范围/mm	640 ~ 1300	卷轴直径/mm	$\phi 470 ~ 520$
成品卷最大外径/mm	$\phi 1700$	卷取机张力范围/t	0.13 ~ 10
成品卷最小外径/mm	$\phi 750$	卷取机电动机功率/kW	3 × 179
成品卷最大质量/kg	7000	卷取机转速/r · min^{-1}	1450
套筒规格/mm × mm	$\phi 505/\phi 565 \times 1500$	切边厚度/mm	0.2 ~ 2.0
轧制力/t	1000	工艺油喷射量/L · min^{-1}	4000
轧制速度/m · min^{-1}	300 ~ 660	工艺润滑油箱体积(净油 + 污油)/m^3	80
速度精度/%	± 0.5/ ± 0.1(动态/稳态)	牌坊断面/mm^2	4 × 225000
主传动电动机功率/kW	2 × 730	机列外形(长 × 宽 × 高)/mm × mm × mm	32000 × 21000 × 4650
主传动电动机转速/r · min^{-1}	1050		
压下方式	液压压上		

2.2.3 现代化冷轧机的组成

现代化冷轧机的主要设备组成有：上卷小车，开卷机，开卷直头装置，轧机入口侧装置，轧机主机座，轧机出口侧装置，板厚检测装置，板形检测装置，液压剪，卷取机，卸卷小车，上、卸套筒装置及套筒返回装置，轧辊润滑、冷却系统，轧制油过滤系统，快速换辊系统，轧机排烟系统，油雾过滤净化系统，CO_2 自动灭火系统，卷材储运系统，稀油润滑系统，高压液压系统，中压液压系统，低压(辅助)液压系统，直流或交流变频传动及其控制系统，板厚自动控制系统(AGC)，板形自动控制系统(AFC)，生产管理系统以及卷材预处理站等。有些现代化冷轧机旁还建有高架仓库，从而形成一个完善的生产体系。

现代化冷轧机在围绕完善控制系统和控制工作辊凸度等方面作了大量研究开发工作，多种类型的可变凸度轧辊已在生产中广泛采用。现代化冷轧机正朝着大卷重、高速度、机械化、自动化的方向发展。发达国家有的冷轧机轧制带材宽度达 3500mm，最小出口厚度达 0.05mm，轧制速度达 4000mm/s，最大卷重近 30t，带材厚度公差不大于 1% ~ 1.5%，平直度不大于 10I。

2.2.4　现代化技术在冷轧机上的应用

（1）减少辅助时间。为了减少轧制时的辅助时间，现代化铝带冷轧机一般都设置了卷材准备站，在进入开卷机前就做了打散钢带、切头和直头工作。开卷机卸套筒和卷取机上套筒有专门的机构或机械手。

在辅助时间里，开卷所占的时间较多，为此有的冷轧机设置了双开卷机或双头回转式开卷机。Alcoa 公司田纳西州工厂的 3 连轧机有两台开卷机、焊接机和高大的贮料塔，卷取机是双头回转式。换卷时不停机不减速，上下卷可以不用辅助时间。

（2）主传动电动机和大功率卷取机采用变频电动机。与直流传动相比，同步电动机具有结构紧凑、占用空间少、维护量小、电动机损耗低（因而节省电能）、过载能力高、动态控制特性优良等优点，当输出功率大于 3000kW 时，这种传动系统比直流传动系统价格便宜。

同步电动机的冷却机组（或中央通风回路）装在顶部，不像直流电动机需要设置循环空气过滤系统；同步电动机电流加在定子上，不像直流电动机加在转子上，所以同步电动机有高的过载能力，可以进行有效的冷却。同步电动机不需要换向器，减少了维护工作量。

同步电动机用于无齿传动，具有极佳的动态控制特性，对于大功率的卷取机，它纠正由于卷取机突然移动和来料厚度变化所引起的带材张力波动非常有效。

（3）电气控制现代化。不管是自动控制部分还是传动部分，现代化冷轧机一般都采用四级控制系统，它装配了多个 CPU 中央处理单元，系统的开放性很强，用户可以自己开发和自己修改。它的集散性强，可以与其他系统联网，便于工厂的管理；运行中软件修改方便，维修也方便。电气控制现代化增加产量，提高质量，操作经济，节约能源。

（4）厚度自动控制系统。

1）辊缝控制。来料厚度偏差或材料性能变化引起轧制力变化时，将使轧机发生弹跳，通过计算可对辊缝进行补偿。对轧制力的偏差可以立即补偿，但辊子偏心引起的轧制力变化不能校正。

2）前馈控制。入口厚度偏差所引起的出口厚度偏差可利用前馈控制进行补偿。

3）反馈控制。反馈控制是对长期的厚差进行补偿的手段。有些轧机在出口侧既有 X 射线测厚仪，又有 β 射线测厚仪。X 射线测厚仪动态性能好，β 射线测厚仪静态性能好。

4）质量流控制。在轧机的进出口处各用一台激光测速仪测量带材的进出口速度，根据入口侧测厚仪检测的来料厚度可计算出带材的轧出厚度，将其与设定的轧出厚度比较，根据差值调节轧机的辊缝，消除厚度偏差。计算出的带材轧出厚度不存在滞后，因此动态响应速度大大高于传统的厚控方法。在加减速等动态阶段对带材厚度精度的改进特别明显，从实际使用的情况看，轧件的头、尾厚度超差部分大幅度减少，成品带材为整个带材长度的 99%。激光测速测量快、精度高、无磨损，且长期可靠。

5）弯辊力补偿。弯辊力的变化将引起轧机弹跳的变化，弯辊力补偿就是给位置控制一个设定值，以抵消这一影响。

6）轧辊偏心补偿。对支撑辊进行偏心补偿。

（5）板形自动控制系统。

1）板形辊使用已经很普遍，板形控制又增加了 CVC、DSR 和 TP 辊等各种手段，控制性能更好。

2）基准曲线/目标板形有几十条板形曲线。

3）板形偏差的补偿，设有温度补偿，即对带材横断面上的温度分布进行补偿；楔形补偿，即对因机械原因引起的检测误差进行补偿；卷取凸形补偿，即卷取后卷径增加，引起抛物线凸度，对其补偿；对边部区域补偿，即对边部区域测量值进行补偿。

4）检测值分析系统。板形辊检测的带材张力分布与板形曲线比较后，将所得的残余应力进行数学分析，偏差进行归类。

5）动态凸度控制。轧制力波动时，将对工作辊弯辊和中间辊弯辊有影响。动态凸度控制为前馈控制方式，弯辊系统的设定值为轧制力变化的函数。动态凸度控制只在辊缝控制使用时才起作用。

2.2.5　冷轧机的安全操作

冷轧机的操作人员应该熟悉本岗位的职责，熟悉冷轧机结构、控制及连锁装置，掌握其技术性能和工艺参数，严格执行安全操作规程、工艺规程，按作业指导书进行操作；必须进行规定的培训和技术指导，并通过考试合格后方可上岗。

2.2.5.1　生产前的检查与准备

（1）轧机主机开动前必须做全面检查，包括轧机转动部位、油库、轧制油过滤系统、油雾润滑系统、稀油循环润滑系统、液压系统、冷却系统、自动灭火控制系统，确认正常后方可启动设备。

（2）轧制油过滤器开动前要确认主气阀气压、搅拌箱油位、程序控制器处于正常状态，板间密封槽干净，防止板间漏油。

（3）上卷、卸卷小车开动前，应检查运行方向上有无障碍物。

（4）确保机列设备已处于工作状态时，正式通知电工向需开动设备送电。

（5）冷轧机列凡与被轧制金属接触的各部分，必须进行仔细检查，发现有凸起不平、粘辊、附着脏物、危及产品质量或设备安全处，认真处理后方准生产。

（6）查看生产计划单或生产卡片，了解要生产制品的牌号、规格、数量等。

2.2.5.2　启动设备和空荷试车

（1）开动主轧机压下机构，提升、下降到极限位置，检查行程限位开关是否灵敏、安全可靠。

（2）开动轧机前后各卷取机构试运转，检查工作是否可靠，经试运转正常后可投入正常生产。

2.2.5.3　操作中的注意事项

（1）操作者必须集中精力，注意各种信号，精心操作。

（2）设备运转过程中各工种应坚守岗位，协调生产，对设备进行巡回检查，排除隐患，出现设备故障应立即停车处理。

（3）在轧制过程中，当发现有粘辊或啃辊时，必须停止轧制进行清理，然后喷射润滑油冲洗干净，或换辊后再继续生产。

（4）轧机灭火应急措施。轧机在生产过程中，可能因工艺、设备故障、静电、操作以及设备检修、动明火等原因而引发火灾甚至爆炸事故，对安全生产造成严重威胁。轧机起火时，应采取以下应急救援措施：

1）发现轧机起火，现场作业人员应迅速按下设在轧机操作室或轧机入口处的轧机主组二氧化碳喷放按钮，喷放二氧化碳灭火。

2）当班主操负责报警及现场灭火指挥。

3）按下轧机主组二氧化碳灭火按钮或听到报警声后，操作人员迅速离开轧机操作室，向疏散指示方向撤离到能观察到轧机火情的安全区；其他操作人员迅速撤离到轧机备用组二氧化碳释放按钮处待命，观察火情。轧机周围人员听到报警声后，迅速撤离到安全区域，准备灭火。

4）现场人员迅速报告消防值班人员、厂生产安全部门调度员、安全员。

5）轧机主组二氧化碳灭火未将火扑灭，轧机作业人员立即释放轧机备用组二氧化碳。

6）轧机备用组二氧化碳还未将火扑灭，消防值班人员及现场人员立即到二氧化碳室手动释放地下油库房组或板式过滤器组二氧化碳灭火，二氧化碳释放后，立即到室外，需要时再进入。

7）现场人员继续观察火情，准备小型消防器待命。

2.2.5.4　停机注意事项

（1）停机时生产结束后，抬起主轧机轧辊，各操作手柄置于停止位置。

（2）将灭火转换开关调整在自检测手动喷放状态。

（3）轧机完全停稳后，通知主电室停电（灭火系统不可停电），通知润滑工停止供油。

（4）对设备进行全面检查，清扫设备及周围卫生，认真填写各项原始记录、生产卡片及交接班记录，设备遗留问题必须填写交接清楚。

2.3　铝箔轧机

2.3.1　铝箔轧机分类

现代化的铝箔轧机一般为四重不可逆式轧机。铝箔轧机按使用功能不同分为铝箔粗中轧机、铝箔中精轧机、铝箔精轧机和万能铝箔轧机四种类型。

通常铝箔中精轧机、铝箔精轧机或万能铝箔轧机配有双开卷机。单张轧制铝箔最小厚度为0.01～0.012mm。厚度在0.01mm以下的铝箔要采用合卷叠轧。铝箔合卷有两种方式，可以在机外单独的合卷机上合卷，也可以在配有双开卷机的铝箔中精轧机或铝箔精轧机上合卷同时叠轧。高速铝箔中精轧机或铝箔精轧机通常都采用机外合卷。典型铝箔轧机的结构见图2-10和图2-11。

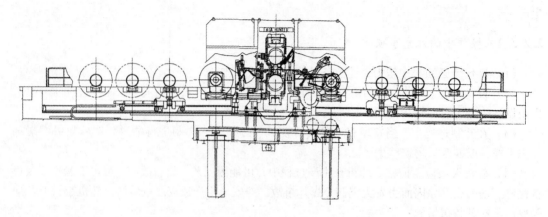

图2-10　不带双开卷的四重不可逆式铝箔轧机

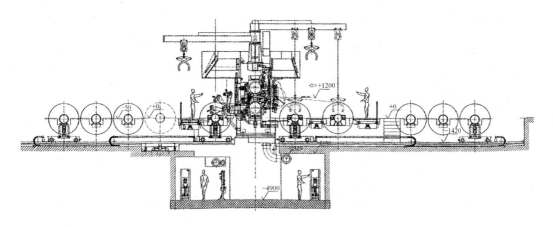

图 2-11 带双开卷的四重不可逆式铝箔轧机

2.3.2 几种典型的铝箔轧机技术性能

表 2-9 和表 2-10 分别列出了典型铝箔轧机的技术参数。

表 2-9 四重不可逆式铝箔中精轧机的主要技术参数

项　目	参　　数		
轧机规格/mm × mm	$\phi280/850 \times 2000$	$\phi260/850 \times 1800$	$\phi230/560 \times 1420$
使用单位	厦顺铝箔有限公司	广东潮州皇峰铝箔制品 有限公司	江苏大亚集团丹阳 铝业分公司
制造单位	德国 ACHENBACH	法国 VAICLECIM（报价）	英国 DAVY
轧制材料	1×××系、3×××系、 8×××系	1×××系、8×××系	1×××系、3×××系
进口厚度/mm	0.35（最大）	0.35（最大）	0.6（最大）
进口宽度/mm	1430 ~ 1850	1000 ~ 1700	600 ~ 1200
卷材内径/mm	$\phi560$		$\phi565, \phi655$
卷材外径/mm	$\phi1853$	$\phi1850$	$\phi1510, \phi1545$
卷材质量/kg	12000（最大）	11000（最大）	5000（最大）
成品厚度/mm	2 × 0.006（最小）	2 × 0.006（最小）	0.014（最小）
厚度公差	2 × 0.006mm ± 0.5μm	2 × 0.00635mm ± 0.3μm	
	0.014mm ± 0.5μm	0.014mm ± 0.7μm	
板形公差	2 × 0.006mm 10I	0.1mm 6.5I	
	0.014mm 9I	0.015mm 9.5I	
工作辊尺寸/mm × mm	$\phi280 \times 2050$	$\phi260 \times 1850$	$\phi230 \times 1500$
支撑辊尺寸/mm × mm	$\phi850 \times 2000$	$\phi850 \times 1800$	$\phi560 \times 1420$
套筒内径/mm	$\phi500$（含纸芯套筒内径）	$\phi500$	$\phi505, \phi565$
套筒外径/mm	$\phi560$（含纸芯套筒外径）		$\phi565, \phi655$
套筒长度/mm	2100（含纸芯套筒为带宽）		1600、400

续表2-9

项　目	参　数		
轧制速度/m·min⁻¹	0~667/2000	0~680/1700	0~480/1200
开卷速度/m·min⁻¹	1500	1200	
卷取速度/m·min⁻¹	2500	2200	
主电动机功率/kW	2(台)×600	2(台)×800	2(台)×375
开卷电动机功率/kW	1(台)×325	2(台)×110	2(台)×70
卷取电动机功率/kW	1(台)×275	2(台)×375	2(台)×100
开卷张力范围/N	890~13266	600~17500	350~14320
卷取张力范围/N	510~7567	400~10500	310~13060
速度精度/%		动态:±0.1	动态:最大值的±0.1
		静态:±0.5	
张力精度/%		动态:±4.0	动态:±1.5
	静态1.0(最大)	静态:±2.0	静态:±3.0
轧机牌坊横截面积/cm²	4×2240	4×2016	4×1020
轧制力/kN	6000(最大)	6500(最大)	4000(最大)
轧制油流量/L·min⁻¹	2000	3000	1800
排烟量/m³·h⁻¹	50000	70000	

表2-10　四重不可逆式铝箔精轧机的主要技术参数

项　目	参　数		
轧机规格/mm×mm	φ280/850×2000	φ260/850×1950	φ230/550×1350
使用单位	厦顺铝箔有限公司	广东潮州皇峰铝箔制品 有限公司	东北轻合金有限责任公司
制造单位	德国 ACHENBACH	意大利 FATA. HUNTER(报价)	德国 ACHENBACH
轧制材料	1×××系、3×××系	1×××系、8×××系	1×××系、3×××系
进口厚度/mm	0.12(最大)	0.15(最大)	2×0.08 或 2×0.05(最大)
进口宽度/mm	1400~1850	1000~1650	600~1100
卷材内径/mm	φ560		φ350
卷材外径/mm	φ1853	φ1900	φ1400
卷材质量/kg	12000(最大)	11000(最大)	4000(最大)
成品厚度/mm	0.012(2×0.006)(最小)	0.01(2×0.005)(最小)	2×0.005(最小)
厚度公差	2×0.006mm±0.5μm	2×0.006mm±0.21μm	(0.005~0.009)mm±2.0%
	0.014mm±0.5μm	2×0.007mm±0.245μm	
板形公差	2×0.006mm±10I	>0.04mm±12I	
	0.014mm±9I	0.015~0.04mm±12I	
工作辊尺寸/mm×mm	φ280×2050	φ280×1950	φ230×1350
支承辊尺寸/mm×mm	φ850×2000	φ850×1850	φ550×1350
套筒内径/mm	φ500(含纸芯套筒内径)		φ350

项 目	参 数		
套筒外径/mm	$\phi560$(含纸芯套筒外径)		
套筒长度/mm	2100(纸芯套筒为带宽)		1250
轧制速度/m·min^{-1}	0~400/1200	0~500/1200	0~580/1200
开卷速度/m·min^{-1}	900	1092	
卷取速度/m·min^{-1}	1560	1560	
主电动机功率/kW	1(台)×600	1(台)×800	1(台)×400
开卷电动机功率/kW	1(台)×100	2(台)×300	2(台)×38
双开卷电动机功率/kW			1(台)×38
卷取电动机功率/kW	1(台)×100	2(台)×120	2(台)×38
开卷张力范围/N	890~6803	280~11200	180~5000
卷取张力范围/N	510~3880	240~9410	150~3000
速度精度/%		动态:±0.01	
		静态:±0.2	
张力精度/%		动态:±2.0	
	静态:1.0	静态:±1.0	
牌坊横截面积/cm^2	4×2240	4×2100	
轧制力/kN	6000(最大)	6500(最大)	4000(最大)
轧制油流量/L·min^{-1}	1250	1500	1250
排烟量/m^3·h^{-1}	50000	63000	

2.3.3 铝箔轧机的结构组成和现代化技术的应用

（1）现代化铝箔轧机的主要设备组成及发展趋势。现代化铝箔轧机的主要设备组成为：上卷小车，开卷机，入口装置（包括偏转辊、进给辊、断箔刀、切边机、张紧辊、气垫进给系统等），轧机主机座，出口装置（包括板形辊、张紧辊、熨平辊和安装测厚仪的C形框架、卷取机、助卷器、卸卷小车、套筒自动运输装置等），高压液压系统，中压液压系统，低压液压系统，轧辊润滑、冷却系统，轧制油过滤系统，快速换辊系统，排烟系统，油雾过滤净化系统，CO_2自动灭火系统，稀油润滑系统，传动及控制系统，厚度自动控制系统（AGC），板形自动控制系统（AFC），轧机过程控制系统等。

铝箔生产技术总的发展趋势是大卷重、宽幅、特薄铝箔轧制，在轧制过程中实现高速化、精密化、自动化、轧制过程最优化。此外，在轧辊磨削、工艺润滑、冷却等方面也有很大的技术进步。

铝箔产品质量追求的目标主要是：铝箔厚度7μm±（2%~3%），板形9~10I，大卷铝箔断带次数0~1次，铝箔针孔数30~50个/m^2。

采用大卷重、宽幅、高速轧制是提高铝箔轧机生产效率、产量以及成品率的有效途径。近年来，随着轧机整体结构、轧辊轴承润滑、工艺润滑冷却、数字传动控制、铝箔厚度和板形自动控制等方面的技术进步，铝箔轧机的轧制速度可达到2500m/min，卷重可达25t。

随着轧制技术的进步和电气传动以及自动化控制水平的提高，铝箔生产向着厚度更薄的方向发展。铝箔单张轧制厚度可达 0.01mm，双零铝箔厚度可达 0.005mm，采用不等厚的双合轧制可生产 0.004mm 的特薄铝箔。

（2）厚度自动控制系统。目前，厚度自动控制系统（AGC）发展的趋势是采用各种响应速度快、稳定性好的厚度检测装置，以及带有各种高精度数学模型的控制系统，并与板形自动控制系统协调工作，以解决在线调整厚度或板形时出现的相互干扰。铝箔轧机的厚度自动控制系统包括压力 AGC、张力 AGC/速度 AGC，铝箔粗轧机还装备有位置 AGC。

（3）板形自动控制系统。现代化的铝箔轧机一般在铝箔粗中轧机上都装备有板形自动控制系统，有些铝箔中精轧机也装备了板形自动控制系统。板形自动控制系统的应用对提高铝箔产品的质量、轧制速度、生产效率、成品率都起到了重要作用。

板形自动控制是一个集在线板形信号检测多变量解析，各种板形控制执行机构同步进行调节的高精度、响应速度快的复杂系统，是由板形检测装置、控制系统和板形调节装置三部分组成的闭环系统。板形自动控制系统包括轧辊正负弯辊、轧辊倾斜、轧辊分段冷却控制。

近年来，国外不少先进的轧机还采用了 VC、CVC、DSR 辊等最新的板形调整控制技术，极大地提高了板形控制范围和板形调整速度。

VC 辊是可膨胀的支撑辊，配合工作辊弯辊可以增大轧辊凸度能力，从而扩大控制范围，但不能做局部补偿。

CVC 辊可以是四重轧机的工作辊，也可以是六重轧机的中间辊。通过 CVC 辊侧移可进行大范围的辊形控制。

DSR 辊主要由一个绕固定横梁自由旋转的轴套和在轴套与梁之间的几个液压垫组成，液压垫由独立的伺服系统组成，可在径向将负载施加到所需区域。DSR 辊可替代传统的实心支撑辊，它在带材宽度上的作用范围比一般的板形控制执行机构范围大，凸度调整范围广，还可以单独对带材的二肋波和中间波的局部缺陷进行调整，把轧制中的带材板形缺陷消除到最小。DSR 是全动态型的板形控制执行机构。

目前，在线板形检测装置普遍采用空气轴承板形辊和压电式实芯板形辊。空气轴承板形辊由内部一根静止轴和套在其外面的一排可转动的辊环组成。在芯轴和辊环之间的间隙内通以高压空气，并在芯轴内装有压力检测元件。当带材因张力变化对辊环的压力改变时，轴承内空气层的压力也发生变化。压力检测元件测出这种压力变化的信号把它引出并经过数据处理，可以得到张应力沿带材宽度方向的分布。

压电式实芯板形辊是在辊体上组装了一些预应力压电式力传感器。压电式力传感器交错排列在辊体表面，它们分组连接并反馈给电荷放大器，在那里电荷转换成比例电压。经由一个光传感器电压信号传到板形控制计算机的 CPU 数据搜索装置。"计量值的捕获"程序将信号分配给各个区域，计算出带材张应力或长度偏差，并将结果传送给后续程序——板形显示及自动控制程序。实芯板形辊设计坚固、稳定、辊身表面坚硬，具有灵敏度高、测量精度高、抗干扰性强、维修容易等特点。

（4）轧制过程最优化控制。现代化的铝箔轧机均装有轧制过程最优化系统，包括有张力/速度最优化、表面积/重量最优化以及目标自适应、带尾自动减速停车、生产数据统计、打印等功能。轧制过程最优化系统的应用对控制产品精度、提高轧制速度和生产效率都有着十分重要的作用。

（5）轧机过程控制系统。轧机过程控制担负着操作人员和轧机间的通信任务。现代化的铝箔轧机均配备有功能强大的过程控制系统，在过程控制中通过人机对话可以启动轧机所有的动力、控制和相关系统，能根据轧制计划采取合适的轧制程序，并对轧制中实测的各种工艺和设备参数进行从一元线性关系回归到多变量解析的复杂计算，可通过自学习功能进一步优化各种模型和工艺参数。轧机的人机通信设施具备远程识别诊断功能，此外还可最大限度地满足现代化管理和监控的要求。

（6）采用 CNC 数控轧辊磨床。铝箔轧机轧辊的磨削质量直接影响铝箔的质量、成品率和生产效率，因此精确磨削的轧辊是轧制高质量铝箔的必要条件。为保证磨削精度和生产效率，出现了先进的 CNC 数控磨床，它可磨削各种复杂的辊型曲线，并能自动计算和生成所需的辊型曲线。现代化的轧辊磨床多数配备了先进的在线检测装置，包括独立式的测量卡规、涡流探伤仪和粗糙度仪等，可在线检测轧辊尺寸精度、辊型精度、表面粗糙度以及轧辊表面质量，并根据检测结果优化磨削程序，磨削精度可保证在 $\pm 1\mu m$ 以内。

（7）采用黏度低、闪点高、馏程窄、低芳烃的轧制油。在高速铝箔轧制过程中，轧制油的稳定性直接影响轧制力、轧制速度、张力及道次加工率，因此轧制油的品质是保障高速轧制高精度铝箔的重要条件之一。要求轧制油具有低硫分、低芳烃、低气味、低灰分、润滑性能好、冷却能力强等特点，同时对液压油和添加剂具有良好的溶解能力。由于铝箔轧制速度高，铝箔成品退火后表面不能有油斑，因此要求轧制油具有黏度低，稳定性、流动性和导热性好，馏程窄等特点，此外为了减少轧制中火灾的发生，要求轧制油的闪点尽可能高。

（8）采用高精度轧制油过滤系统。轧制薄规格铝箔，特别是轧制双零铝箔时，如果轧制油过滤效果不好，会使得轧制过程中轧辊和铝箔之间摩擦产生的铝粉粒子和其他一些固体小颗粒再次喷射到轧制区，容易造成铝箔针孔缺陷或划伤轧辊，严重影响铝箔质量、成品率和生产效率。为此，现代化的铝箔轧机要配备精密板式过滤器，全流量过滤，以提高过滤效率，减少铝粉附着。轧制油的过滤精度要达到 $0.5 \sim 1.0\mu m$。

复习思考题

1. 热轧机的类型及特点有哪些？
2. 热轧机如何安全操作？
3. 冷轧机的类型及特点有哪些？
4. 冷轧机如何安全操作？
5. 铝箔轧机的分类及几种典型轧机的性能。

3 轧制基础理论

生产板、带、箔材的最主要方法是平辊轧制。轧制过程是指轧件（金属）在轧辊作用下，进入旋转的轧辊之间，受到压缩而进行的塑性变形过程，通过轧制使金属获得一定的尺寸、形状和性能。生产板、带、箔材所使用的轧辊辊身基本为均匀的圆柱体，无刻槽，因此这种轧辊称为平辊。用平辊进行的轧制称为平辊轧制。

3.1 简单轧制过程及变形参数

3.1.1 简单轧制过程

为了研究方便，常常把复杂的轧制过程简化成理想的简单轧制过程。简单轧制过程是轧制理论研究的基本对象，所谓简单轧制过程应具备下列条件：

（1）两个轧辊均为主动辊，辊径相同，转速相等，且轧辊为刚体；

（2）轧件的性能均匀；

（3）轧件除受轧辊作用外，不受其他任何外力作用；

（4）轧件的变形与金属质点的流动速度沿断面高度和宽度是均匀的。

总之，简单轧制过程中两个轧辊是完全对称的。在实际生产中理想的简单轧制过程是不存在的。例如，单辊传动（周期式叠轧薄板轧机，单辊传动的轧机）；异步轧制（两个工作辊的圆周速度不相等）；带卷的张力轧制；轧辊直径不等，如劳特轧机；此外被轧金属的性能也不可能完全均匀；轧辊和轧机不可能是绝对刚体，在力的作用下，它要产生弹性变形，也就是说实际生产中的轧制过程要比简单轧制过程复杂得多。先从简单轧制过程出发来探求规律，从而去寻求复杂轧制过程的一般规律，以解决实际生产中的问题。

3.1.2 变形程度指数

轧制时，轧件在高向上受到压缩，金属朝着纵向和横向流动。轧制后，轧件在长度和宽度方向上尺寸增加，在高向上尺寸减小。在工程上常用以下参数表示轧件的变形量。

3.1.2.1 高向变形参数

轧制时，轧件进入轧辊至离开轧辊，承受一次塑性变形，称为一个轧制道次。轧制前后轧件厚度分别为 H 和 h，高向变形可用以下参数来表示。

压下量：
$$\Delta H = H - h \tag{3-1}$$

加工率或压下率：
$$\varepsilon = \frac{\Delta H}{H} \times 100\% \tag{3-2}$$

加工率一般分为道次加工率 ε、总加工率 ε_Σ。道次加工率是指某一个轧制道次，轧制前后轧件厚度变化的相对变化值。总加工率一般可以反映金属的加工性能。总加工率指两次退火间（一个轧程）的加工率，它可反映轧件加工硬化的情况。此外，还有道次平均加工率，即轧前总加工率和轧后总加工率的平均值，它主要反映冷轧过程某一轧制道次中的加工硬化情况。

3.1.2.2 横向变形参数

反映轧制过程中横向变形程度的参数一般用轧件在宽向尺寸的绝对变化量来表示，即宽展量等于轧后宽度 b 与轧前宽度 B 的差。

宽展量：
$$\Delta B = b - B \qquad (3\text{-}3)$$

3.1.2.3 纵向变形参数

一般纵向变形参数可用轧件轧后长度 l 和轧前长度 L 的比值表示，称为延伸系数 λ。

延伸系数：
$$\lambda = \frac{l}{L} \qquad (3\text{-}4)$$

根据体积不变定律，延伸系数也可用轧件的轧前断面积 F_H 和轧后断面积 F_h 之比表示：

$$\lambda = \frac{F_H}{F_h} \qquad (3\text{-}5)$$

由于轧制时的宽展主要发生在热轧的开始阶段，冷轧时一般忽略宽展，根据体积不变定律，延伸系数也可写成以下形式：

$$\lambda = \frac{H}{h} = \frac{1}{1 - \varepsilon} \qquad (3\text{-}6)$$

3.1.3 加工率计算

板、带材生产中常用加工率反映变形的大小，因而有必要举例说明各道次压下量和道次加工率的计算。

例：退火带材厚 1.2mm，经四道次轧制到 0.4mm，压下分配如下：

$$1.2 \rightarrow 0.8 \rightarrow 0.65 \rightarrow 0.5 \rightarrow 0.4$$

计算各道次道次加工率和该轧程的总加工率。

解：（1）道次压下量 ΔH。 $\qquad \Delta H = H - h$

第三道次压下量： $\qquad \Delta H_3 = 0.65 - 0.5 = 0.15\text{mm}$

（2）道次加工率 ε。 $\qquad \varepsilon = \dfrac{\Delta H}{H} \times 100\%$

第三道次道次加工率： $\varepsilon_3 = \dfrac{0.65 - 0.5}{0.65} \times 100\% = 23.1\%$

（3）轧程总加工率 ε_Σ。 $\varepsilon_\Sigma = \dfrac{1.2 - 0.4}{1.2} \times 100\% = 66.7\%$

表 3-1 为各种变形程度的汇总表。

表 3-1　各道次变形程度的汇总表

加工道次	变形前后尺寸		压下量	道次加工率	轧程总加工率/%
	H/mm	h/mm	$\Delta H/\mathrm{mm}$	$\varepsilon/\%$	
1	1.2	0.8	0.4	33.3	
2	0.8	0.65	0.15	18.8	66.7
3	0.65	0.5	0.15	23.1	
4	0.5	0.4	0.1	20	

3.2　变形区及其参数

3.2.1　变形区

　　轧制时金属在轧辊间产生塑性变形的区域称为轧制变形区。在图3-1中，轧辊和轧件的接触弧及轧件进入轧辊的垂直断面（AB）和出口垂直断面（ED）所围成的区域，称为几何变形区（图中阴影部分），或理想变形区。

　　实际上，在出、入口断面附近（几何变形区之外）局部区域内，轧件也存在少量塑性变形，这两个区域称为非接触变形区。可见，实际轧制变形区包括几何变形区和非接触变形区。

3.2.2　变形区的主要参数

　　讨论简单轧制过程的基本概念，主要研究几何变形区。几何变形区的主要参数有：变形区的长度及平均宽度、咬入角、变形区形状系数等。

3.2.2.1　变形区的长度及平均宽度

　　变形区的长度是指接触弧 AC 的水平投影长度，见图3-1，即变形区的长度 l 为 AE 段长度。

　　在直角三角形 OAE 中 AE 为一个直角边。根据勾股定律得：

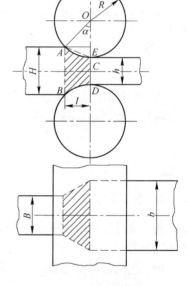

图 3-1　几何变形区

$$l^2 = OA^2 - OE^2$$

$$OA = R$$

$$OE = OC - CE = R - \frac{\Delta H}{2}$$

$$l^2 = R^2 - \left(R - \frac{\Delta H}{2}\right)^2 = R\Delta H - \frac{\Delta H^2}{4}$$

变形区的长度为：
$$l = \sqrt{R\Delta H - \frac{\Delta H^2}{4}}$$

由于根号中的第二项比第一项小许多，可忽略不计，则变形区长度可近似地用下式表示：

$$l = \sqrt{R\Delta H} \tag{3-7}$$

变形区的平均宽度 $\bar{b}$ 可用变形前后宽度的平均值表示，即：

$$\bar{b} = \frac{b + B}{2} \tag{3-8}$$

3.2.2.2 咬入角

咬入角是指轧件开始咬入时，轧件最先接触点与两轧辊中心连线的夹角，一般用 α 表示。当轧件全部进入辊缝时，为接触角，即轧件与轧辊相接触的圆弧对应的圆心角。

$$OE = OC - CE = R - \frac{\Delta H}{2}$$

图 3-1 中，在直角三角形 OAE 中有：$OE = R\cos\alpha$

即

$$R\cos\alpha = R - \frac{\Delta H}{2}$$

$$\Delta H = D(1 - \cos\alpha) \tag{3-9}$$

当咬入角比较小时，由于 $1 - \cos\alpha = 2\sin^2\frac{\alpha}{2} \approx \frac{\alpha^2}{2}$

式 3-9 可简化成下列形式：

$$\alpha = \sqrt{\frac{\Delta H}{R}} \tag{3-10}$$

3.2.2.3 变形区形状系数

变形区形状系数 $\dfrac{l}{\bar{h}}$ 一般用变形区长度 l 与轧件在变形区中平均厚度 $\bar{h}$ 的比值表示。

$$\frac{l}{\bar{h}} = \frac{2\sqrt{R\Delta H}}{H + h} \tag{3-11}$$

变形区形状系数对轧制时轧件的应力状态有影响，因此，此参数在研究轧制时的金属流动、变形及应力分布等具有重要意义。$l/\bar{h} > 0.5 \sim 1.0$，相当于轧制薄轧件，热轧薄板和冷轧一般属于这种情况；$l/\bar{h} < 0.5 \sim 1.0$，相当于轧制厚轧件，铸锭热轧开坯时或轧制很厚的坯料时属于这种情况。

3.3 轧制过程建立的条件

3.3.1 轧制过程的三阶段

在一个道次里，轧件的轧制过程可分为：咬入阶段、稳定轧制阶段、轧制终了阶段三个阶段（图 3-2）。

3.3.1.1 咬入阶段

依靠回转的轧辊与轧件间的摩擦力，轧辊将轧件拖入轧辊之间的现象称为咬入。咬入阶段

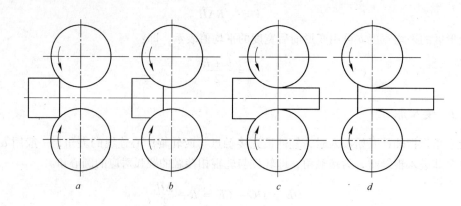

图 3-2　轧制过程示意图

a, b—咬入阶段；c—稳定轧制阶段；d—轧制终了阶段

是轧制的开始阶段，从轧件开始接触轧辊，受摩擦力的作用，轧件被旋转的轧辊咬入（图 3-2a），到轧件逐渐被拽入辊缝（图 3-2b），直至轧件完全充满辊缝为止。这一过程几乎在瞬间完成，时间很短，且随轧件逐渐充满辊缝，轧制变形区的各项参数都在发生变化，是个不稳定状态。由于咬入阶段关系到整个轧制过程能否建立，所以，无论是制定工艺，还是设计轧辊等，都要对此高度重视。

3.3.1.2　稳定轧制阶段

稳定轧制阶段是指轧件前端从辊缝出来，到轧件后端开始进入轧辊为止，此过程是轧制过程的主要阶段，整个阶段相对处于一个稳定的状态。通过研究此阶段的金属流动、变形及力的状况，从而进行有效的工艺控制、产品质量与精度控制和设备设计等，它是板带材轧制研究的主要对象。

3.3.1.3　轧制终了阶段

轧制终了阶段也称为抛出阶段，从轧件后端进入轧辊开始，轧件与轧辊逐渐脱离接触，直至轧件脱离轧辊被抛出为止。此阶段时间很短，其变形和力学参数等均发生变化。

3.3.2　咬入阶段的咬入条件

轧制过程能否建立，首先取决于轧件能否被旋转的轧辊咬入。因此研究分析咬入阶段的咬入条件具有重要的实际意义。首先，从分析轧件受力情况，讨论轧制时的咬入条件。

在简单轧制情况下，当轧件和旋转的轧辊接触时，轧件受轧辊的径向正压力 N 和摩擦力 T，摩擦力 T 与正压力 N 垂直（图 3-3），与轧辊的旋转方向一致。

为了比较各力的作用，将它们分解成水平方向的分力和垂直方向的分力。如图 3-4 所示，作用在水平方向上的分力 N_x 和 T_x 对轧制过程的建立起着不同的作用，N_x 是将轧件推出辊缝的力，T_x 是将轧件拉入辊缝的力。在无外力作用情况

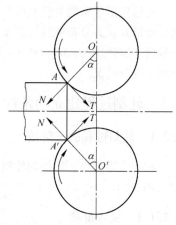

图 3-3　开始咬入时轧件的受力情况

下，这两个力的大小决定了轧件是否能够咬入。

若 $N_x > T_x$ 时，不能咬入；若 $N_x < T_x$ 时，能够咬入；$N_x = T_x$，咬入的临界条件。

由图 3-4 可知：

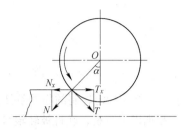

$$N_x = N\sin\alpha$$

$$T_x = T\cos\alpha$$

根据库仑摩擦定律可知：$T = \mu N (\mu$ 为摩擦系数$)$

图 3-4 咬入时力的水平分解图

当 $N_x \leqslant T_x$ 时，上式可变为下面形式：

$$N\sin\alpha \leqslant \mu N\cos\alpha$$

$$\mu \geqslant \tan\alpha \tag{3-12}$$

摩擦系数可以用摩擦角 β 表示，摩擦角 β 的正切就是摩擦系数，即 $\mu = \tan\beta$，将此式代入式 3-12 得：

$$\tan\beta \geqslant \tan\alpha$$

即

$$\beta \geqslant \alpha \tag{3-13}$$

当 $\alpha < \beta$ 时，称为自然咬入条件，它表示只有轧辊对轧件的作用力，而无其他外力作用时，轧件被轧辊咬入的条件，必须使摩擦角大于咬入角，这是咬入的充分条件。

当 $\alpha = \beta$ 时，是咬入的临界条件，此时的咬入角为最大咬入角，可用 α_{max} 表示。它取决于轧辊和轧件的材质、表面状态、尺寸大小、润滑条件和轧制速度等。表 3-2 为在不同轧制条件下，实际使用的最大咬入角。

表 3-2 不同轧制条件下的最大咬入角

轧制条件	最大咬入角/(°)	$\Delta h/D$
热 轧	15 ~ 22	1/30 ~ 1/15
冷轧（粗糙辊面）	5 ~ 8	1/250 ~ 1/100
冷轧（高度磨光并有润滑）	3 ~ 4	1/700 ~ 1/400

3.3.3 稳定轧制阶段的咬入条件

当轧辊咬入轧件后，随轧辊的转动，轧件不断向辊间填充，则轧辊对轧件的作用力位置也不断向出口方向移动。当轧件完全填充辊间后，如果单位压力沿接触弧内均匀分布，则合压力作用点在接触弧的中点，合压力与轧辊中心连线的夹角 φ 等于咬入角 α 的一半。轧件完全填充辊间后，继续进行轧制的条件仍然是轧件的水平拉入力 T_x 大于水平推出力 N_x，如图3-5 所示。

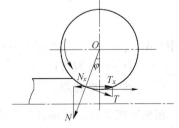

即

$$T_x \geqslant N_x$$

$$T\cos\varphi \geqslant N\sin\varphi$$

$$\mu \geqslant \tan\varphi$$

式中　μ——稳定轧制时轧辊与轧件之间的摩擦系数。

图 3-5 稳定轧制时力的水平分解图

$$\tan\beta \geqslant \tan\varphi$$

$$\beta \geqslant \varphi\left(\varphi = \frac{\alpha}{2}\right)$$

$$2\beta \geqslant \alpha \tag{3-14}$$

$\alpha = 2\beta$ 为稳定轧制的临界条件，即极限稳定轧制条件；$\alpha < 2\beta$ 为稳定轧制条件。

根据以上分析，轧件被轧辊自然咬入（$\alpha < \beta$）到稳定轧制时（$\alpha < 2\beta$）的条件变化，可得出以下结论：

（1）稳定轧制条件比咬入条件容易实现。

（2）当其他条件（润滑状况、压下量等）不变时，咬入一经实现，轧件就能自然向辊缝填充，直至建立稳定的轧制过程。

上述稳定轧制条件是建立在假定合力作用点在接触弧的中点这一前提条件下的，实际情况是接触弧上轧件所受轧辊作用力并不是均匀分布的，实际测得稳定轧制条件一般为 $\alpha \leqslant (1.6 \sim 2)\beta$。

3.4 改善咬入的措施

生产中由于坯料尺寸、工艺规程、设备及润滑条件的变化等，导致咬入困难。实现咬入是轧制过程建立的先决条件，尤其是热轧和冷粗轧更为重要。为操作顺利，提高生产率，保证产品质量，必须研究影响轧件咬入的因素，掌握改善咬入的措施。

3.4.1 影响咬入的因素

由咬入条件 $\alpha < \beta$ 可看出，凡影响咬入角和摩擦角变化的因素均对轧件的咬入有影响。影响咬入的因素主要有轧辊直径、压下量、摩擦系数、轧制速度、水平方向的外力、轧件前端形状等。

3.4.1.1 轧辊直径和压下量对咬入的影响

由 $\alpha = \sqrt{\dfrac{\Delta H}{R}}$ 可知，咬入角与轧辊直径和压下量有以下关系：

（1）压下量 ΔH 一定时，轧辊直径 D 越大，则咬入角 α 越小，越容易咬入。

（2）轧辊直径 D 一定时，压下量 ΔH 越小，则咬入角 α 越小，越容易咬入。

由 $\Delta H = D(1 - \cos\alpha)$ 和咬入条件 $\beta \geqslant \alpha$ 可知，当咬入角等于摩擦角时，所对应的压下量为最大压下量。

$$\Delta H_{max} = D(1 - \cos\beta) \tag{3-15}$$

式中 ΔH_{max}——最大绝对压下量；

　　　　D——轧辊直径；

　　　　β——摩擦角。

根据摩擦系数 $\mu = \tan\beta$ 及三角公式 $\cos\beta = \dfrac{1}{\sqrt{1 + \tan^2\beta}}$ 可得出最大压下量与轧辊直径和摩擦系数的关系：

$$\Delta H_{max} = D\left(1 - \frac{1}{\sqrt{1 + \mu^2}}\right) \tag{3-16}$$

生产中要保证正常咬入，分配压下时应注意压下量一定不能超过最大压下量 ΔH_{max}。

3.4.1.2 摩擦系数

当轧辊与轧件之间的摩擦系数越大时，咬入条件 $\alpha < \beta$ 越容易满足。轧制时轧辊表面粗糙程度不同，润滑情况不同，咬入的难易程度也不一样。生产中有时采取在辊面上打砂甚至刻痕等措施来增加摩擦系数，改善咬入条件。

3.4.1.3 轧制速度

轧制时，降低轧制速度可使摩擦系数增加，即摩擦角增加，从而更容易满足咬入条件 $\alpha < \beta$。生产中，常采用低速咬入、高速轧制、低速抛出的生产方式。

3.4.1.4 水平方向的外力

一般地，凡顺轧制方向的水平力，都有利于咬入，如轧件运动中的惯性力、加在轧件后面的推力、加在轧件前面的拉力，这些力使轧件前端与轧辊相撞，轧件前端棱角被磨平，减小了咬入角，并增加了接触面积，导致摩擦增加，有助于轧件咬入。

3.4.1.5 轧件前端形状

如图 3-6 所示，轧件小端进入轧辊时（图 3-6b），咬入角减小，前端为圆弧形时（图 3-6c），也使咬入角减小并使接触面积增加。当轧件前端为锥形或圆弧形时，可使咬入角减小，使咬入顺利。

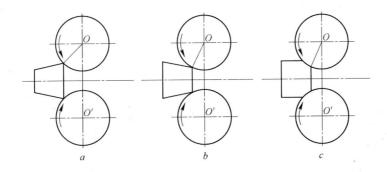

图 3-6 轧件前端形状对咬入的影响

a—轧件前端为大端时的咬入；b—轧件前端为小端时的咬入；c—轧件前端为圆弧形时的咬入

3.4.2 改善咬入的措施

3.4.2.1 减小咬入角改善咬入的措施

（1）轧件前端做成锥形或圆弧形，以减小咬入角，随后可增加压下量。

（2）采用大辊径轧辊，可使咬入角减小，满足大压下量轧制。

（3）减小道次压下量，可减小轧件原始厚度和增加轧出厚度。

（4）给轧件施以顺轧制方向的水平力，实现强迫咬入，如用推锭机将轧件推入辊间，或辊道运送轧件的惯性冲力，或采用夹持器、推力辊等，施加外推力能改善咬入，这是因为外力作用使轧件前端被轧辊压扁，实际咬入角减小，而且使正压力增加，接触面积增大，导致摩擦力增加，有助于轧件咬入。

（5）咬入时辊缝调大，待稳定轧制过程建立后，可减小辊缝，加大压下量，充分利用咬入后的剩余摩擦力，即带负荷压下。

3.4.2.2 增加摩擦系数改善咬入的措施

（1）在粗轧机轧辊上进行粗磨，以增加摩擦系数，改善咬入。

（2）低速咬入，高速轧制，以增加咬入时的摩擦系数，这是变速轧机改善咬入，提高生产率的措施。

（3）开始咬入时不加或少加润滑剂，或喷洒煤油等涩性油剂，以增加咬入时的摩擦系数。

（4）热轧加热温度要适宜。在保证产品质量的前提下，温度高，轧件表面氧化皮可起润滑作用，从而降低摩擦系数。轧件温度过低，表面硬度大，摩擦系数也较小。

增加摩擦角，即增加摩擦系数，虽有利于咬入，但摩擦系数增加导致轧辊磨损，轧件表面质量变坏，而且增加了能耗，所以改善咬入的措施要根据不同的轧制方法、产品质量的要求和稳定轧制的条件来执行，才有实际意义。

生产中，改善咬入不完全限于以上几种方法，往往是根据不同的条件，几种方法同时并用。

3.5 轧制时轧件的高向变形

3.5.1 轧件在轧制时高向流动特征

平辊轧制与平锤下塑压矩形件时金属的变形规律类似，只是工具由平行平面换成圆弧面，变形体金属由相对静止变为连续运动。

在平锤塑压时，金属向两个方向变形，并以其垂直对称线作为分界线（图3-7a）。如果压缩时，工具平面不平行（图3-7b），由于受工具形状的影响，金属容易向AB方向流动，因此它的分界线（中性线或中性面）便偏向CD侧。轧制时的情况与此类似，金属在两个反向旋转的等径轧辊之间受到连续压缩，因此在其纵向与横向上产生延伸和宽展。同样，金属向入口侧流动容易，向出口侧流动较少，其中性面偏向出口侧（图3-7c）。金属的塑性流

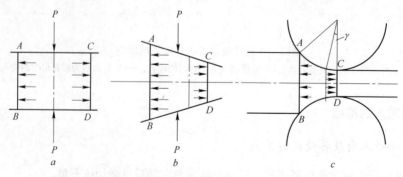

图3-7 金属变形示意图

a—平锤镦粗；b—倾斜工具镦粗；c—平辊轧制

动相对于轧辊表面产生滑动，或有产生滑动的趋势。金属向入口侧流动形成后滑区；向出口侧流动形成前滑区。这样变形区便分成了后滑区、中性面和前滑区（图 3-8）。所谓中性角是指前滑区接触弧所对应的圆心角，通常用 γ 表示。金属向两侧流动形成宽展，而且根据最小阻力定律可知延伸方向流动多，横向流动少。

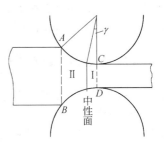

图 3-8 前滑区和后滑区示意图
Ⅰ—前滑区；Ⅱ—后滑区

　　这种变形规律是由轧件在变形区内所受的应力状态来决定的。轧件受轧辊的压力作用，在高向上轧件承受 σ_z 的压应力，而横向与纵向上，因为摩擦力的作用使轧件承受 σ_y 和 σ_x 的压应力。由于工具形状沿轧制方向是圆弧面，沿宽度方向为平面，而变形区长度一般总小于轧件宽度，因此，三个方向应力绝对值的关系是：$|\sigma_z| > |\sigma_y| > |\sigma_x|$。由最小阻力定律可知，金属高向受到压缩时，必然是延伸方向流动多，横向流动少。

　　当金属进入变形区内高度逐渐减小，根据体积不变定律，单位时间内通过变形区内任意横断面的金属流量（体积）应为一个常数，即：

$$F_H V_H = F_h V_h = F_x V_x = 常数 \tag{3-17}$$

式中　F_H，F_h，F_x——入口、出口及变形区任意横断面的面积；

　　　　V_H，V_h，V_x——入口、出口及变形区任意横断面上金属的水平运动速度。

　　当金属由轧前高度 H 轧到轧后高度 h 时，假设轧件无宽展，且沿每一高度断面上质点变形均匀，运动的水平速度一致，这就必然引起金属质点从入口断面至出口断面的运动速度加快，其结果是后滑区的金属相对轧辊表面向后滑动，即速度慢于轧辊，并在入口处的速度 V_H 最小；前滑区的金属相对轧辊表面向前滑动，即速度快于轧辊，并在出口处的速度 V_h 最大；中性面与轧辊表面无相对滑动，则轧件与轧辊的水平速度相等，并以 V_γ 表示；轧辊圆周速度为 V，由此得出：

$$V_h > V_\gamma > V_H \tag{3-18}$$

$$V_h > V \tag{3-19}$$

$$V_H < V\cos\alpha \tag{3-20}$$

$$V_\gamma = V\cos\gamma \tag{3-21}$$

　　实践表明，轧制时应力应变分布不均，随几何形状系数 $l/\bar{h}$ 的变化呈现不同的状态。按几何形状系数不同，把轧件沿断面高向的变形、应力和金属流动分布的不均匀性，粗略地分为下面两种典型情况分别进行讨论。

3.5.2 薄轧件（$l/\bar{h} > 0.5 \sim 1.0$）的高向变形

　　热轧薄板和冷轧一般属于这种情况。

3.5.2.1 薄轧件的变形特点

　　在 $l/\bar{h}$ 比值较大时，轧件断面高度较小，变形容易深透。由于摩擦在接触表面比轧件中心层影响大，前后滑区摩擦力的方向均指向中性面，阻碍金属的塑性流动，所以，表层金属所受阻力比中心层大，其延伸比中心层小，变形呈单鼓形。

3.5.2.2　金属质点的水平运动速度

平辊轧制与平锤塑压相比，其主要区别之一在于金属质点不但有塑性流动，而且还有旋转轧辊所产生的机械运动，所以，每个金属质点沿高向的水平运动是这两种速度叠加的结果，即金属质点水平速度等于质点塑性流动速度和轧辊产生的水平速度的代数和。这是分析变形区内沿高向金属质点水平运动速度时，必须注意的问题。

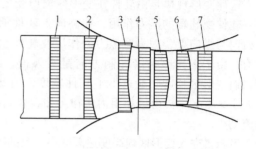

图3-9　薄轧件金属水平运动速度沿断面高度的分布
1—后刚端；2—入口处非接触变形区；3—后滑区；
4—中性面；5—前滑区；6—出口处
非接触变形区；7—前刚端

轧件通过变形区各垂直横断面沿其高向水平的速度变化，如图3-9所示。金属质点沿高向水平运动速度呈不均匀分布，其原因主要是受摩擦力的影响。

在后滑区，质点塑性流动速度指向入口处，与轧辊产生的水平速度方向相反。由于表层金属受摩擦力的作用比中部金属大，所以，表层金属的塑性流动速度（向入口方向流动）比中部的慢。叠加的结果，沿断面高向金属质点随轧辊转动，其水平运动速度由表及里逐渐减小，其分布呈凹状。

在前滑区，质点塑性流动速度方向指向出口处，与轧辊产生的水平速度方向相同。同样，表层金属受摩擦力的阻碍作用比中心层的大，所以，在前滑区内，表层金属质点水平运动速度比中心层的小，速度分布沿高向呈中凸状。

在中性面上，轧辊与轧件无相对滑动，则轧件与轧辊速度相等，此断面高向速度分布均匀。因为前后外端不发生变形，其断面高向金属质点水平运动速度是均匀的。外端与后滑区之间的非接触变形区（变形发生区）内，金属质点的水平运动速度随着向入辊处接近，其不均匀性逐渐增加。外端与前滑区之间的非接触变形区（变形衰减区），其高向上金属质点的水平运动速度，沿出辊方向不均匀性逐渐减小。

3.5.2.3　副应力分布

轧制时，受摩擦的影响，金属质点在前后滑区表层金属的塑性流动速度都比中心层的小，使变形不均匀。由于金属是一个整体，则表层金属承受水平拉副应力，而中部金属承受水平压副应力（图3-10）。这种副应力与基本应力叠加的结果，使轧件表面层承受实际水平拉应力，当此拉应力的值超过金属的强度极限时，轧件表面产生横向裂纹。

轧制时，轧件高向上的不均匀变形，И. Я. 塔尔诺夫斯基等人用坐标网格法进行了研究，得到了充分证明。实验结果如图3-11所示。

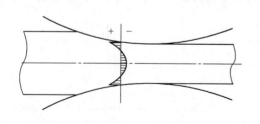

图3-10　薄轧件金属水平副应力沿断面高度的分布

从图 3-11 看出，轧件在入辊前和出辊后表面层和中心层都发生了变形，说明实际变形区比几何变形区大，且其变形和运动速度都是不均匀分布的。根据实验研究把轧制变形区绘成图，如图 3-12 所示，用来描述轧制时变形的情况。

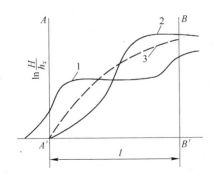 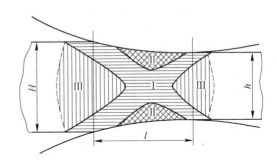

图 3-11 沿轧件断面高向上变形分布
1—表面层；2—中心层；3—均匀变形
A—A'—入辊平面；B—B'—出辊平面

图 3-12 轧制变形区
Ⅰ—易变形区；Ⅱ—难变形区；Ⅲ—自由变形区

3.5.3 厚轧件（$l/\bar{h} < 0.5 \sim 1.0$）的高向变形

铸锭热轧开坯时，前几道次一般属于这种情况。

3.5.3.1 厚轧件的变形特点

随着变形区形状系数的减小，轧制过程受外端的影响变得更突出，此时高向压缩变形不能深入轧件内部，产生表层变形，即轧件中心层没有发生塑性变形或变形很小，只有表层金属才发生变形，上下接触表面受摩擦的影响变形也较小，因而变形后沿断面高向呈双鼓形，如图 3-16 前 4 个实验结果。

3.5.3.2 金属质点的水平运动速度

金属质点水平运动速度等于质点塑性流动速度和轧辊产生的水平速度的代数和。沿断面高向，金属质点沿高向水平运动速度分布不均匀，在后滑区，质点塑性流动速度指向入口处，与轧辊产生的水平速度方向相反。由于表层金属受摩擦力的作用大，变形不深透，中心层不变形，所以，金属的塑性流动速度在表层和中部都较慢，只有两个次表层变形既能深透，受摩擦阻力影响又小，塑性流动速度最大。

在前滑区，质点塑性流动速度方向指向出口处，与轧辊产生的水平速度方向相同，同样，表层金属受摩擦力的阻碍作用比中部的大，所以，在前滑区，金属质点水平运动速度分布不均匀，如图 3-13 所示。

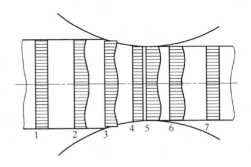

图 3-13 厚轧件金属水平运动速度
沿断面高度的分布
1—后刚端；2—入口处非接触变形区；3—后滑区；
4—中性面；5—前滑区；6—出口处
非接触变形区；7—前刚端

在中性面上，轧辊与轧件无相对滑动，则轧件与轧辊速度相等，此断面高向速度分布均匀。因为前后刚端不发生变形，其断面高向金属质点水平运动速度是均匀的。刚端与后滑区之间的非接触变形区（变形发生区）内，金属质点的水平运动速度随着向入辊处接近，其不均匀性逐渐增加。刚端与前滑区之间的非接触变形区，其高向上金属质点的水平运动速度，沿出辊方向不均匀性逐渐减小，如图 3-13 所示。

3.5.3.3 副应力分布

厚轧件轧制时，由于变形不深透，中间层几乎不变形，塑性流动速度小；受摩擦的影响，接触表面金属质点在前后滑区的塑性流动速度也较小，只有次表层的塑性流动速度大，变形不均匀。由于金属是一个整体，接触表面金属和中部金属承受水平拉副应力，次表层受水平压副应力，如图 3-14 所示。

热轧铸锭很厚，前几道次加工率很小，接触表面发生黏着，变形多发生在表层金属，产生不均匀变形，表面金属受拉副应力作用，使得表层金属可能承受实际水平拉应力，这将导致轧件表面产生横向裂纹。此外，轧件中部也受拉副应力，厚铸锭若存在铸造弱面或低塑性材料及其他杂质时，会被拉裂产生断裂或空洞，最后形成层裂；若润滑冷却条件差时，黏着作用强，往往出现"张嘴"现象，严重时会缠辊，如图 3-15 所示。

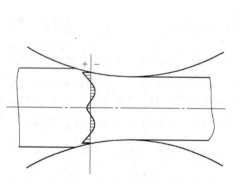 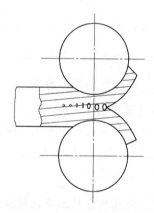

图 3-14　厚轧件金属水平副应力沿断面高度的分布　　　　图 3-15　拉裂、"张嘴"与缠辊

沿断面高向变形的分布规律，已由 А. И. 柯尔巴什尼柯夫用热轧铝合金扁锭，对其侧表面上的坐标网格进行快速照相，得到了充分证明。如图 3-16 所示，比值 $l/\bar{h} < 0.5 \sim 1.0$ 时轧件主

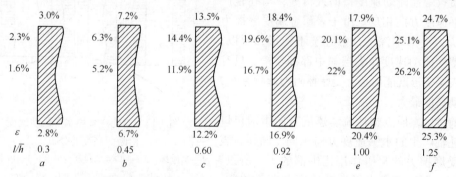

图 3-16　热轧铝合金沿断面高度上的变形分布

要产生表层变形，并形成双鼓形。如图 3-16 所示前四个图，加工率 $\varepsilon = 2.8\% \sim 16.9\%$，$l/\overline{h} = 0.3 \sim 0.92$，属于厚轧件的情况；图 3-16 后两个实验结果属于薄轧件的情况，此时加工率 $\varepsilon = 20.4\%$ 及 25.3%，$l/\overline{h} = 1.0$ 及 1.25，这些实验数据说明沿轧件高向变形分布是不均匀的。从上述分析可知，只有在轧制薄带或箔材时，轧件相对轧辊趋于全滑动，才可假定为均匀变形。

3.6 轧制时轧件的横向变形

3.6.1 宽展及其实际意义

在轧制时，当轧件高向受压缩变形后，金属除沿纵向延伸外，在横向也产生变形，人们把轧制前后轧件沿横向尺寸的绝对差值称为绝对宽展，简称宽展。

轧制中的宽展可能是希望的，也可能是不希望的，视产品的断面特点而定。通常情况下，板、带材生产时，宽展会引起单位压力沿横向分布不均匀，导致轧件沿横向厚度不均，边部开裂，造成几何损失增加，成品率下降。因此，除特殊情况外，一般尽量减小宽展。此外，由制品尺寸推算铸锭宽度时，需知道宽展量。由此可见，研究轧制过程宽展的规律，以及宽展计算，具有很大的实际意义（特别是型材轧制）。因此，正确估计宽展对提高产品质量，改善生产技术经济指标有着重要的作用。

3.6.2 宽展分类与组成

3.6.2.1 宽展分类

在不同的轧制条件下，坯料在轧制过程中的宽展形式不同。根据金属沿横向流动的自由程度，宽展可分为：自由宽展、限制宽展和强迫宽展。

A 自由宽展

轧制时，金属向宽度方向流动时除受摩擦阻力外，不再受其他任何限制，这种宽展称为自由宽展，如图 3-17a 所示。平辊上轧制矩形断面轧件（板带材的生产）就属于这种情况。

B 限制宽展

轧制时，轧件向宽度方向流动时除受摩擦阻力外，还受工具侧壁的限制作用，这种宽展称为限制宽展，如图 3-17b 所示。在孔型侧壁起作用的凹形孔型中轧制即属于此类宽展。

C 强迫宽展

轧制时，质点横向移动不仅不受任何阻碍，而且还受工具的作用强迫金属向宽向移动，这种宽展称为强迫宽展。在凸形孔型中轧制及有强烈局部压缩的轧制条件是强迫宽展的典型例子，如图 3-17c 所示。

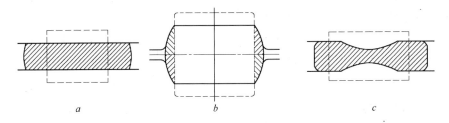

图 3-17 宽展的类型

a—自由宽展；b—限制宽展；c—强迫宽展

3.6.2.2　宽展组成

轧制时，由于受轧辊与轧件接触表面摩擦力的影响，以及变形区几何形状和尺寸不同，引起宽展沿高向分布不均。$\overline{B/h} \geqslant 1$ 时，形成单鼓形，其宽展由以下三部分组成：

（1）滑动宽展。变形金属在接触表面与轧辊产生相对滑动，使轧件宽度增加的量，以 ΔB_1 表示；

（2）翻平宽展。由于接触摩擦阻力的原因，使轧件侧面的金属，在变形过程中翻转到接触表面上来，使轧件宽度增加的量，以 ΔB_2 表示；

（3）鼓形宽展。轧件侧面变成鼓形而造成的宽展，以 ΔB_3 表示。

所以，轧件总的宽展量为

$$\Delta B = \Delta B_1 + \Delta B_2 + \Delta B_3 \tag{3-22}$$

通常理论上所讲的和计算的宽展，是将轧制后轧件的横断面化为同一厚度的矩形之后，其宽度 b 与轧件轧前宽度 B 之差，即 $\Delta B = b - B$。

3.6.3　影响宽展的因素

实验证明，变形区分为延伸区和宽展区两部分，如图 3-18 所示。轧制时，进入延伸区 $ACCA$ 和 $BCCB$ 的金属质点，所承受的横向阻力大于纵向阻力，金属质点几乎全部朝纵向流动，获得延伸。处于宽展区 ABC 的金属质点，所承受的横向阻力比纵向阻力小得多，其质点朝横向流动形成宽展，可见，宽展主要发生在轧件边部而不在中部，而且后滑区比前滑区压缩量大，则宽展也大。由于变形区内纵、横向阻力的变化，从轧件中部至边缘，其横向阻力越来越小于纵向阻力，轧件力图保持其完整性，结果宽展三角区沿纵向承受附加拉应力。宽展三角区受拉副应力作用，促使延伸增大，宽展相应减小，其结果宽展三角区缩小至 abc。

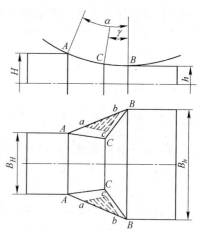

图 3-18　变形区水平投影分区示意图

生产中轧件头、尾部产生扇形端，即头、尾边部宽展量大，这是由于轧制时头部前刚端没有建立，而尾部后刚端已经消失，使轧件边部没有附加拉应力所致。

根据最小阻力定律，从轧件中部向边部，其横向阻力越来越小于纵向阻力，即越接近边部的金属质点越容易朝横向流动，而中部金属易向纵向流动，产生不均匀流动。由于轧件是一个整体，边部产生拉副应力，当此应力过大，改变了轧件边部的应力状态，使边部出现拉应力，其值超过金属强度极限时轧件会产生裂边。

影响宽展的因素很多，这些因素的影响都是建立在最小阻力定律及体积不变定律的基础上的。这些因素通过变形区形状和轧辊形状反映变形区内轧件变形的纵、横阻力比，从而影响宽展。

3.6.3.1　加工率的影响

随加工率的增加，宽展量增加，因为压下量增加，变形区长度增加，使纵向阻力增大，导致宽展增加。另外，随加工率增大，高向压下的金属体积增加，使宽展增加，如

图 3-19 所示。

3.6.3.2 轧辊直径的影响

实验证明，宽展随辊径增加而增加。因为辊径 D 增加，变形区长度增加，使纵向阻力增大，金属质点容易朝横向流动。辊径增加，使宽展区增大，宽展也增加。宽展与辊径的关系如图 3-19 所示。

3.6.3.3 轧件宽度的影响

在摩擦系数和加工率等条件不变时，随轧件宽度的增大，宽展增加。当轧件宽度达到一定值时，轧件与轧辊的接触面积增大，

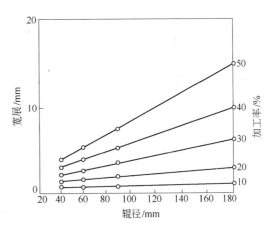

图 3-19　宽展与轧辊直径和加工率的关系

金属沿横向流动的摩擦阻力增大，大部分金属将向纵向流动，使宽展量不再因宽度增加而显著增加，之后趋于不变，这已为实验所证明（图 3-20）。

3.6.3.4 摩擦的影响

由实验可知（图 3-21），宽展随摩擦系数增大而增加。摩擦对宽展的影响，一般来说，当摩擦系数增加时，延伸和宽展的摩擦阻力同时增加，因接触面积不同，延伸阻力比宽展阻力增加得快，使宽展增加。另外，纵向摩擦阻力与宽展三角区内所受附加拉应力反向，导致边部附加拉应力强度减弱，而边部拉应力是限制宽展的，所以宽展增加。总之，凡是影响摩擦的因素都影响宽展。

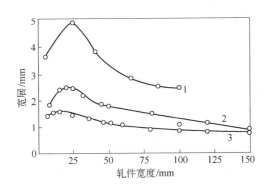

图 3-20　轧件宽度与宽展的关系（干燥辊，
辊径 290mm，轧件宽度 6~20mm）
1—M2M 合金，轧制温度 450℃，ε = 45%；
2—纯铝，轧制温度 20℃，ε = 40%；
3—2A12 合金，轧制温度 20℃，ε = 30%

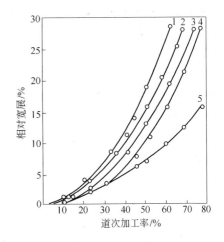

图 3-21　宽展与摩擦系数的关系
1—干辊；2—煤油；3—乳液；
4—锭子油；5—动物油

3.6.3.5 张力对宽展的影响

无论是前张力还是后张力都有利于纵向延伸使宽展减小，后张力比前张力影响大，是因为

宽展主要发生在后滑区。

3.6.4　计算宽展的公式

3.6.4.1　西斯公式

$$\Delta B = c\Delta H \tag{3-23}$$

式中　ΔH——压下量；

　　　c——宽展系数，由实验确定，$c = 0.35 \sim 0.48$。

3.6.4.2　谢别尔公式

$$\Delta B = c\frac{\Delta H}{H}\sqrt{R\Delta H} \tag{3-24}$$

式中　ΔH——压下量；

　　　R——轧辊半径；

　　　c——考虑金属性质及轧制温度等影响的宽展系数，铝（$t = 400℃$）为 0.45。

　　谢别尔公式考虑了宽展与加工率及变形区长度成正比，其他因素的影响在 c 中考虑，其计算结果比西斯公式准确，但未考虑轧件原始宽度、接触摩擦等因素的影响。

3.7　轧制时轧件的纵向变形

3.7.1　轧制过程中的前滑和后滑现象

3.7.1.1　前滑的定义及其测定

　　轧制时，轧件的出口速度大于该处轧辊圆周速度的现象称为前滑。前滑值的大小是由轧辊出口断面上轧件与轧辊速度的相对差值来表示。

$$S_\mathrm{h} = \frac{v_\mathrm{h} - v}{v} \times 100\% \tag{3-25}$$

　　前滑值的测定可用刻痕法，如图 3-22 所示。先在轧辊表面刻出距离为 L_0 的两个小坑，轧制后在轧件上的压痕的距离为 L_h，则前滑值 S_h 为：

$$S_\mathrm{h} = \frac{v_\mathrm{h}t - vt}{vt} \times 100\% = \frac{L_\mathrm{h} - L_0}{L_0} \times 100\% \tag{3-26}$$

　　有时只打一个小坑，其 L_0 为轧辊周长，轧辊转动一周在轧件上得到两压痕之间距离为 L_h。

　　热轧时，轧件上两压痕的间距 L_h 是冷却后测量的，所以必须予以修正，热轧时实际长度 L_h' 为：

$$L_\mathrm{h}' = L_\mathrm{h}(1 + a\Delta t) \tag{3-27}$$

式中　L_h——轧件冷却后测得的两压痕间的距离；

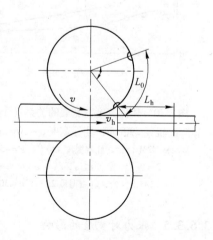

图 3-22　用刻痕法测定前滑值示意图

a——轧件的线膨胀系数；

Δt——轧件轧制时的温度和测量时的温差。

3.7.1.2　后滑

所谓后滑，是指轧制时，轧件的入口速度小于入口断面上轧辊水平速度的现象。同样，后滑值用入口断面上轧辊的水平分速度与轧件入口速度差的相对值表示。

$$S_{\mathrm{H}} = \frac{v\cos\alpha - v_{\mathrm{H}}}{v\cos\alpha} \times 100\% \tag{3-28}$$

式中　S_{H}——后滑值；

α——咬入角；

v——轧辊的圆周速度；

v_{H}——轧件的入辊速度。

3.7.2　前滑的理论计算

理论上前滑值可根据中性面的位置导出。假设忽略宽展，根据体积不变条件，有等式

$$v_{\mathrm{h}}h = v_{\gamma}h_{\gamma} \tag{3-29}$$

式中　v_{h}, v_{γ}——轧件出口和中性面的水平速度；

h, h_{γ}——轧件出口和中性面的高度。

由前滑定义式，当 γ 很小时可推出

$$S_{\mathrm{h}} = \left(\frac{R}{h} - \frac{1}{2}\right)\gamma^2 \tag{3-30}$$

由于 R 和 h 相比很大，上式中第二项和第一项相比可忽略不计，此时上式可进一步简化为：

$$S_{\mathrm{h}} = \frac{R}{h}\gamma^2 \tag{3-31}$$

式中　γ——中性角；

R——轧辊半径；

h——轧件厚度。

中性角 γ 是决定变形区内金属相对轧辊运动速度的一个参量。根据在变形区内轧件对轧辊的相对运动规律可知，在变形区内存在这样一个面，在此面上轧件运动速度同轧辊线速度的水平分速度相等，此面为中性面，中性面所对应的角为中性角。中性面把变形区划分为两个部分，前滑区和后滑区。由于在前滑区、后滑区金属相对轧辊表面产生滑动的方向不同，摩擦力的方向不同。在前滑区、后滑区内，作用在轧件表面上的摩擦力的方向均指向中性面。

根据轧件受力平衡条件可确定中性面的位置及中性角 γ 的大小，通过简化，得到下式：

$$\gamma = \frac{\alpha}{2}\left(1 - \frac{\alpha}{2\mu}\right) \tag{3-32}$$

式中　γ——中性角；

μ——摩擦系数；

α——咬入角。

3.7.3　影响前滑的因素

3.7.3.1　轧辊直径的影响

从式 3-31 可见，前滑值随辊径增大而增加。因为在其他条件相同时，辊径 D 增加，咬入角 α 减小，当摩擦角 β 保持常数时，稳定阶段的剩余摩擦力增加，从而导致金属流动速度加快，使前滑增加。实验曲线如图 3-23 所示，图中反映出 $D < 400\text{mm}$ 时，随 D 增加前滑增加较快；在 $D > 400\text{mm}$ 时，前滑增加较慢。这是因为轧辊速度随 D 增大而增加，导致摩擦系数下降，剩余摩擦力减小，而且纵向摩擦阻力随直径 D 增大而增加，延伸相应减小，两者综合影响的结果使前滑增加较慢。

3.7.3.2　摩擦系数的影响

实验证明，当 Δh 相同而辊径 D 不变时，摩擦系数越大，前滑值越大。例如，用干燥和涂油辊面进行冷轧铝板实验，结果干燥辊面的前滑值比涂油的大得多。使用蓖麻油润滑，还测得前滑值为零，甚至前滑出现负值，原因是蓖麻油的摩擦系数很小。这实际是出现了打滑现象，轧制过程很不稳定。当前滑值为零时，说明轧件的出辊速度和轧辊水平速度相等，因为摩擦系数增大，剩余摩擦力增加。同时接触角 α 为一定值，使中性角增加，从前滑公式可见，随中性角增加前滑增大（图 3-24）。因此，凡是影响摩擦系数的因素，均影响前滑的大小。

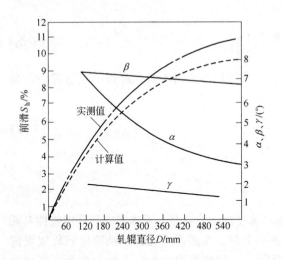

图 3-23　轧辊直径对前滑的影响

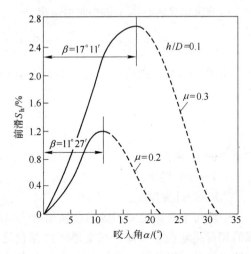

图 3-24　前滑与咬入角、摩擦系数的关系

3.7.3.3　轧件厚度的影响

如图 3-25 所示，轧件厚度越小，前滑越大。当辊径和中性角一定时，由式 3-31 可知，轧件厚度 h 越小前滑越大。

3.7.3.4　张力对前滑的影响

前张力有利于金属向前滑动，随前张力增加，前滑增加而后滑减小（图 3-26）。

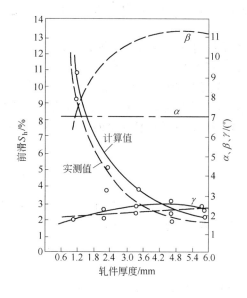

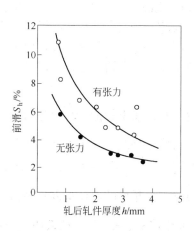

图 3-25 轧件厚度与前滑的关系　　　　图 3-26 张力对前滑的影响

有张力时，使前滑值显著增加。生产中，当压下量不变时，前张力较大，使中性角增大，前滑增加，能防止打滑；相反，后张力过大，前滑减小，容易产生打滑现象，造成轧辊磨损、制品表面划伤等不良影响。

3.7.4 研究前滑的意义

前滑和后滑是轧制过程所特有的现象，研究前滑和后滑对生产和科研都有重要的实际意义。

热轧生产中，轧辊与轧机辊道速度的匹配必须考虑前滑。当金属与辊道之间存在速度差，易造成轧件表面划伤等缺陷，因此热轧机的辊道速度应大于轧辊的线速度。

冷轧生产中，尤其张力轧制中张力的建立及张力的调整也必须考虑前滑。为建立张力，卷取机的线速度必须大于轧件的出辊速度，而轧件的出辊速度必须考虑前滑的存在。

此外，在连轧生产中，必须保持各机架之间速度协调，这也必须考虑前滑。如单位时间内第二机架流出的金属比第一机架流出的多，两机架会产生拉带现象，严重时带材可被拉断；反之，两机架间的带材出现积累，产生堆带现象，甚至引起设备事故。

轧制过程中，摩擦对轧制过程的影响很大，明确摩擦系数的大小对分析和研究轧制有重要意义。用测定前滑值的方法可间接确定稳定轧制条件下的摩擦系数。根据测得的前滑值 S_h，用式 3-30 或式 3-31 计算中性角 γ，再把 γ 代入式 3-32，可求出摩擦系数。

3.8 单位压力与轧制力简介

轧制压力是轧制工艺和设备设计及控制的重要参数。计算或确定轧制压力的目的是：计算轧辊与轧机其他部件的强度和弹性变形；校核或确定电动机的功率，制订压下制度；实现板厚和板形的自动控制；挖掘轧机的潜力，提高轧机的生产率。

所谓轧制压力，是指轧件对轧辊的合力的垂直分量。轧制时，金属对轧辊的作用力有两个：一个是与接触表面相切的单位摩擦力 t 的合力，即摩擦力 T；另一个是与接触表面垂直的

单位压力 p 的合力，即正压力 N。轧制压力就是这两个力在垂直于轧制方向上的投影之和，即指用测压仪在压下螺丝下面测得的总压力。

在简单轧制情况下，轧件除受轧辊作用外，不受任何外力（张力或推力等）作用，此时轧件对轧辊的合力方向与两辊连心线平行，即垂直于轧制中心线，并指向轧辊。

假定其他条件与简单轧制相同，仅在轧件出入口侧施加前后张力 Q_h 和 Q_H。轧件对轧辊的合力方向不再垂直于轧制方向，而是有一个水平分量，只有当 $Q_h = Q_H$，其水平分量为零时，轧件对轧辊的作用合力才是垂直的。否则，在压下螺丝下面用测压仪实测的力只是合力的垂直分量。

3.8.1 咬入弧上单位压力的分布

如图 3-27 所示，单位压力在变形区内的分布是不均匀的。顺轧制方向，单位压力的变化规律是在后滑区逐渐增大，在中性面上达到最大，随后在前滑区逐渐减小。

3.8.1.1 外摩擦对单位压力的影响

如图 3-28 所示，随摩擦系数的增加，单位压力增加很快。这是由于随摩擦系数的增加，三向压应力强度增大，导致变形抗力增加，而且单位压力峰值随摩擦系数增大。

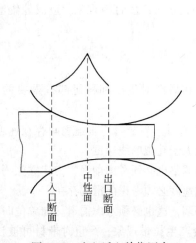

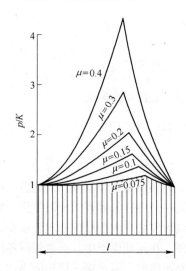

图 3-27 咬入弧上单位压力
分布示意图

图 3-28 摩擦对单位压力分布的影响
（ $\varepsilon = 30\%$ ， $\alpha = 5°46'$ ， $h/D = 1.16\%$ ）

3.8.1.2 加工率对单位压力的影响

如图 3-29 所示，随加工率增加，单位压力增大。在其他条件一定时，加工率增加，接触弧长增加，纵向摩擦阻力增大；同时加工率增大，单位体积的金属变形量增加，单位压力增大。

3.8.1.3 轧辊直径对单位压力的影响

如图 3-30 所示，随轧辊直径增加，单位压力增大。这是因为辊径增加，接触弧长增加，变形区内单元体三向压应力增强，单位压力相应增加。

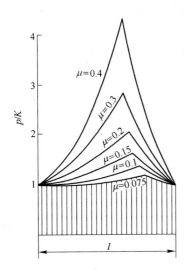

图 3-29 加工率对单位压力分布的影响

$(h = 1\text{mm}, D = 200\text{mm}, \mu = 0.2)$

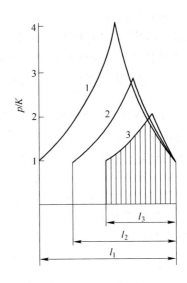

图 3-30 轧辊直径对单位压力分布的影响

1—$D = 700\text{mm}$、$D/h = 350$、$l_1 = 17.2\text{mm}$;

2—$D = 400\text{mm}$、$D/h = 200$、$l_2 = 13\text{mm}$;

3—$D = 200\text{mm}$、$D/h = 100$、$l_3 = 8.6\text{mm}$

3.8.1.4 张力对单位压力的影响

如图 3-31 所示,张力越大,单位压力越小,由此可见,无论前张力还是后张力都使单位压力减小,采用张力轧制能显著降低单位压力,即减少轧制压力。

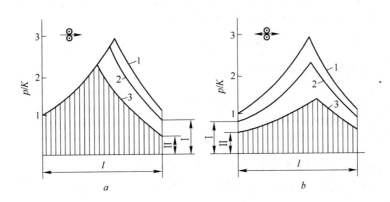

图 3-31 张力对单位压力分布的影响

a: 1—$q_h = 0$; 2—$q_h = 0.2\text{K}$; 3—$q_h = 0.5\text{K}$; b: 1—$q_h = q_H = 0$; 2—$q_h = q_H = 0.2\text{K}$; 3—$q_h = q_H = 0.5\text{K}$

I—0.8K; II—0.5K

3.8.2 轧制力的确定

轧制力的确定主要有以下几个方式:

(1) 实测法:在轧机上安置专门设计的压力传感器,将压力信号转换成电信号,通过放大或直接送往测量仪表将其记录下来,便获得实测的轧制力。

（2）经验公式或图表法：是根据大量实测的统计资料，进行一定的数学处理，或绘制曲线，考虑某些主要影响因素建立的经验公式或图表。应用实测的平均单位压力曲线或经验公式，直接计算轧制压力比较方便，但只有在实际轧制时的工艺和设备条件与曲线实测条件相同或相近时，才能得到较准确的结果。实测曲线图可查阅有关文献资料。

（3）理论计算法：这种方法是在理论分析的基础上，建立计算公式，根据轧制条件计算单位压力。通常，首先确定变形区内单位压力分布规律及其大小，然后确定平均单位压力。工程法计算是根据一系列的简化与假设建立的。工程法将空间问题简化为平面应变问题；在变形区内取一个微分体，并给出一定的假设条件，从静力平衡条件建立近似平衡微分方程式；然后用近似于轧制的情况，给出不同的摩擦条件、几何条件及边界条件，通过求解微分方程得出不同条件下的单位压力计算公式。

实际生产中，轧制力可通过测量仪表显示。测算轧制力则以工程近似解法（工程法）应用最广泛。

3.9　轧制的弹塑曲线及板厚纵向控制

3.9.1　轧机的弹性变形

轧制时轧辊承受的轧制压力，通过轧辊轴承、压下螺丝等零部件，最后由机架承受。所以在轧制过程中，所有上述受力件都会发生弹性变形，严重时变形可达数毫米。据测试表明，弹性变形最大的是轧辊系（弹性压扁与弯曲），约占弹性变形总量的 $40\% \sim 50\%$；其次是机架（立柱受拉，上下横梁受弯），约占到 $12\% \sim 16\%$；轧辊轴承占 $10\% \sim 15\%$；压下系统占 $6\% \sim 8\%$。

轧制压力的变化，使轧辊的弹性变形量随之改变，导致辊缝大小和形状也发生改变。辊缝大小的变化导致板材纵向厚度波动，辊缝形状影响所轧板形变化。它们对轧制板、带材板形质量、尺寸精度控制的影响成了现代轧制理论关注和研究的重点。

3.9.1.1　轧机的弹跳方程与弹性特性曲线

轧机弹性变形总量与轧制压力之间的关系曲线称为轧机的弹性特性曲线，描述这一对参数关系的数学表达式，即称为轧机的弹跳方程。

图 3-32 所示为当两轧辊的原始辊缝（空载辊缝值）为 s_0 时，轧制时由于轧制压力的作用，使机架发生了变形 $\Delta s = P/k$，P 为轧制压力，$k = \mathrm{d}P/\mathrm{d}s$ 为轧机的刚度，表示轧机弹性变形 1mm 所需的力（N/mm）。因此，实际辊缝将增大到 s，辊缝增大的现象称为轧机弹跳或辊跳。于是所轧制出的板厚为：

$$h = s = s_0 + s_0' + \Delta s = s + s_0' + P/k \qquad (3\text{-}33)$$

式中，s_0' 为初始载荷下各部件间的间隙值，如忽略 s_0'，式 3-33 则变为：

$$h = s = s_0 + P/k \qquad (3\text{-}34)$$

式 3-34 称为轧机的弹跳方程。它忽略了轧件的弹性恢

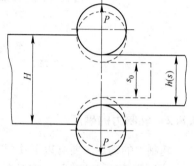

图 3-32　轧机弹跳现象

复量，说明轧出的轧件原始辊缝与轧机弹跳量之和（图 3-33）影响原始辊缝 s_0 变化，即影响轧机弹性特性曲线位置的因素有：轧辊的偏心、热膨胀、磨损和轧辊轴承油膜的变化等。

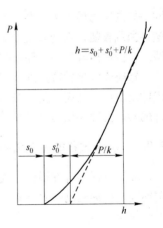

图 3-33　轧件尺寸在弹跳曲线上的表示

3.9.1.2　轧机的刚度

轧机的刚度为轧机抵抗轧制压力产生弹性变形的能力，又称轧机模量，它包括纵向刚度和横向刚度。轧机的纵向刚度是指轧机抵抗轧制压力产生辊跳的能力。由式 3-34 可知，$P = (h - s_0)k$。因而，轧机的纵向刚度可用下式表示，即：

$$k = P/(h - s_0) \tag{3-35}$$

轧机刚度可用轧制法和压靠法等方法实际测定。

影响轧机刚度的因素主要有轧件宽度、轧制速度（影响轴承油膜厚度）等（图 3-34）。由图 3-34 可知，轧制速度的影响是：低速时对轧机刚度的影响大，而高速时影响较小。当轧制宽度与辊身长度二者差异较大时，则相互之间相差较为明显；如果二者尺寸相近，相互之间的差异就小。对于不同轧制宽度（图 3-35），其修正公式为：

$$k_L = k_\beta - \beta(L - B) \tag{3-36}$$

式中　L——辊身长度；

　　　B——轧件宽度；

　　　β——刚度修正系数；

　　　k_β——压靠法测得的刚度；

　　　k_L——轧件宽度为 B 时的刚度。

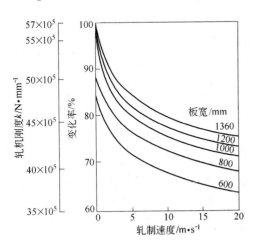

图 3-34　板宽与轧制速度对轧机刚度系数的影响

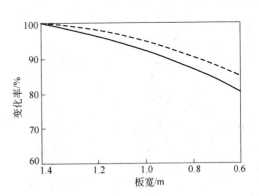

图 3-35　板宽与 k 值变化率的曲线

3.9.2　轧件的塑性特性曲线

轧件的塑性特性曲线是指某一预调辊缝 s_0 时，轧制压力与轧出板材厚度之间的关系曲线（图 3-36）。它表示在同一轧制厚度的条件下，某一工艺参数的变化对轧制压力的影响，或在同一轧制压力情况下，某一工艺因素变化对轧出厚度的影响。如图3-36所示，变形抗力大的塑性曲线较陡，而变形抗力小的塑性曲线较平坦。若轧制压力保持不变，则前者轧出的板材较厚。若需保持轧出同一厚度的板材，那么，对于变形抗力大的轧件就应加大轧制压力。

影响轧件塑性特性曲线变化的因素主要有：沿轧件长向原始厚度不均、温度分布不均、组织性能不均、轧制速度与张力的变化等。这些因素影响轧制压力的变化，也改变了 H-P 图上轧件的塑性特性曲线的形状和位置，因而导致轧出板厚发生变化。

3.9.3　轧制过程的弹塑曲线

轧制过程的轧件塑性曲线与轧机弹性曲线集成于同一坐标图上的曲线，称为轧制过程的弹塑曲线，也称轧制的 P-H 图（图3-37）。图中两曲线交点的横坐标为轧件厚度，纵坐标为对应的轧制压力。

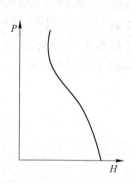

图 3-36　轧件塑性特性曲线

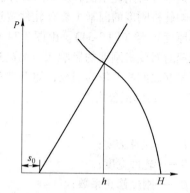

图 3-37　轧制弹塑性曲线

各种因素对轧制厚度的影响见表3-3。

表 3-3　轧制工艺条件对轧制厚度的影响

变化原因	金属变形抗力变化 $\Delta\sigma_s$	板坯原始厚度变化 Δh_0	轧件与轧辊间摩擦系数变化 Δf	轧制时张力变化 Δq	轧辊原始辊缝变化 Δt_0
变化特性	σ_s-$\Delta\sigma_s$	h_0-Δh_0	f-Δf	q-Δq	t_0-Δt_0
轧出板厚变化	金属变形抗力 σ_s 减小时板厚变薄	板坯原始厚度 h_0 减小时板厚变薄	摩擦系数 f 减小时板厚变薄	张力 q 增加时板厚变薄	原始辊缝 t_0 减小时板厚变薄

3.9.4　板厚控制原理及方法

轧制过程中凡引起轧制压力波动的因素都将导致板厚纵向厚度尺寸的变化，一是对轧件塑性变形特性曲线形状与位置的影响；二是对轧机弹性特性曲线的影响。结果使两条曲线的交点发生变化，产生了纵向厚度偏差。

板厚控制原理：根据 *P-H* 图，轧制厚度控制就是要求使所轧板材的厚度，始终保持在轧机的弹性特性曲线和轧件塑性特性曲线交点 h 的垂直线上。但是，由于轧制时各种因素是经常变化波动的，两特性曲线不可能总是交在等厚轧制线上，因而使板厚出现偏差。若要消除这一厚度偏差，就必须使两特性曲线发生相应的变动，重新回到等厚轧制线上。基于这一思路，板厚控制可通过调整辊缝、张力和轧制速度的方法来实现。

3.9.4.1 调整压下改变辊缝

调整压下是板、带材厚度控制的最主要的方法。这种板厚控制的原理，是在不改变弹塑曲线斜率的情况下，通过调整压下消除轧件或工艺因素影响轧制压力造成的板厚偏差（图3-38）。

当遇到来料退火不均，造成轧件性能不均（变硬），或润滑不良使摩擦系数增大，或张力变小、轧制速度减小等，都将使塑性曲线斜率变大，塑性曲线由 *B* 变到 *B'*，在其他条件不变时，轧出厚度产生偏差 δh，此时可通过调整压下，减小辊缝来消除（图3-39）。

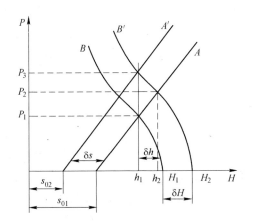

图 3-38 δH 变化时的调整压下原理

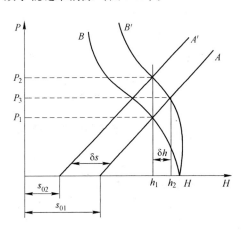

图 3-39 塑性曲线变陡时调整压下原理

3.9.4.2 调整张力

调整压下需要调整压下螺丝，如塑性模量 *M* 很大，或轧机刚度 *k* 过低，则调整量过大，调整速度慢，效率低，因此，对于冷精轧薄板带不如调整张力快，特别是对于箔材轧制更是如此，因为这时轧辊实际已经压靠，所以，板厚控制只能依靠调整张力、润滑与轧制速度来实现。

调整张力是通过调整前、后张力改变轧件塑性曲线的斜率，消除各种因素对轧出厚度的影响来实现板厚控制的（图3-40）。当来料出现厚度偏差 +δH 时，在原始辊缝和其他条件不变时，轧出板厚产生偏差 δh，为使轧出板厚不变，可通过加大张力，使塑性曲线 *B'* 变到 *B"*（改变斜率），而与弹性

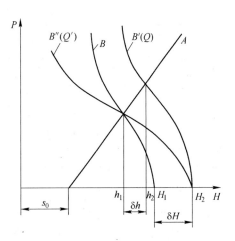

图 3-40 调整张力原理

曲线 A 交在等厚度轧制线上，实现无需改变辊缝大小而达到板厚不变的目的。张力调整方法的特点是反应快、精确、效果好，在冷轧薄板、带生产中用得十分广泛。但它不适用于厚板轧制，特别是热轧板带，因为热轧时，张力稍大，易出现拉窄（出现负宽展）或拉薄，使控制受到限制。

3.9.4.3　调整轧速

轧制速度的变化将引起张力、摩擦系数、轧制温度及轴承油膜厚度等发生变化，因而也可改变轧制压力，使轧件塑性曲线斜率发生改变，其基本原理与调整张力相似。

3.10　轧制时的外摩擦系数

3.10.1　摩擦系数在轧制过程中的实际意义

在热轧厚度较大的铸锭或厚锭坯时，希望提高摩擦系数，因为这样可使最大咬入角增大，可提高道次加工率，从而提高热轧能力。

在热轧或冷轧板材时，一般希望降低摩擦系数，因为在这种轧制条件下，限制轧制过程顺利进行的不是最大咬入角，而是轧机允许的最大压力，同时，摩擦系数对单位压力的大小及其分布有重要影响。摩擦系数所产生的摩擦力，需要额外的力来克服。摩擦系数的增加使金属的变形抗力增大，即增加了变形的能量消耗。

在轧制力计算时，应准确确定沿咬入弧上摩擦系数的平均值，方能正确计算轧制力。

3.10.2　不同轧制和润滑条件下的摩擦系数

摩擦系数虽然重要，但直接测定摩擦系数是相当困难的，因为摩擦系数与许多因素有关，如轧辊表面状态、润滑条件、轧制压力、轧制温度等。应当指出，在同一条件下，用不同测定方法往往得到互相矛盾的结果。在具体轧制条件下选择摩擦系数时，必须注意试验资料数据的原始条件。以下介绍几种轧制力计算时常用的平均摩擦系数。

（1）使用粗磨的淬火铬钢轧辊冷轧铝及包铝合金时，在不同润滑条件下试验确定的摩擦系数如表 3-4 所示。

表 3-4　使用粗磨的淬火铬钢轧辊冷轧铝及包铝合金时的摩擦系数

润滑条件	不加润滑剂	用煤油润滑	用轻机油润滑
摩擦系数	0.16 ~ 0.24	0.08 ~ 0.12	0.06 ~ 0.07

（2）使用以上轧辊，当轧辊黏附一层铝粉时，在冷、热轧铝及包铝合金时的摩擦系数如表 3-5 所示。

表 3-5　使用粗磨的淬火铬钢轧辊黏附一层铝粉时的摩擦系数

轧制及润滑条件	热轧（带乳液润滑）	冷　轧		
		不加润滑剂	煤油与机油润滑	乳液润滑
摩擦系数	0.35 ~ 0.45	0.24 ~ 0.32	0.14 ~ 0.18	0.16 ~ 0.20

（3）使用抛光的（或磨光的）钢轧辊，在不同润滑条件下，冷轧铝时的摩擦系数试验数据如表 3-6 所示。

表 3-6　冷轧铝时的摩擦系数

润滑剂	轧制道次	每道次加工率/%	摩擦系数
轧辊和带材是干燥的	1	23.5	0.092
	2	22.9	0.101
	3	22.0	0.099
煤油	1	24.5	0.081
	2	21.3	0.087
煤油 + 1% 油酸	1	24.8	0.059
煤油 + 5% 硬脂酸钙	4	30.0	0.08
煤油 + 5% 油酸钠	3	27.9	0.059
煤油 + 5% 油酸铝 + 0.6% 硫	2	30.0	0.049
棕榈油	1	24.0	0.066
蓖麻油	3	21.6	0.057
羊毛脂	4	25.6	0.025

注：表中数据的实验条件是铝试样，断面为 4.8mm × 3.75mm，在二辊 ϕ100mm × 150mm 轧机上轧制，轧速为 0.15 m/s。

3.10.3　摩擦系数与轧制速度的关系

轧制时，随着轧制速度的增加，摩擦系数降低，如图 3-41 所示。

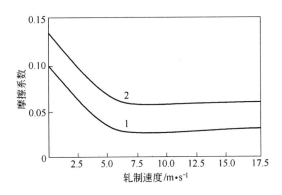

图 3-41　轧制时摩擦系数与轧制速度的关系
1—棕榈油乳液；2—矿物油乳液

复习思考题

1. 反映轧制时变形程度的参数有哪些？
2. 轧制时开始咬入的条件是什么，影响咬入的因素有哪些？
3. 在轧制生产中，改善咬入的具体方法有哪些？

4. 热轧板"张嘴"开裂的原因是什么？

5. 为什么说宽展是造成热轧裂边的原因之一？

6. 什么是前滑与后滑，对生产有哪些意义？

7. 影响单位压力的因素有哪些？

8. 画图说明平辊轧制时，当 $\frac{l}{h} > 0.5 \sim 1.0$ 时，轧件纵向流动速度及副应力在高向如何分布？

9. 某厂生产 0.15mm 的电缆带，其工艺流程是：14.4—6.0—1.7—0.5—0.15，求各道次的压下量、道次加工率及该轧程的总加工率。

4 热 轧

4.1 热轧的特点

4.1.1 概念

热轧一般指在金属再结晶温度以上进行的轧制。在热轧时，变形金属同时存在硬化和软化过程，因变形速度的影响，只要回复和再结晶过程来不及进行，金属随变形程度的增加会产生一定的加工硬化。但在热轧温度范围内，软化过程起主导作用，因而在热轧终了时，金属的再结晶通常不完全，热轧后的铝合金板、带材呈现为再结晶与变形组织共存的组织状态。

4.1.2 特点

热轧具有以下特点：

（1）显著降低能耗，降低成本。热轧时金属塑性高，变形抗力小，大大减少了金属变形的能量消耗。

（2）改善金属及合金的加工工艺性能。热轧能将铸造状态的粗大晶粒破碎，显微裂纹压合，减少或消除铸造缺陷，将铸态组织转变为变形组织，提高金属的加工性能。

（3）提高生产效率。热轧通常采用大铸锭、大压下量轧制，提高了生产效率，也为提高轧制速度、实现轧制过程的连续化和自动化创造了条件。

（4）不能精确地控制产品所需的力学性能，产品的组织和性能不均匀。热轧产品强度指标低于冷作硬化产品，而高于不完全退火产品；塑性指标高于冷作硬化产品，而低于完全退火产品。

（5）不能生产厚度尺寸精确而表面质量要求高的产品。热轧产品一般多作为冷轧加工的坯料。

4.2 热轧工艺要求

4.2.1 铸锭的选择

随着生产技术的不断进步，轧制设备向着大型化发展，铸锭的规格不断增加，用铁模和水冷模铸造方法生产的铸锭不能适应现代化大生产的需求，已逐渐被半连续铸造法所取代。用半连续铸造法生产的铸锭质量好，抗拉强度高。

4.2.1.1 铸锭尺寸的选择

选择铸锭尺寸时，首先考虑铸锭厚度，其次是宽度、长度或重量。大规格的铸锭对提高产品质量和成品率都有利，但铸锭尺寸的加大受合金工艺性能、生产方式、产品规格、设备条件及操作者技术水平等条件限制，因此，铸锭规格的选择要综合各种因素全面考虑。

A　铸锭厚度的选择

选择铸锭厚度时，要根据轧制设备和铸造条件，在热轧机功率或轧机开口度等条件许可的情况下，应尽可能选择厚度较大的铸锭。此外，铸锭的最小厚度除受铸造条件限制外，还受产品最低加工率的限制，如产品加工率不足时，产品的组织和性能都不能满足技术标准的要求。

B　铸锭宽度的选择

选择铸锭的宽度时，要考虑铸造条件和工艺条件。铸造条件要考虑铸锭宽厚比的限制，比值一般不超过 7。工艺条件要考虑热轧时采用的方式，如横轧、顺轧或横顺轧。

为防止轧件开裂，硬铝合金一般多采用横轧方法，这时铸锭的宽度变为轧件的长度，铸锭长度应是：轧件所需宽度的整倍数加锯切的头、尾长度及锯口长度。

软铝合金因其塑性好，一般多采用顺轧，这时铸锭的宽度应符合轧件所需宽度，铸锭长度主要根据轧机前的辊道长度、热轧机有无卷取装置及卷筒允许的最大重量等。如上述条件允许，应尽可能选择长度较大者。

4.2.1.2　铸锭质量的选择

铸锭的质量不仅影响轧件的工艺性能，而且对产品的最终组织和性能也有很大影响，必须严格控制铸锭质量。

A　化学成分

铸锭的化学成分应符合标准要求，否则易造成加工工艺性能恶化，使压力加工过程难以进行，还可造成产品最终组织和性能不符合标准要求。

B　铸锭的形状

生产板、带材的铸锭为长方形扁锭，其断面形状如图 4-1、图 4-2 所示。

图 4-1　普通结晶器铸锭断面　　　　　　　　图 4-2　可调结晶器铸锭断面

C　铸锭的内部质量

铸锭的内部质量对产品质量有很大影响。对铸锭的内部缺陷，如疏松、裂纹、缩孔、气泡、夹渣等，必须严加控制。

4.2.2　热轧前的准备

半连续法铸造的铸锭，特别是硬铝合金及镁合金，铸锭在铸后要进行热轧前的处理和准备。根据合金的性质、铸锭的状况及产品质量要求不同，热轧前的准备工作主要有：铸锭的均匀化处理，锯切、铣面铣边及蚀洗，包铝。

4.2.2.1　铸锭的组织均匀化

对硬铝合金铸锭，如 2A12、5A05、5A06 等，热轧前必须进行铸锭组织均匀化处理。对成分简单塑性较高的软铝合金，如纯铝、3×××系铝合金等，一般不进行组织均匀化。只有当对产品组织、性能有特殊要求时（如要求晶粒细小、深冲性能好等），才进行组织均匀化。

A 组织均匀化的目的

（1）使铸锭化学成分和组织比较均匀。由于半连续铸造过程中铸锭的冷却速度快，液体金属以很高的速度进行结晶，使固相中的扩散过程发生困难，造成了不平衡结晶。结果造成晶内偏析（化学成分不均匀）和组织不均匀（难溶解的杂相集中于晶界和枝晶网络间），并在铸锭内形成很大的内应力，因而使铸锭的塑性明显下降。组织均匀化时，由于相的溶解、析出和原子扩散可消除晶内偏析并使金属组织更加均匀，从而改善了铸锭的组织性能并提高了金属的塑性。

均匀化退火的实质是铸锭在高温加热条件下，通过相的溶解和原子的扩散来实现均匀化的。所谓扩散就是原子在金属及合金中依靠热振动而进行的迁移过程。扩散分为均质扩散和异质扩散两种。均质扩散是在纯金属中发生的同种原子间的扩散运动，又称自扩散。异质扩散则是溶质原子在合金熔体中的扩散运动。金属迁移是原子在金属及合金中的主要扩散方式，因为原子通过空位迁移而进行扩散所需要的能量最小。

均匀化退火时，原子的扩散主要是在晶内进行的，使晶粒内部化学成分不均匀的部分，通过扩散而逐步达到均匀。由于均匀化退火是在不平衡的固相线或共晶点以下的温度中进行的，分布在铸锭中各晶粒晶界上的不溶相和非金属夹杂物，不能通过溶解和扩散过程来消除，妨碍了晶粒间的扩散和晶粒的聚集。

（2）消除铸锭的内应力。半连续铸造冷却速度快，使铸锭内、外和各部分之间产生不均匀收缩，造成很大内应力。由于内应力作用不仅使金属的塑性降低，而且可引起铸锭翘曲变形，严重时可引起铸锭开裂。通过组织均匀化可消除内应力，从而明显提高铸锭塑性，使产品的最终组织和性能获得改善。

B 均匀化退火制度的选择

对于铝合金，均匀化温度尽可能选择高一些，但应低于不平衡固相线或合金中低熔点共晶温度 5 ~ 40℃。

对于镁合金，M2M、ME20M 合金塑性较好，可不进行均匀化处理，但对 AZ 系列和 ZK 系列镁合金，通过均匀化处理可提高其轧制性能和力学性能。镁合金铸锭均匀化制度如表 4-1 所示。

表 4-1 镁合金铸锭均匀化制度

合金牌号	铸锭尺寸/mm × mm	金属温度/℃	保温时间/h	冷却条件
AZ40M	165 × 730	420 ± 10	14 ~ 24	空 气
AZ41M	165 × 730	410 ± 10	14 ~ 24	空 气
ZK61M	120 × 540	370 ± 10	8 ~ 12	空 气

用于镁合金均匀化的炉子一般都采用卧式空气循环电炉。

4.2.2.2 铸锭的铣面、铣边和蚀洗

半连续铸造法生产的铝合金铸锭及镁合金铸锭，其表面常存在偏析瘤、夹渣、结疤和裂纹，在热轧过程中这些缺陷不仅不能焊合，而且还能导致铸锭的开裂和破碎，严重污染轧辊，影响产品的表面质量，所以铸锭必须铣面，只有非重要用途的工业纯铝铸锭可以不铣面。主要是因为偏析瘤中合金元素含量较高，在热轧时塑性很低，易被压碎或压裂。碎裂的金属及其所含灰尘和脏物压入板面后，将造成金属压入或非金属压入缺陷，恶化产品表面质量。

对某些铝合金和镁合金，如 7×××系铝合金和 AZ 系列镁合金等不仅铣面还要铣边（侧面）。因为边部的偏析瘤，在热轧前加热时易氧化变黑。当轧制时，被压碎的偏析瘤不仅易压入板片上而且使辊道或轧辊表面粘黑，再从辊道或轧辊表面轧压到以后的板带上，造成板、带材缺陷增加，严重影响板、带材表面质量。

铸锭的铣面是在专用的机床上进行的，有单面铣、双面铣、双面铣带侧面铣等。国内大多数中小型企业采用单面铣，生产效率低，铣削面易机械损伤；国外大型铝加工厂大多采用双面铣或双面铣带侧面铣，生产效率高，表面质量好。根据铣面时采用的冷却润滑方式不同，可分为湿铣和干铣。湿铣采用乳液进行冷却和润滑，铣削完毕需除掉铸锭表面残留的污物；干铣即铣面时不加冷却润滑剂，采用油雾润滑，其优点是表面清洁无污物，铣削完毕即可装炉加热。

铸锭表面铣削量应根据合金特性、熔铸技术水平、产品用途等原则来确定。其中，采用的铸造技术是决定铣面量的最主要因素，如当前先进的电磁铸造技术、LHC（low head carbon）铸造技术等，其铸锭表面急冷区小于 1mm，显然，铸锭单面铣削量大大减少。铸锭表面铣削量的确定要同时兼顾生产效率和经济效益。表 4-2 列出了铝及铝合金的单面最小铣削量。

表 4-2　铝及铝合金的单面最小铣削量

合 金 牌 号	每面铣削最小量/mm
纯铝、6A02、3A21、5A02 等	不小于 3.0
2A11、2A12、2A16、5A05、5A06 等	不小于 6.0
7A09、7A01 等	不小于 7.0

铣削后铸锭表面质量要求：（1）铣削后铸锭表面的刀痕形状呈平滑过渡的波浪形，刀痕深度不大于 0.15mm，避免出现锯齿形；（2）表面无因刀钝或粘刀所造成的粘铝或痕迹，无裂纹、夹渣、疏松等铸造缺陷。

铸锭蚀洗的目的是采用化学腐蚀方法清除表面的油污及脏物，使之清洁。未经铣面的纯铝铸锭、经湿铣后的合金铸锭以及所有的包铝板都需蚀洗。

蚀洗的工艺流程见表 4-3。

表 4-3　铸锭蚀洗工艺

蚀洗顺序	工序名称	工 艺 条 件		
		工艺参数	单 位	铸 锭
1	碱洗（NaOH 溶液）	槽液浓度 槽液温度 蚀洗时间	% ℃ min	15~25 60~80 2~10
2	冷水洗	水 温 时 间	℃ min	不低于 25 1~2
3	酸中和（HNO₃ 水溶液）	槽液浓度 槽液温度 蚀洗时间	% ℃ min	15~30 室温 2~4
4	冷水洗	水 温 时 间	℃ min	不低于 25 1~2
5	热水洗	水 温 时 间	℃ min	大于 60 5~7

4.2.2.3 铸锭的包铝

包铝是把铝板放在铣过面的铸锭两面上，通过热轧使包铝板与铸锭牢固焊接在一起。

铸锭的包铝分为两大类：硬铝合金的包铝和复合型热传输材料的包铝。

铝合金的包铝分为防腐蚀包铝和工艺包铝。防腐蚀包铝目的是提高材料的抗蚀性能；工艺包铝的目的是改善材料的加工工艺性能。铝合金的包铝层厚度见表4-4。

表 4-4 铝合金的包铝层厚度

板材厚度/mm	每面包铝层厚度占板材厚度的比例/%		
	正常包铝	加厚包铝	工艺包铝
2.5 以下	≥2	≥8	1.0 ~ 1.5
≥2.5	≥4		

7×××系合金采用含锌的7A01包铝板，其他合金采用1A50包铝板。

复合型热传输材料主要用于制作空调设备和汽车热交换器等，主要由基体材料、钎焊料、水侧保护材料三部分组成。基体金属采用的合金有3003（3A21）、6063、7825等；钎焊包覆层合金有4004、4104、4045、4343、4747等高硅合金；水侧保护层所采用的合金有3005、5005、7072等。根据材料不同，用途分单面包覆和双面包覆，双面包覆又分为相同合金包覆和不同合金包覆，每面包铝层厚度一般占板材总厚度的10%左右。

包铝板的制备规格：长度是铸锭长度的75%，宽度等于或略大于铸锭宽度，厚度按下式计算：

$$a = H_0 \delta / (1 - 2\delta) \tag{4-1}$$

式中　a——包铝板厚度，mm；

$\quad\quad H_0$——铸锭厚度，mm；

$\quad\quad \delta$——所要求的单面包铝层厚度占板片总厚度的比例，%。

考虑到包铝板与基体金属延伸变形的差异、包铝板厚差等因素，包铝板厚度应稍大于计算值。

4.2.3 铸锭的加热

铝合金的热轧，应尽可能在合金的单相组织状态下进行，充分利用金属的高温塑性，以便在一定的温度范围内，把轧件轧到最小厚度，并获得热轧材料合适的力学性能。

4.2.3.1 热轧温度的选择

A　铝合金热轧温度的选择

铝合金热轧温度的选择与很多因素有关，实际制定热轧温度制度主要应考虑以下几点：

（1）合金状态图。合金状态图是选择变形温度的重要参考资料，利用它可以了解合金的相变温度和选择合理的压力加工温度范围。一般情况下，热轧温度的选择应符合下式：

$$T = 0.65 \sim 0.95 T_{固} \tag{4-2}$$

式中　T——热轧温度，℃；

$\quad\quad T_{固}$——合金的固相线温度，℃。

（2）塑性图及变形抗力图。塑性图是反映合金塑性指标与变形温度关系的图，是通过做高温性能试验的许多数据而制成的。因此，塑性图在一定程度上反映了高温条件下的塑性情况，所以可根据塑性图来选择热轧温度范围。

除塑性图外，还要同时考虑合金的变形抗力，尽可能选择塑性图中塑性高、变形抗力低的范围作为热轧温度范围。

（3）第二类再结晶图。表示加工温度、变形程度和晶粒大小三者之间关系的再结晶图，称为第二类再结晶图。一般铝合金制品，在一定变形温度下，当变形程度较低时，均发生晶粒增大现象。随着热轧温度的升高，临界变形移向变形程度小的方向。为防止热轧制品出现大晶粒和获得均匀细小的结晶体组织，变形程度最小应取 15% ~ 20%，或更高一些。

B　镁及镁合金热轧温度的选择

常温下镁及镁合金的晶体结构是密排六方晶体，晶体中只存在一个可动的滑移系，因此在常温下，镁合金难于塑性成型。热轧温度对镁合金塑性变形能力的影响比较大，镁合金的轧制温度区间明显较其他金属窄，合适的热轧温度可以大大改善其成型能力。

镁合金对轧制温度非常敏感，热轧温度范围主要取决于合金的性质。当轧制温度过低时，不能通过动态再结晶细化晶粒。若轧制温度过高，板材表面很容易氧化，使表面质量下降，还有可能发生二次再结晶导致晶粒长大。因此，合理确定镁合金的热轧温度制度就显得非常重要。通常与铝合金一样，镁合金热轧温度范围确定的依据是合金相图、塑性图、变形抗力图及再结晶图等，同时还需考虑轧机的能力和热轧终了温度对性能的影响。通过综合考虑，才能确定一个合理的温度制度。

C　钛及钛合金热轧温度的选择

钛及钛合金是具有相变的稀有金属，铸锭加热温度的选择必须考虑高温 β 相区和低温 α 相区的工艺塑性、变形抗力及高温时有害气体污染所形成的吸气层对轧件表面塑性的影响。β 相区的工艺塑性比 α 相区工艺塑性好，变形抗力低，但加热温度高使吸气层深度增加，不均匀变形时表面会产生严重的裂纹，而且 β 相区抗氧化能力差，易使晶粒粗大，产品性能恶化。因此，对薄板轧制加热温度不宜过高，对于不同牌号的钛合金板材应区别对待，合理选择。

纯钛板热轧开坯在 α 相区轧制能保证有很好的工艺塑性，开坯总加工率可达 90% 以上。TC1 合金加热温度应选择在 α + β 相形成温度的上限，避开 β 相区以免对热轧板性能产生影响。TC4 则应选在 α + β 相变点的上限或采用超塑成型工艺，防止高温加热时 α 相向 β 相转变。TA7 虽然抗氧化能力好，但合金化程度高，变形抗力高于 TC1、TC2、TC3 等，热轧加工塑性差，板材越厚，轧制中不均匀变形使边部开裂越严重，表面裂纹也越严重，在 β 相区加热时塑性明显提高，故 TA7 厚板加热温度选择在 β 相区更有利于变形，能充分利用合金塑性而减少回火次数。

4.2.3.2　加热及保温时间的确定

加热及保温时间的确定应充分考虑合金的导热特性、铸锭规格、加热设备的传热方式及装料方式等因素，在确保铸锭达到加热温度且温度均匀的前提下，应尽量缩短加热时间，以减少铸锭表面氧化，降低能耗，防止铸锭过热、过烧，提高生产效率。铸锭厚度越大所需的加热时间越长，铸锭的加热时间可按下面的经验公式计算：

$$t = 20\sqrt{H} \tag{4-3}$$

式中　t——铸锭的加热时间，min；

　　　H——铸锭的厚度，mm。

铝及铝合金、镁合金铸锭在不同条件下的加热制度见表4-5~表4-7。

表 4-5 铝及铝合金铸锭在推进式加热炉内的加热制度

牌　号	铸锭厚度/mm	铸锭加热温度/℃		加热时间/h	最大停留时间/h
		温度范围	最佳温度		
纯　铝	480	470~520	500	7~15	48
3003、3A21	480	480~520	500	7~15	48
5A02、H112、F	480	450~480	460	7~15	48
5A02 其他状态、5A66	480	480~520	500	7~15	48
5182、5082	480	480~520	500	7~15	48
3004、3104	480	490~530	510	7~15	48

表 4-6 铝及铝合金铸锭在辐射式双膛链式加热炉内的加热制度

牌　号 状　态		铸锭厚度/mm	加热制度			铸锭出炉温度	
			炉子温度/℃	加热时间/h	最大停留时间/h	温度范围/℃	最佳温度/℃
纯　铝	H18、HX4 F、H112>8mm	340	600~620	4.0~8.0	48	420~480	450
	深冲、O，F、H112≤8.0mm				48	480~520	500
	H18、HX4 F、H112>8mm	400	600~620	6.0~10.0	48	420~480	450
	深冲、O，F、H112≤8.0mm				48	480~520	500
7A01		340	600~620	4.0~8.0	48	420~480	450
		400		6.0~10.0			
2A06、2A11、2A12、2A16、2A19、2A14		340	600~620	4.0~8.0	12	420~440	430
		400		5.0~9.0	15	420~440	
5052、5A02 O、H18、HX4、5A66 及 5A43 全部状态		340	600~620	4.0~8.0	24	480~500	490
		400		6.0~10.0			
5A02 F、H112 及 5A03 全部状态		340	600~620	4.0~8.0	24	450~470	460
		400		5.0~9.0			
5A04、5A05、5A11、5083		340	600~620	4.0~8.0	24	450~470	460
		400		5.0~9.0			
5A06、5A01		340	600~620	4.0~8.0	15	450~460	460
		400		5.0~9.0			
5A12		340	600~620	4.0~8.0	15	430~450	450
		400		5.0~9.0			
3A21、HX4		340	600~620	5.0~8.0	24	450~500	480
3A21 其他状态及 3003				5.0~10.0		480~520	500
3A21、HX4		400	600~620	8.0~10.0	24	440~500	480
3A21 其他状态及 3003						480~520	500
4A17、4A13		340	540	5.0~10.0	24	400~450	440

续表 4-6

牌　号　状态		铸锭厚度/mm	加热制度			铸锭出炉温度	
			炉子温度/℃	加热时间/h	最大停留时间/h	温度范围/℃	最佳温度/℃
5182、5082		400	600~620	8.0~10.0	24	480~500	490
3004						490~510	500
7A04、7A09、7A10、7A19		340	600	4.0~7.0	10	380~410	390
		400		6.0~9.0	15		
6A02	T3、T4、T6、F、H112	340	600~620	4.0~8.0	24	410~500	450
	O		585 520 400	7 6 3			
	T3、T4、T6、F、H112	400	600~620	8.0~10.0	24	410~500	450
	O		585 520 400	8 7 4			

表 4-7　镁合金铸锭双膛链式空气循环炉加热制度

合金牌号	锭坯尺寸/mm×mm×mm	金属出炉温度/℃	加热时间/h
M2M、ME20M	(140~170)×730×(400~1200)	480~510	6~8
	(32~85)×730×(400~1200)	450~490	3~6
	(12~30)×730×(400~1200)	440~480	2~4
AZ40M、AZ41M	(140~170)×730×(400~1200)	470~510	6~12
	(32~85)×730×(400~1200)	440~490	3~5
	(12~30)×730×(400~1200)	440~480	2~4
ZK61M	(90~130)×540×(400~1000)	380~400	4~6

　　镁及镁合金加热的主要特点是易燃烧，所以锭坯在加热前应除掉毛刺和飞边。当在空气循环电炉内加热时应避开风口区。

4.2.3.3　铸锭加热的质量要求

　　为获得良好的热轧效果，对铸锭的加热质量要求如下：

　　(1) 铸锭的加热温度必须适当。加热温度过高，将发生铸锭过热或过烧；加热温度过低，铸锭的塑性明显降低，将导致轧件在轧制过程中产生各种裂纹或开裂。

　　(2) 铸锭的温度必须均匀。如果铸锭加热不均匀，会造成变形不均匀，使轧件产生较大的内应力，可造成轧件厚度不均，严重时可引起裂纹或开裂。

　　(3) 铸锭的加热时间要严格控制。在保证铸锭加热均匀的前提下，加热时间越短越好。加热时间过长，铸锭表面氧化严重。

4.2.4 轧制工艺

4.2.4.1 热轧制度的确定

热轧工艺制度主要包括热轧温度、热轧速度、热轧压下制度等。根据设备能力和控制水平，合理制定热轧工艺制度有利于提高产品质量、生产效率和设备利用率，保证设备安全运行。

A 热轧温度

热轧温度包括开轧温度和终轧温度。合金的平衡相图、塑性图、变形抗力图、第二类再结晶图是确定热轧开轧温度范围的依据；热轧的终轧温度是根据合金的第二类再结晶图确定。

（1）铝及铝合金在热轧开坯轧制时的终轧温度一般都控制在再结晶温度以上。表4-8列出了铝及铝合金在热粗轧机及热精轧机上轧制时的开轧和终轧温度范围。

表4-8 部分铝及铝合金热轧开轧和终轧温度

牌 号	热粗轧轧制温度/℃		热精轧轧制温度/℃	
	开轧温度	终轧温度	开轧温度	终轧温度
纯 铝	420～500	350～380	350～380	230～280
3003	450～500	350～400	350～380	250～300
50052	450～510	350～420	350～400	250～300
5A03	410～510	350～420	350～400	250～300
5A05	450～480	350～420	350～400	250～300
5A06	430～470	350～420	350～400	250～300
2024	420～440	350～430	350～400	250～300
6061	410～500	350～420	350～400	250～300
7075	380～410	350～400	350～380	250～300

（2）镁及镁合金的热轧温度范围主要取决于合金的性质。热轧温度范围确定的依据是合金相图和塑性图，同时还要考虑轧机的能力和热轧终了温度对性能的影响。常用镁合金热轧温度范围见表4-9。

表4-9 镁合金的热轧温度范围

合金牌号	热轧温度范围/℃	最佳温度范围/℃
M2M	360～510	480～510
ME20M	370～510	480～510
AZ40M、AZ41M	360～510	470～510
ZK61M	340～400	380～390

B 热轧速度

为提高生产效率，保证合理的终轧温度，在设备允许范围内尽量采用高速轧制。在实际生产过程中，应根据不同的轧制阶段，确定不同的轧制速度。（1）开始轧制阶段，铸锭厚而短，绝对压下量较大，咬入困难，为便于咬入，一般采用较低的轧制速度；（2）中间轧制阶段，为控制终轧温度和提高生产效率，只要条件允许，采用高速轧制；（3）最后轧制阶段，因带材变得薄而长，轧制过程温降损失大，带材与轧辊接触时间较长，为获得优良的表面质量和良好的板形，应根据实际情况，选用合适的轧制速度。

在变速可逆式轧机轧制过程中，轧制速度分三个阶段合理控制：（1）开始轧制时为有利于咬入，轧制速度控制较低；（2）咬入后升速至稳定轧制，轧制速度较高；（3）抛出时降低轧制速度，实现低速抛出。这样，有利于减少对轧机的冲击，保护设备安全，减少带材的温降损失，提高生产效率。

C　热轧压下制度

a　总加工率的确定原则

铝及铝合金板、带材的热轧总加工率可达90%以上。总加工率愈大，材料的组织愈均匀，性能愈好。当铸锭厚度和设备条件已确定时，热轧总加工率的确定原则是：（1）合金材料的性质。纯铝及软铝合金，其高温塑性范围较宽，热脆性小，变形抗力低，总加工率大；硬铝合金，热轧温度范围窄，热脆性倾向大，总加工率通常比软铝合金小。（2）满足最终产品表面质量和性能的要求。供给冷轧的坯料，热轧总加工率应留足冷变形量，以利于控制产品性能和获得良好的冷轧表面质量；对热轧产品，热轧总加工率的下限应使铸造组织变为加工组织，以便控制产品性能，铝及铝合金热轧制品的总加工率应大于80%。（3）轧机能力及设备条件。轧机最大开口度和最小轧制厚度差越大，铸锭越厚，热轧总加工率越大，但铸锭厚度受轧机开口度和辊道长度的限制。（4）铸锭尺寸及质量。铸锭厚且质量好，加热均匀，热轧总加工率相应增加。

b　道次加工率的确定原则

制订道次加工率应考虑合金的高温性能、咬入条件、产品质量要求及设备能力。

（1）铝合金不同轧制阶段，道次加工率的确定原则是：

1）开始轧制阶段，道次加工率比较小，一般为2%~10%，因为前几道次主要是使铸造组织变为加工组织，满足咬入条件。对包铝铸锭，为了使包铝板与其基体金属之间牢固焊合，头一道次的加工率应小于5%，采用较低的道次加工率干压3~5道次。

2）中间轧制阶段，随金属加工性能的改善，如果设备条件允许，应尽量加大道次加工率，对硬铝合金道次加工率可达45%以上，软铝合金可达50%，大压下量的轧制将产生大的变形热以补充带材在轧制过程中的热损失，有利于维持正常轧制。

3）最后轧制阶段，一般道次加工率减小。为防止热轧制品产生粗大晶粒，热轧最后两道次温度较低，变形抗力较大，其压下量分配应保持带材良好的板形、厚度偏差及表面质量。

（2）镁合金道次加工率的分配主要根据各种合金的加热温度范围和在此温度范围内的性质（强度、塑性）、轧机最大安全负荷（机械、电器）、轧辊直径大小及产品的最终性能等因素来确定。

1）在不出现裂纹的条件下，轧制温度和轧制速度对镁合金每道次最大允许压下量的影响见图4-3及图4-4，图中虚线表示每道次压缩70%时没有出现裂纹时的情况。M2M合金在482℃，轧制速度为0.05m/s、1.27m/s、4.1m/s时，不出现裂纹的一道次允许最大加工率分别为43%、70%、74%；在370℃，加工率对应为28%、50%、60%。AZ40M合金在482℃，轧制速度为0.05m/s、1.27m/s、4.1m/s时，不出现裂纹的一道次允许最大加工率均为40%左右；370℃时，分别对应为33%、37%、39%。由此可见，轧制温度和轧制速度愈高，每道次允许的加工率也愈大。在制定压下制度时，应该考虑加热温度，并综合考虑轧制温度和轧制速度对塑性及金属变形抗力的影响。如果温度、压下量和轧制速度选择得当，轧制时，镁合金具有很好的工艺性能。

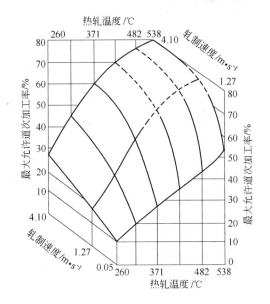

图 4-3　M2M 合金轧制温度和速度
对每道次最大加工率的影响

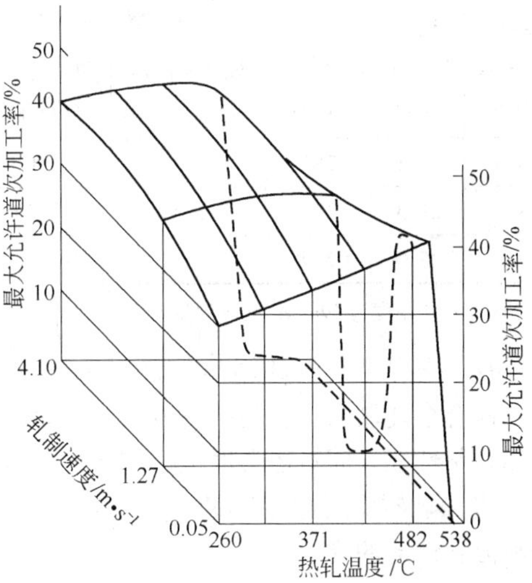

图 4-4　AZ40M 合金轧制温度和速度
对每道次最大加工率的影响

2）镁合金变形时，热效应比较大。头两道轧制时，铸锭温度很高，当道次加工率过大时，变形的热效应很可能会使合金超出热轧温度范围，而恶化轧制性能。因此，镁合金铸锭热轧头两道次的加工率一般控制在 10% 左右，轧制速度不超过 0.5m/s。

3）随着铸锭组织的改善（头两道次过后），在设备负荷允许的条件下，应尽可能地加大道次压下量，充分利用金属的高温塑性，减少道次。同时，还可以防止锭坯表面降温和过大的表面变形，从而提高轧制性能和产品的力学性能。特别是 ME20M 合金粗晶铸锭生产厚板时，尽量加大道次压下量尤为重要，否则，由于加工率不够，变形不能深入，不均匀变形程度增加往往会在板材中心部形成片状粗晶组织，如图 4-5 所示，使性能降低。

图 4-5　ME20M 合金板材的片层状粗晶组织

4）热轧的最后几道次，随着板带的减薄和温度的降低，道次压下量逐渐减小。但为了保证中板坯和薄板坯的终了温度，最后几道次的轧制速度应尽量提高，一般控制在 1~2.5m/s。

5）最后一道次的加工率对镁合金厚板质量有较大影响。对 ME20M 合金厚板性能的影响见表 4-10。

表 4-10　加工率对 ME20M 合金厚板性能的影响

压下量		力 学 性 能							
		纵　向				横　向			
绝对压下量/mm	相对压下量/mm	抗拉强度/MPa	规定非比例延伸强度/MPa	规定非比例压缩强度/MPa	断后伸长率/%	抗拉强度/MPa	规定非比例延伸强度/MPa	规定非比例压缩强度/MPa	断后伸长率/%
5.3	15.5	255	160	90	16.0	255	160	90	16.0
8.1	21.3	255	160	90	17.0	250	160	100	16.0
9.9	25.0	250	155	95	17.5	250	155	105	17.5

注：产品厚度为 29mm；终轧温度为 380℃。

D　镁合金轧制的辊温控制

镁合金轧制时，轧辊的温度维持在 200~250℃ 为最佳。轧辊温度过低，不仅会显著降低合金的轧制性能，而且还会严重影响产品的表面质量；轧辊温度过高，给生产带来很多困难。

(1) 轧辊温度超过 250℃，金属的变形将过渡到不完全热变形，从而导致产品的组织不均匀和力学性能的降低。

(2) 随着轧辊温度的升高，粘辊现象加重，易造成缠辊事故。

(3) 由于粘辊，不仅降低了产品的表面质量，而且也增加了机械清理的麻烦。

(4) 随着轧辊温度的升高，沿辊身长度方向的温差随之增大，从而使轧辊产生较大的凸度，保证不了板材的平直度。

4.2.4.2　热轧机轧制规程的制定和轧制生产

热轧机轧制规程的制定及轧制生产以热粗轧 + 热精轧为例介绍如下。

热粗轧 + 热精轧简称 1 + 1 热轧，是将相距一定距离的 1 台热粗轧机和 1 台热精轧机经输送辊道串联起来构成双机架热轧，形成了热连轧的雏形。它是将单机架热轧道次和时间合理分配到两台轧机上，其产能是单机架热轧的 1.5~1.7 倍，与单机架相比，双机架热轧在轧制工艺上具有以下特点：

(1) 轧制的带材厚度较薄 (2.5mm)，带材的长度增加，铸锭质量增大至 10t 以上。

(2) 在铸锭质量相同的条件下，轧机的辊道长度可能缩短。

(3) 带材在热精轧机上卷取轧制时，带材不与辊道接触可以避免机械损伤。

(4) 卷材在精轧时带张力轧制，可使轧出的带材平整，产品质量得到有效提高。

本节重点介绍 2800mm 热轧机的轧制规程制定和轧制生产。

A　热粗轧-热精轧机的设备配置

热粗轧-热精轧机的设备配置如图 4-6 所示。

B　热粗轧-热精轧轧制规程的制定

a　轧制表的制定原则

轧制表制定的总原则是充分考虑热粗轧机和热精轧机在生产时间上的平衡，以追求最大的生产效率。在轧制表中设定压下值时，对于 1×××系、3×××系等软铝合金以咬入条件为边界条件，追求高效稳定的生产；对 2×××系、5×××系、7×××系等硬铝合金以轧机的最大载荷为边界条件，同样以追求高效稳定生产为目标。

b　热精轧坯料厚度的确定

热粗轧供热精轧坯料厚度的确定应综合考虑以下几个因素：(1) 根据材料特性确定坯料

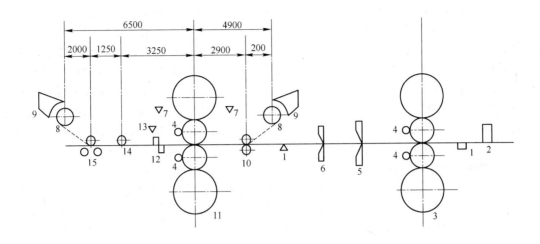

图 4-6　2800mm 热粗轧-热精轧机设备配置图

1—接触热电偶测温计；2—立辊轧机；3—热粗轧机；4—清刷辊；5—中间剪断机（100mm）；
6—20mm 剪刀机；7—高温辐射测温计；8—卷取机；9—助卷器；10—夹送辊；
11—热精轧机；12—试样剪；13—X 射线测厚仪；14—圆盘剪；15—偏导辊

厚度。合金品种、带材宽度、热精轧终轧成品厚度不同，坯料厚度也不一致。合金强度越高、带材宽度越宽、成品厚度越薄，坯料厚度设计越薄；反之，坯料厚度设计越厚。（2）适宜于轧制过程温度的管理。若坯料厚度设计太薄，热粗轧机轧制时间过长，带材温降损失大，不利于后续正常轧制。（3）充分考虑设备的能力，如热精轧机的载荷能力、运输辊道的长度等。（4）以最大限度地提高生产效率为目标，考虑热精轧与热粗轧在时间上的平衡。（5）坯料厚度的设计要适应热精轧与热粗轧板形及表面质量的控制。

c　热精轧机压下量的分配

热精轧机压下量的设计按等压下率原则分配各道次压下量。等压下率按下式计算。

$$T = T_N \times (1 - R)^N \tag{4-4}$$

即

$$R = 1 - (T_0 / T_N)^{1/N} \tag{4-5}$$

式中　T_0——精轧机终轧成品厚度；

　　　T_N——精轧坯料厚度；

　　　N——压延道次；

　　　R——压下率。

已知坯料厚度、终轧成品厚度、压延道次，按式 4-5 即可计算出压下率，利用式 4-4 可计算出各道次压下量分配。

d　立辊轧边工艺

（1）轧边道次和轧边量的控制。立辊轧边的目的是控制带材宽度精度，减少带材的裂边。轧边道次多，轧边量大，带材边裂小。但是铸锭边部铸造产生的偏析（俗称黑皮）在轧边时易压入带材表面，特别是上表面尤其明显。随着轧边道次的增多，轧边量大，偏析压入表面的宽度增加，因此严格控制轧边道次和轧边量是必要的。事实上，对于软铝合金如 1×××系、3003 等，完全可以不进行辊边轧制，这不仅有利于减少黑皮宽度，而且有利于提高生产效率。减少带材黑皮宽度，还有两个措施：采取措施改善铸锭边部质量，如用电磁铸造、边部铣面等方法，减少铸锭边部偏析；将立辊辊身磨削成一定坡度（15°）的锥面。

（2）轧边速度和方式。由于受立辊轧机与热粗轧机轧辊中心线距离的限制，在轧边时必须考虑坯料的长度，以保证设备安全。当轧边时坯料长度小于立辊轧机与热粗轧机中心线距离时，其轧边速度可在立辊轧机额定速度内任意设定，并进行可逆式轧制；当坯料长度大于或等于立辊轧机与热粗轧机中心线距离时，如需要轧边，应在进行该道次的水平轧制前将立辊的开口度设置成大于坯料的宽度，让板坯顺利通过立辊后，再将立辊调到立辊所要求的开口度，将坯料咬入立辊轧机进行轧边，此时，轧边速度应与即将进行水平轧制的热粗轧设定速度相同，实现立轧-水平轧制的同速轧制。

e　中间剪切机切头尾

中间剪切机切头尾的目的是消除坯料头尾在轧制过程中形成的张嘴分层缺陷，以避免该缺陷在后续轧制过程中进一步延伸；消除因铸造缺陷所引起的头尾撕裂、大裂口等缺陷，保证轧制的正常进行。切头尾是在热粗轧奇道次 60~100mm 厚时进行，软合金取上限，硬合金取下限。为保证切头、切尾的顺利进行，须合理分配该道次的压下量，防止板坯端头翘曲，以利于端头顺利通过剪切。由于铸锭底部（圆头部分）偏析大，其硬度大于浇注口，所以对未经切除底部和浇注口部分的铸锭进行轧制时，铸锭浇注口应朝向轧机入口轧制方向，这样，可减少铸锭底部冲击轧辊而在轧辊表面形成舌头状印痕缺陷，同时由于浇注口在轧制时易张嘴，切头量大，可减少切头时推进料头的操作程序，减少切头的辅助生产时间。

确定剪切量的总原则是既要切除头尾不良部分，又要最大限度地减少几何损失，因此，剪切头尾的长度应根据合金材料的特性、最终产品的要求来确定，例如，对于成卷交货的热精轧成品卷，由于在热精轧要进行头尾处理，因此在中间剪切时应尽量少切；5×××系合金由于在轧制过程中易张嘴分层，因此在中间剪切时应尽量多切。通常浇注口部分的剪切长度为：从端头最低点算起切去 200~300mm；底部的剪切长度为：切掉非平行直线（圆头）部分。

f　热精轧张力控制

铝带材在可逆式热精轧上采用张力轧制。张力是指前后卷筒给带材的拉力，分前张力和后张力。张力是靠卷筒与出辊或入辊带材之间的速度差来建立的，当卷筒外缘线速度和带材出辊速度差大于零时，前张力建立，张力达到稳定值后速度差为零；当后卷筒外缘线速度小于带材入辊速度时，后张力建立，张力达到稳定值后速度差为零。

合理设定和调整张力对保证稳定轧制，获得良好的板形和表面质量至关重要。张力的大小应根据合金特性、轧制条件、带材规格和产品质量要求来确定，一般随合金变形抗力及轧制厚度与宽度的增加，张力增大，最大张应力不应超过合金的屈服极限；最小张应力以保证稳定轧制、保证带材被卷紧卷齐为原则，一般不低于被卷带材退火状态下屈服强度的 7%~10%。热精轧轧制铜带材时，轧制温度一般在 300℃ 左右，因而，张力的设定以及张力的稳定控制尤其重要。张力过小，不能消除带材经偏导辊所产生的弯曲变形，而且还可使带材弯曲变形加剧，不利于冷轧机的开卷，不利于改善板形；当板形不良带材经卷取后，会因为卷材层间局部接触处的接触应力大于此时带材的屈服强度而造成表面粘伤，不利于获得理想的卷取形状。张力过大，卷得过紧，由于卷取温度高易造成卷材表面层间粘伤。

轧制过程中张力控制不稳定，会产生活套、带材跑偏、卷材变形等现象，严重时会造成铝材的堆积、缠辊、断带等事故，影响设备安全。

g　清刷辊使用工艺

现代热粗轧机和热精轧机都配有清刷辊装置，使用清刷辊的目的主要是有效控制轧辊表面粘铝层厚度及其均匀性，使辊面粘铝处于一个理想的稳定状态，因而正确使用清刷辊，有利于获得良好的带材表面质量。

（1）清刷辊的配置。清刷辊一般配置于热粗轧机和热精轧机的上、下工作辊的出口侧。清刷辊的旋转方向一般与轧制方向无关，但为控制刷辊发热，防止钢丝折断，通常使用正转方向，即冷却液旋进方向。一般情况下清刷辊的旋转方向是固定不变的，在特殊情况下，可根据实际情况采用反方向旋转。

（2）清刷辊材质的选择。清刷辊的材质不同，清除工作辊辊面粘铝的效果也不同，目前采用的清刷辊有钢丝刷辊和尼龙刷辊两类。钢丝刷辊清刷能力比较强，但钢丝刷辊存在以下缺点：使用寿命短，一般在3000h左右，长期使用过程中，易断钢丝，掉下的钢丝易压入带材表面，产生致命的金属压入缺陷；掉下来的钢丝损伤轧辊表面，在带材表面形成轧辊印痕；使用钢丝刷辊，对轧辊的磨损大，降低轧辊的使用寿命；钢丝刷辊与轧辊摩擦产生大量铁粉，混入乳化液中污染乳化液，特别是对无皂技术乳化液品质的稳定性冲击更大。尼龙刷辊在带材宽度方向上清刷的均匀性较好，更易获得均匀的表面质量，克服了钢丝刷辊的缺点，且老化时间容易掌握。目前，越来越多的轧机都使用尼龙刷辊。

（3）清刷辊在轧制过程中的使用。清刷辊去除辊面粘铝效果的好坏，与清刷辊对轧辊表面的研磨宽度有直接的关系。研磨宽度是指清刷辊由液压缸压靠于轧辊表面与辊面接触弧长的投影长度。理想的研磨宽度是以控制轧辊表面粘铝适应性强、范围能力大、质量稳定为原则，影响研磨宽度的主要因素有：清刷辊的零位调整；压靠清刷辊的液压力；轧辊的原始辊型；轧辊的热膨胀。通常热粗轧机上的研磨宽度比热精轧机上的研磨宽度小。

清刷辊研磨宽度的测定应根据轧机的规格、轧制的合金品种、轧制所用冷却-润滑剂的性能等来确定，其测定方法是将清刷辊压靠在轧辊上，在轧辊不转的情况下，给定清刷辊一个恒定的推力并旋转10s，这时其接触弧长的投影即为研磨宽度的测定宽度。确定清刷辊研磨宽度，对指导正确使用清刷辊，获得良好的表面质量是极为重要的。

清刷辊的零位调整是在轧辊的装配过程中进行的。清刷辊的调零须根据使用经验，考察使用效果，充分考虑轧辊的原始辊型及热膨胀等因素，采用零位调整器来调节清刷辊与轧辊之间的间距，热粗轧机一般控制在3~5mm，热精轧机一般控制在5~8mm范围。

在轧制过程中清刷辊压靠力的设定是至关重要的，因为工作辊辊面粘铝层过厚、过薄都是有害的，严重时极易导致设备安全事故，恶化产品质量，影响生产效率，因而如何稳定控制辊面粘铝层，根据不同的合金品种、产品规格、质量要求等选择合理的清刷辊压靠力是非常关键的。一般而言，热粗轧机使用清刷辊压靠力比热精轧机小，在热粗轧机上生产热轧板时通常可不使用清刷辊，也可以在某些道次使用或出现咬入痕时在轧机空负荷状态下投入清刷辊清除辊面不均匀粘铝。在生产热轧卷材时，热粗轧机和热精轧机各道次均应使用清刷辊，考虑轧辊热膨胀的影响，刚换上的轧辊可适当增大清刷辊压靠力，当正常轧制约10块料时，轧辊热辊型趋于稳定，操作人员应适时将清刷辊压靠力调至规定值。一般而言，清刷辊压靠力随合金强度的增加是递增的，在生产表面质量要求高且宽度大的板材时，须采用大的压靠力，但为保护轧辊表面，清刷辊高压状态下旋转时间不宜过长。

清刷辊在工作时应对清刷辊喷射一定量的乳液，主要目的是冷却和清洗清刷辊钢丝。乳液流量为乳液总流量的3%~5%，喷射压力为0.15~0.3MPa。

h 轧辊的控制

轧辊原始辊型的设计、硬度、粗糙度以及表面磨削质量的控制等对板材表面质量的影响很大，因此必须对轧辊质量进行严格控制。

（1）轧辊的初始凸度。轧辊初始凸度的合理选择是控制板形和板材中凸度的重要手段之一，特别是在生产合金品种多、规格跨度大，仅有乳液分段冷却和液压弯辊等板形控制手段的情况下，轧辊初始凸度的确定显得非常重要。事实证明，原始辊型的优化能明显改善板形，原始辊型的分组主要由轧件的宽度和变形抗力决定。每组原始辊型应具有以下特征：对规定宽度范围内的产品有良好的板形；辊缝对轧制力的变化具有稳定性；辊缝对弯辊力的变化具有高的灵敏度；轧辊具有均匀的磨损性。

因为支撑辊辊凸度的变化对辊缝变化的影响小于工作辊辊凸度变化的影响，同时考虑到产品规格的多样性，所以在一般情况下，热粗轧机和热精轧机支撑辊均选用平辊，而工作辊设计为凹辊，热粗轧机工作辊凹度为 $0 \sim -0.20mm$，热精轧机工作辊凹度为 $-0.10 \sim -0.30mm$。

(2) 轧辊的粗糙度。轧辊辊面粗糙度值的选择和均匀性的控制直接影响产品的表面质量。对于热轧而言，辊面粗糙度的选择既要有利于咬入，防止轧制过程中打滑，又要防止因辊面粗糙而影响产品表面质量。因此，热粗轧机工作辊粗糙度为 $1.25 \sim 1.75\mu m$，热精轧机工作辊粗糙度为 $0.8 \sim 1.2\mu m$，支撑辊粗糙度为 $1.5 \sim 2.0\mu m$。为了避免因辊面粗糙度不均匀造成带材表面色差，工作辊辊面粗糙度分布的均匀性应控制在 $\pm 0.2\mu m$ 内。

(3) 轧辊的硬度。热轧辊多数采用锻钢轧辊。轧辊硬度直接影响到产品的表面质量和轧辊的使用寿命。辊面硬度低，轧制时易产生压坑，导致带材表面出现轧辊印痕，而且降低轧辊的耐磨性与使用寿命；辊面硬度过高，轧辊韧性下降而变脆，热轧过程易龟裂或剥落。因此，选择适宜的轧辊硬度是有益的。对于四辊轧机为保护和提高工作辊的使用寿命，支撑辊的硬度比工作辊低。

热粗轧机轧辊辊面硬度（HS）：支撑辊 50 ± 5，工作辊 70 ± 5。

热精轧机轧辊辊面硬度（HS）：支撑辊 65 ± 2，工作辊 80 ± 2。

(4) 轧辊的保护。热轧过程中轧辊承受高温、高压、急冷急热，辊内出现交变的拉压内应力，使辊面产生裂纹，随着裂纹的进一步扩展致使辊面龟裂甚至剥落；热轧过程中还易出现辊面损伤、粘铝，致使换辊频次增加，研磨量增大，轧辊使用寿命缩短。实际生产中如何保护轧辊，延长轧辊使用寿命，主要应采取下列措施：

1）新换轧辊在开始轧制前须进行预热，防止因轧辊内外温差过大产生热裂纹。预热的方式有两种：蒸汽预热，即换辊前向轧辊中孔通入蒸汽预热 8h 以上，辊面温度达 $40 \sim 80℃$，此方式预热效果最佳；乳液预热，特殊情况下的换辊，未进行蒸汽预热，换辊后低速旋转轧辊，喷射乳液预热 $20 \sim 30min$。

2）定期更换轧辊。建立合理的轧辊周期更换制度，防止轧辊过度疲劳和热裂纹的进一步扩展。

3）轧辊定期热处理，消除或减少内应力。

4）合理选择和使用冷却润滑剂，减少轧辊磨损，调整冷却润滑剂喷射角度，避免因辊温过高引起粘辊或缠辊事故。

5）合理安排轧制顺序，新换轧辊应先生产软合金，再生产硬合金，防止对轧辊的剧烈冲击。

6）更换下的轧辊研磨时，一定要磨掉辊面缺陷和疲劳层，防止缺陷的进一步扩大。

(5) 镁合金轧制时的辊型控制。由于镁及镁合金轧制时，大多不采用冷却与润滑，因此，轧制过程轧辊的辊型变化很大。

镁及镁合金轧制时，由于轧辊的预热，轧制时锭坯与轧辊的热交换及产生的变形热，使轧辊温度逐渐升高；轧辊中部与金属接触，且较轧辊两端散热慢，所以，轧辊中部的温度比两端要高得多，这样便沿辊身长度上产生了较大的凸度。轧制时因轧制力的作用而产生的挠度，往往抵消不了因热膨胀而产生的凸度。为了补偿轧辊在轧制过程的热膨胀，实践中，通常将轧辊磨成带有一定的凹度或圆柱形。

镁及镁合金轧制时，影响辊型变化的因素很复杂。它不仅与轧辊的材质、尺寸、状态有关，而且还与轧辊的预热温度、锭坯的温度、锭坯的尺寸和受热条件有关。工厂通常按具体的设备和工艺条件，根据经验来确定轧辊的辊型。表 4-11 列出了轧辊直径为 750mm 的锻钢轧辊（9Cr2MoV）的辊型。

表 4-11 轧辊直径为 750mm 的锻钢轧辊的辊型

工序名称		热 轧	粗 轧	中 轧	精 轧
生产条件及辊型	断续生产	凹度为 0.25～0.30mm	圆柱形	圆柱形	圆柱形
	连续生产	—	凹度为 0.05～0.10mm	凹度为 0.05～0.10mm	圆柱形

镁及镁合金轧制时，根据被轧制的板形调整轧辊辊型的办法有：

1）采用分段预热轧辊。煤气管路沿辊身长度可分成数段，根据需要来调整煤气火焰的大小。轧制过程中，如中间出现波浪，可将轧辊两端的煤气火焰加大；边部出现波浪，可将中间部位的煤气火焰加大。

2）调整轧制速度和压下量。如中间出现波浪时，在设备负荷允许的条件下，可稍加大压下量；当出现边部波浪时，可适当减小压下量或提高轧制速度。

3）安排生产时，应先轧宽板，后轧窄板；在热轧时应先轧薄板，后轧厚板。

4）薄板轧制时，轧辊因温度的升高而产生较大的凸度时，可采用风冷轧辊或施以适量的润滑剂。

i 冷却润滑液的喷射

热粗轧和热精轧采用分段区域控制和辊身长度方向上对称喷嘴单独控制的方式来控制冷却润滑液的喷射，它是有效控制板型、保护轧辊、提高产品质量的重要手段之一。

（1）喷嘴的配置。热粗轧机和热精轧机乳液喷嘴的配置如图 4-7 所示。

（2）冷却润滑液的喷射方式。热粗轧机和热精轧机乳液的喷射方式有三种：进口侧辊缝、出口侧支撑辊和出口侧工作辊喷射；出口侧辊缝、进口侧支撑辊和进口侧工作辊喷射；双侧全喷射。

（3）冷却润滑液的喷射原则。热粗轧机和热精轧机乳液喷射方式的选择应根据所生产的合金特性、板材宽度、轧辊辊型的变化情况等因素综合考虑。一般情况下，热粗轧机选择咬入侧单侧喷射方式，支撑辊辊身全长喷射，工作辊喷射宽度为轧件宽度；热精轧机除成品道次选择单侧喷射外，其他各道次采用两侧喷射，成品道次为消除乳液对测厚仪精度的影响，采用入口侧单侧喷射模式，支撑辊辊身全长喷射，工作辊喷射宽度为轧件宽度。在轧制过程中还应合理调节乳液流量。

j 终轧温度的控制

对于镁合金生产，为了消除片层状晶粒，改善板材的内部组织，提高产品的常温性能，采取加大道次压下量，控制终轧温度是一项比较可靠的措施。

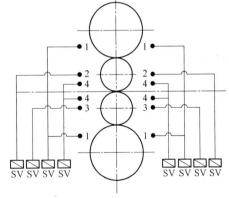

图 4-7 热粗轧机和热精轧机乳液喷嘴配置
1—支撑辊喷嘴；2—上工作辊入口侧、出口侧喷嘴；3—下工作辊入口侧、出口侧喷嘴；4—入口侧、出口侧上下辊缝喷嘴

对 ME20M 合金铸锭而言，在一定的道次加工率、轧制速度和终轧温度条件下，晶粒度对产品常温性能的影响，主要反映在伸长率上。粗晶与细晶铸锭比较，粗晶的伸长率较低，而屈服强度和压缩强度较高，对抗拉强度无明显影响，如表 4-12 所示。

表 4-12 热轧次数、晶粒组织、轧制方向对 ME20M 合金厚板性能的影响

热轧次数	铸锭晶粒组织	轧制方向	终轧温度/℃	力学性能							
				横 向				纵 向			
				抗拉强度/MPa	规定非比例延伸强度/MPa	规定非比例压缩强度/MPa	断后伸长率/%	抗拉强度/MPa	规定非比例延伸强度/MPa	规定非比例压缩强度/MPa	断后伸长率/%
一次	细晶	横向	380	255	155	85.0	17.0	250	160	85	18.0
一次	粗晶	横向	380	250	155	92.5	9.0	245	150	92.5	8.0
一次	粗晶	顺向	380	250	155	100	9.0	260	180	100	12.0
一次	粗晶	顺向	420	245	137.8	77.5	14.0	247.5	137.5	80	16.5
二次	粗晶	横向	380	250	165	95.0	9.0	255	170	98	9.0
二次	粗晶	顺向	380	250	155	95.0	10.25	242.5	160	95	12.0

如表 4-12 所示，为了提高产品的伸长率，粗晶铸锭采用二次热轧或一次顺向轧制和控制较高的终轧温度是行之有效的。

AZ40M、AZ41M、AZ31B 合金也有晶粒大小之分，但不像 ME20M 合金那么明显。因 AZ40M、AZ41M、AZ31B 合金铸锭晶粒的大小除显著降低轧制性能外，对产品的常温力学性能没有明显影响。

镁及镁合金中板和厚板的组织和性能主要取决于热轧的终了温度。随着终轧温度的提高，除伸长率升高外，抗拉强度、屈服强度和压缩屈服强度普遍下降，如图 4-8 所示。板材的再结晶温度也随着终轧温度的提高而升高。ME20M 合金厚板终轧温度为 360℃，板材的内部组织基本处于恢复状态，存在明显的加工织构。终轧温度为 450℃，板材内部

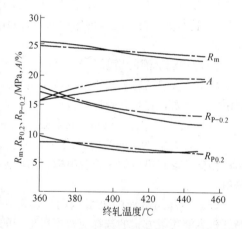

图 4-8 终轧温度对 ME20M 合金厚板性能的影响

组织为完全再结晶状态。因此，为稳定中板和厚板的力学性能，必须严格控制终轧温度。表 4-13 规定了常用镁合金板材热轧时的终轧温度，通常根据材料要求的组织状态和开轧温度不同，终轧温度可在表中范围内调整。

表 4-13 镁合金板材热轧时的终轧温度

合 金 牌 号	成品厚度/mm	终轧温度/℃
M2M、ME20M	22 以上	380 ~ 410
	12 ~ 21	380 ~ 440
	6.0 ~ 11	370 ~ 400

续表 4-13

合 金 牌 号	成品厚度/mm	终轧温度/℃
AZ40M、AZ41M、AZ31B	22 以上	360～370
	12～21	380～440
	6.0～11	370～400
ZK61M	22 以上	350～380

实际生产厚板时，热轧终轧前的一道次温度，一般都在 420～450℃。为了使压缩屈服强度稳定在 80～90MPa，必须使板材的温度降至规定的终轧温度时，才能进行最后一道次的轧制。

k　热轧轧制规程举例

（1）1100 合金热轧轧制规程如表 4-14 所示。

铸锭规格：480mm×1260mm×5000mm

热粗轧开轧温度：465℃±15℃

热粗轧终轧目标厚度：23.0mm

热粗轧终轧温度：370℃±10℃

热精轧终轧目标厚度：5.0mm

热精轧终轧目标温度：250℃±15℃

表 4-14　1100 合金热轧轧制压下规程

轧 制 道 次		厚度/mm	压下量/mm	道次加工率/%	备　注
热粗轧	1	465	15		
	2	450	15		
	3	425	25		
	4	400	25		
	5	365	35		
	6	330	35		
	7	295	35		
	8	260	35		辊边两道次
	9	225	35		
	10	190	35		
	11	155	35		
	12	120	35		
	13	100	20		中间切头尾
	14	75	25	25.0	
	15	55	20	26.7	
	16	35	20	36.4	
	17	23	12	34.3	
热精轧	1	13.8	9.2	40.0	
	2	8.3	5.5	39.8	
	3	5.0	3.3	39.8	切　边

（2）3104 铝合金热轧轧制规程如表 4-15 所示。

铸锭规格：465mm × 1320mm × 5000mm

热粗轧开轧温度：500℃ ±15℃

热粗轧终轧目标厚度：16.0mm

热粗轧终轧温度：390℃ ±10℃

热精轧终轧目标厚度：2.5mm

热精轧终轧目标温度：270℃ ±15℃

表 4-15　3104 铝合金热轧轧制压下规程

轧　制　道　次		厚度/mm	压下量/mm	道次加工率/%	备　注
热粗轧	1	450	15		
	2	435	15		
	3	410	25		
	4	385	25		
	5	355	30		
	6	325	30		辊边两道次
	7	290	35		
	8	255	35		辊边两道次
	9	220	35		
	10	285	35		
	11	150	35		
	12	115	35		
	13	90	25		中间切头尾
	14	70	20	24.4	
	15	48	22	31.4	
	16	26	20	41.6	
	17	16	10	38.5	
热精轧	1	8.62	7.38	46.2	
	2	4.64	3.98	46.2	
	3	2.5	2.14	46.1	切　边

（3）5083、5182 合金热轧轧制规程如表 4-16 所示。

铸锭规格：465mm × 1320mm × 5000mm

热粗轧开轧温度：470℃ ±10℃

热粗轧终轧目标厚度：15.0mm

热粗轧终轧温度：370℃ ±15℃

热精轧终轧目标厚度：3.0mm

热精轧终轧目标温度：265℃ ±15℃

表 4-16 5083、5182 合金热轧轧制规程

轧制道次		厚度/mm	压下量/mm	道次加工率/%	备 注
热粗轧	1	450	15		
	2	435	15		
	3	415	20		
	4	395	20		辊边两道次
	5	370	25		
	6	345	25		
	7	317	28		
	8	289	28		辊边两道次
	9	261	28		
	10	231	30		
	11	200	31		
	12	170	30		
	13	140	30		
	14	110	30		
	15	80	30		中间切头尾
	16	55	25	37.5	
	17	35	20	36.3	
	18	23	12	34.3	
	19	15	8	34.8	
热精轧	1	8.77	6.23	41.5	
	2	5.13	3.64	41.5	
	3	3.0	2.13	41.5	切 边

（4）2024 热轧轧制规程如表 4-17 所示。

铸锭规格：400mm×1320mm×4000mm

铣面包铝后铸锭厚度：430mm×1320mm×4000mm

热粗轧开轧温度：400℃±15℃

热粗轧终轧目标厚度：15.0mm

热粗轧终轧温度：≥370℃

热精轧终轧目标厚度：4.0mm

热精轧终轧目标温度：≥250℃

焊合包铝板轧制：两道次，每道次压下量 10mm

表 4-17 2024 合金热轧轧制规程

轧 制 道 次		厚度/mm	压下量/mm	道次加工率/%	备 注
热粗轧	1	395	15		
	2	379	16		
	3	359	20		
	4	339	20		辊边两道次
	5	311	28		
	6	288	28		
	7	251	32		
	8	219	32		辊边两道次
	9	187	32		
	10	155	32		
	11	125	30		
	12	100	25		
	13	80	20		中间切头尾
	14	55	25	31.3	
	15	35	20	36.4	
	16	23	12	34.3	
	17	15	8	34.7	
热精轧	1	9.65	5.35	35.6	
	2	6.22	3.43	35.5	
	3	4.0	2.22	35.7	切 边

（5）镁合金热轧轧制规程。常用的镁合金塑性差，不像铝合金那样能以很高的道次变形率（50%~60%）进行加工，但近来发展起来的锂含量达9%以上的变形镁合金，既有良好的冷-热加工性能，又具有超塑性，适合加工厚板和薄板。

在高温下，镁合金具有较高的塑性，若热轧温度不低于370℃，M2M、ME20M、AZ31B、AZ40M、AZ41M等镁合金的热轧总加工率可达95%以上。镁合金冷轧比较困难，一般道次加工率只有10%~15%，加工率再高会产生严重裂边，甚至无法轧制。生产镁合金板材时，一般要进行3次或更多次的反复加热和轧制。厚板可在热轧机上直接生产。镁合金热轧轧制规程见表4-18~表4-20。

铸锭牌号：ME20M

铸锭规格：200mm×780mm×900mm

铣面后铸锭厚度：165mm×770mm×900mm

热轧开轧温度：480℃±20℃

热轧终轧目标厚度：30.0mm

热轧终轧目标温度：≥350℃

表 4-18 ME20M 镁板热轧轧制规程

道 次	入口厚度/mm	出口厚度/mm	压下量/mm	道次加工率/%	备 注
1	165	152	13	7.9	横 轧
2	152	132	20	13.2	横 轧
3	132	113	19	14.4	横 轧
4	113	94	19	16.8	横 轧
5	94	77	17	18.1	横 轧
6	77	62	15	19.5	横 轧
7	62	49	13	21	横 轧
8	49	38	12	24.5	横 轧
9	38	30	8	21.1	横 轧

铸锭牌号：AZ40M、AZ41M

铸锭规格：200mm × 780mm × 900mm

铣面后铸锭厚度：165mm × 730mm × 1050mm

热轧开轧温度：460℃ ±20℃

热轧终轧目标厚度：10.0mm

热轧终轧目标温度：≥350℃

表 4-19 AZ40M、AZ41M 镁板热轧轧制规程

道 次	入口厚度/mm	出口厚度/mm	压下量/mm	道次加工率/%	备 注
1	165	148	17	10.3	横 轧
2	148	131	17	11.5	横 轧
3	131	113	18	13.6	横 轧
4	113	95	18	16.0	横 轧
5	95	78	17	17.9	横 轧
6	78	63	15	19.2	横 轧
7	63	50	13	20.6	横 轧
8	50	39	11	22.0	横 轧
9	39	31	8	20.5	横 轧
10	31	25	6	19.4	横 轧
11	25	19	6	22.0	横 轧
12	19	15	4	21.0	横 轧
13	15	12	3	20.0	横 轧
14	12	10	2	16.6	横 轧

铸锭牌号：ZK61M

铣面后铸锭厚度：120mm × 540mm × 650mm

热轧开轧温度：380℃ ±20℃

热轧终轧目标厚度：25.0mm

热轧终轧目标温度：≥300℃

表 4-20 ZK61M 镁板热轧轧制规程

道 次		入口厚度/mm	出口厚度/mm	压下量/mm	道次加工率/%	备 注
一次热轧	1	120	114	6	5.0	横 轧
	2	114	107	7	6.2	横 轧
	3	107	98	9	8.5	横 轧
	4	98	89	9	9.0	横 轧
	5	89	81	8	9.0	横 轧
二次热轧	1	81	72	9	11.1	横 轧
	2	72	62	10	13.8	横 轧
	3	62	53	9	14.5	横 轧
	4	53	45	8	16.7	横 轧
	5	45	37	8	17.8	横 轧
	6	37	30	7	18.9	横 轧
	7	30	25	5	16.6	横 轧

4.2.5 热轧的冷却和润滑

4.2.5.1 热轧冷却润滑的目的

热轧冷却润滑的目的如下：

（1）使用有效的润滑剂，可大大降低轧辊与变形金属间的摩擦力，以及由于摩擦阻力而引起的金属附加变形抗力，从而减少轧制过程中的能量消耗。

（2）采用有效的防粘降摩擦润滑剂，有利于提高轧制产品的表面质量。

（3）减小轧辊磨损，延长轧辊使用寿命。

（4）利用润滑剂的冷却性能，并通过控制润滑剂的温度、流量、喷射压力，能有效控制轧辊温度和辊型。

4.2.5.2 铝及铝合金热轧乳液的基本功能

铝及铝合金热轧乳液的基本功能如下：

（1）减小轧制时铝及铝合金板材与轧辊间的摩擦。

（2）避免轧辊和铝合金板带的直接接触，防止轧辊与铝材黏结。

（3）控制轧辊的温度和辊型。

（4）溶解或乳化落到热轧导路上的机器润滑油。

简单而言，乳化液的基本功能就是在热轧过程中的冷却与润滑作用，其中水起冷却作用，油起润滑作用。

4.2.5.3 铝及铝合金热轧乳化液的基本组成

热轧用乳化液是由矿物油（或合成油）与一种或多种乳化剂及众多的添加剂如极压剂、润湿剂、抗氧剂、消泡剂和杀菌剂等混合而成。目前，国内各铝加工厂自己调配的热轧乳化液只能生产普通的对表面质量要求不高的板、带材，不能生产如 PS 板、双零铝箔毛料、制罐料等高表面质量、高性能要求的产品。生产该类产品所用热轧乳化液全部依赖进口，斯图尔特、好富顿、德润宝、奎克均是生产铝及铝合金热轧用乳化液的专业厂家。

热轧用几种乳液的成分和性能如表4-21所示。

表4-21 热轧用的几种乳液的成分和性能

编号	乳化液类型	乳剂成分/%		主要使用性能
1	水包油	矿物油（$V_{20℃}=30\times10^{-6}\mathrm{m^2/s}$）	85	润滑性能较差，冷却性能、洗涤性能较好，生物稳定性较好，能乳化外来杂质
		油酸	10	
		三乙醇胺	5	
2	水包油	矿物油（$V_{20℃}=25\times10^{-6}\mathrm{m^2/s}$）	80	具有较好的润滑性能、冷却性能、稳定性能和洗涤性能，不乳化外来油脂
		不饱和醚（酯）	10	
		聚氧乙苯产品	10	
		聚氧烯烃化合物	2~20	
		碱金属或碱土金属脂肪、油酸钠	0.05~1	
		水		
3	水包油	甲醚（酯）混合物	3	有较好的冷却润滑性能
		山梨（糖）醇单油酸酯	0.8	
		聚氧乙基山梨（糖）醇单油酸酯		
		硬脂酸铝	0.3	
		矿物油（$V_{20℃}=5\times10^{-6}\mathrm{m^2/s}$）	35.1	
		水	60	
4	水包油	矿物油（脱芳香的柴油馏分）	1.5	冷却性能、润滑性能、稳定性能和洗涤性能均较好，起泡少，不腐蚀金属
		烷基酯类	4.5	
		木聚糖-0	1.28	
		合成酰胺-5	0.31	
		硬脂酸铝	0.11	
5	水包油	司班(span)-60	4.0~4.5	性能稳定，使用周期长，洗涤性好
		洗涤剂	15~17	
		机油	余量	

4.2.5.4 铝及铝合金热轧乳化液的日常管理

A 化学管理

（1）浓度：检测乳化液中的含油量，每隔4~6h应检测一次，做到及时准确地添加新油和水。

（2）黏度：主要检测疏水物黏度，每周至少测试一次，观察变化趋势，及时采取调整措施。

（3）颗粒度的大小及其分布：采用颗粒度分析仪，分析油粒平均尺寸及其分布，有条件的企业应每天检查一次。

（4）红外光谱分析：采用红外光谱仪（FT-IR）分析计算油箱中主要成分的百分比（脂、酸、皂、乳化剂），并观察变化趋势，适时添加。

（5）灰分：检测乳化液中金属皂及金属微粒，结合每天一次的电导率检测，每周检测一次。

（6）pH 值：采用酸度计准确检测乳化液的 pH 值，每天至少一次。

（7）生物活性：利用细菌培养基片检测乳液中细菌含量，正常状况，每周检测一次；异常状况应加大检测频次。一般细菌含量小于 10^6 属于正常，不用采取措施；当细菌含量等于或大于 10^6 时，应积极采取措施加以控制，如加杀菌剂或提高乳化液温度。

B 物理管理

（1）乳化液温度：乳化液温度一般应控制在（60 ± 5）℃，在该温度下有很好的物理杀菌效果。另外，降低乳化液温度，会增加乳化液稳定性；提高乳化液温度，会增强乳化液的润滑性。乳化液使用温度实现可调，将有利于不同产品对冷却及润滑的不同要求。

（2）过滤：为去除乳化液中的金属及非金属残渣物，减少金属皂及机械油对乳化液使用品质的影响，乳化液必须经过过滤器过滤。目前过滤效果比较好的霍夫曼过滤器，可实现 24h 不间断自动过滤，所使用的无纺滤布过滤精度一般要求 2~6μm。

（3）撇油：用撇油装置可将乳化液中漏入的杂油以及自身的析油撇掉，采用的方式有转筒、绳刷、带状布、刮油机等，一般要求这些装置长期不间断地运转，以保持乳化液的清洁度。

（4）设备的清刷及乳化液置换：定期对轧机本体以及乳化液沉淀池等进行清刷，同时用新油对乳化液进行部分置换，以保持乳化液稳定的清洁度，维持乳化液组分平衡。

4.2.5.5 镁及镁合金的热轧润滑

由于镁及镁合金的变形特征，在轧制过程中如遇急冷，会急剧降低合金的轧制性能，板材愈薄愈敏感，因此，镁及镁合金轧制时通常不采用冷却润滑。为了减少轧制时轧辊的黏附，往往用金属自身的氧化膜做润滑，即采用高温长时间加热金属，使锭坯表面形成具有一定均匀厚度的氧化膜层。但这仍然不能解决粘辊和清辊问题。

工艺润滑是解决粘辊的有效办法。为不降低合金的轧制性能，润滑剂的温度超过 100℃ 为佳，然而，一般的油质润滑剂高温稳定性都很差，起不到润滑作用。因此，研制合适的镁合金轧制润滑剂是当前的任务。对润滑剂的要求如下：

（1）降低外摩擦效果显著，不影响轧制时金属的咬入，既防止粘辊又不降低合金的轧制性能。

（2）润滑膜能牢固附着在被轧制金属的表面。

（3）能均匀地涂抹或均匀地分布在变形金属的表面上。

（4）应具有高温稳定性。

（5）不污染和腐蚀金属表面，轧制后很容易从金属表面除掉，退火时不在金属表面沉积。

（6）资源丰富，经济耐用，使用方便。

表 4-22 推荐了镁及镁合金轧制时的几种润滑剂，供参考选用。

表 4-22 镁及镁合金轧制时的润滑剂

润滑剂种类	使用方法	优 缺 点
火油或火油加机油	涂抹或喷雾	（1）对防止粘辊有一定作用，效果不显著； （2）用量过大使粘在轧辊表面上的氧化皮堆积造成氧化皮压入； （3）适用于薄板生产

续表 4-22

润滑剂种类	使用方法	优 缺 点
25% 聚乙二醇加 5% 烷基磷酸盐水溶液或 50% 聚乙二醇水溶液	涂抹、喷雾或液流喷射	（1）润滑效果好，可防止粘辊，适用于厚板生产；对下道工序质量没有影响； （2）薄板轧制时用量不宜过大，否则将降低辊温；资源较缺，价格昂贵
30% ~ 50% 聚乙二醇水溶液（溶液温度 100℃）	喷雾或喷射	（1）厚板应用喷射的方法，但量不宜过大，否则易使辊温降低； （2）薄板适用喷雾的方法，量不宜过大； （3）润滑效果较好，不影响酸洗和上色

4.2.6　热轧产品的质量控制

热轧产品的质量控制主要从产品的表面质量、尺寸公差、力学性能方面入手。质量控制不当容易出现质量问题。热轧常见的质量问题主要有以下几类。

4.2.6.1　热轧产品的主要表面质量缺陷及产生原因

（1）表面气泡。板材表面不规则的条状或圆形凸包，边缘圆滑，上下不对称。对材料力学性能和抗腐蚀性能有影响。

主要产生原因及防止措施是：铸锭含气量高，组织疏松，应加强熔体净化处理；铸块表面不平处有脏物，装炉前未清洗；铸块与包铝板有蚀洗残留物；铸块加热温度过高或时间过长引起表面氧化；焊合轧制时，乳液流到包铝板下面；应注意环境控制，精炼净化处理和铸锭铣面厚度。

（2）贯穿气孔。贯穿板材厚度的气泡，上下对称，呈圆形或条形凸包，破坏组织致密和降低力学性能，属绝对废品。

主要产生原因及防止措施：铸锭内的集中气泡，轧制后残留在板片上；应加强铝液搅拌、精炼、除气、净化处理；改善熔铸工艺。

（3）铸块开裂。热轧时铸块头部或边部开裂，彻底清除后才能使用。

主要产生原因及防止措施：铸块本身有纵向或横向裂纹，未清除掉；热轧时压下量过大；铸块加热温度过低或过高；高镁铝合金中钠含量超标，产生钠脆。

（4）裂边。板材边部破裂，呈锯齿状，破坏了板材的整体结构，如图 4-9 所示。

主要产生原因及防止措施：压下率控制不当；热轧辊边量太小；铸锭浇口未切尽；切边时两边切的不均匀，一边切的太小，可能裂边；退火质量不好，金属塑性不良；包铝板放的不正，不均，使一边包铝不全。

（5）非金属夹杂物。金属内部的非金属夹杂物出现在板材表面及由非金属夹杂物引起的表面裂纹。

图 4-9　裂边

主要产生原因及防止措施：铝液中混入耐火材料、氧化镁、氧化铝熔剂等；晶粒细化剂 TiB_2 等粗大金属间化合物粒子的未溶解物的聚集；应防止铝液过滤后有夹杂物混入到铸块中；要求彻底进行除气处理；选定晶粒细化剂的组成及加入量。

（6）组织条纹。由铸块组织不均匀或粗大晶粒引起的与轧向平行的筋状（带状）条纹，经阳极氧化处理后或酸洗后变得明显。酸洗深度增加可能发生宽度变化或消失。

主要产生原因及防止措施：力求凝固、冷却等铸造条件的合理化和适当的晶粒细化，以防止铸块晶粒组织不均匀；进行合理的铸块铣面。

（7）起皮。板带表面的一部分沿轧向平行以细长状脱离，形成金属的起皮状态或金属皮脱落出来的部分。

主要产生原因及防止措施：压延过程中金属或杂物飞入或铸块中存在杂物；通过熔体过滤加强铸块净化；力求彻底进行除气处理。

（8）层间气泡。复合材两层材料之间接合不良引起的气泡。复合材热轧时，会形成直径为数毫米到数十毫米的圆形或椭圆形的气泡，铸块中的气体引起的气泡经常是零星地连续出现。铝板变薄时，气泡会变重皮。

主要产生原因及防止措施：防止热轧时接合不良引起的中间部分材料与外层材料间的油污，防止表面氧化以消除残余未压着部分；铝阳极氧化膜封孔处理（以封孔为目的热轧）时，不要喷射压延油；中间部分与表层材料在加热时，使用抗氧化剂。

（9）分层。在铝板、铝卷的前端部、后端部或横边部的断面与压延平行方向出现的破裂。前后端部出现时称为夹层、裂层，Al-Mg 铝合金出现的较多。横边部出现时称为分层。在横向轧制时常见。

主要产生原因及防止措施：铸块形状要合适；铸块浇口的切除要多些（防止夹层）；在高镁铝合金中，减少铸块中的钠含量（防止夹层）；压延材料的边部切除的要多些（防止分层）；进行适当的齐边压延（防止分层）。

（10）非金属压入。板材表面的脏物压入金属表面，呈条状或点状，颜色黑黄。它破坏了板材表面氧化膜的连续性，降低了板材的抗蚀性能。

主要产生原因及防止措施：热轧机的轧辊、辊道、剪切机等不清洁，加工过程中脏物在板带上，经过压延而形成；乳液更换不及时，铝粉冲洗不净及乳液槽洗刷不干净。

（11）金属压入。压入板材表面的金属屑或碎片，呈压入物脱落层的不规则凹陷，对材料的抗蚀性有影响，如图 4-10 所示。

主要产生原因及防止措施：加工过程中金属屑落到带板或板片上，压延后造成压入；热轧时辊边道次少，裂边的金属掉在带板上；圆盘剪切边质量不好，带板边缘有毛刺；压缩空气没有吹净带板表面的金属屑；轧辊粘铝后，将粘铝块压在带板上；导尺夹得过紧，刮下来的碎屑掉在带板上。

（12）划伤。因尖锐物与板面接触，有相对滑动时造成的呈单条状分布的伤痕，造成氧化膜连续性破坏，包铝层破坏，降低材料的抗蚀性和力学性能。

主要产生原因及防止措施：热轧机辊道、

图 4-10　金属压入

导板粘铝，使热压带板划伤；冷轧机导板、支撑平辊等有突出尖角或粘铝；预剪及精整机列加工中的划伤；成品包装过程中，金属碎屑被带到涂油辊上或涂油辊毡绒磨损铁片露出以及板片抬放不当，都可能造成划伤。

（13）包铝层错动。沿板材边部有较整齐的暗带经热处理后呈暗黄色条状痕迹，严重影响抗蚀性能。

主要产生原因及防止措施：包铝板放得不正；热压时铸块送得不正；焊合压延时压下量太小，没有焊合上；侧边包铝的铸块辊边量太大，预剪等圆盘剪切边不均使一边切得太少。

（14）腐蚀。铝材表面与外界介质产生化学或电化学作用，引起表面组织破坏。腐蚀呈片状或点状，白色，严重时有粉末产生，使表面失去光泽，如不清除，会降低材料的抗蚀性和综合性能。

主要产生原因及防止措施：在生产过程中板材表面残留有酸、碱或水迹，板材接触的火油、乳液、包装油等辅助材料含有水分或是碱；包装不好；运输保管不当等。

（15）扩散。热处理时铜原子扩散到包铝层形成的黄褐色斑点，对材料的抗腐蚀性有影响。

主要产生原因及防止措施：热处理次数过多；没有正确执行热处理制度，不合理地延长加热时间或提高保温温度；包铝层太薄。

（16）白斑点。淬火时硝盐蒸气在板片上冷凝，洗涤不尽，呈白色点状留在板片上，会降低材料的抗蚀性。

主要产生原因及防止措施：淬火后洗涤不净，板片表面留有硝盐痕引起腐蚀；压光前没有擦干净板材表面，使板材表面产生腐蚀白点。

（17）振痕。与轧向成直角，有细微间距出现的直线状的光泽斑纹。由轧辊引起的称压延振痕，由矫直辊引起的称矫直振痕；纵剪时在铝板、铝卷的横边部附近出现的微小皱纹称剪切振痕，有手感，硬合金常见。

主要产生原因及防止措施：合理安排道次程序，以防压下量过大；适当控制轧制速度；防止轧制油润滑不当；减少轧机的振动。

（18）松树枝状条纹。产品在轧制过程中变形不均，产生滑移，使板材表面产生有规律的松树枝状花纹，严重时板材表面凸凹不平，圆滑，颜色黑暗。它主要影响产品的表面美观，严重时也影响产品的综合性能。

主要产生原因及防止措施：压下量过大，乳液供给不均；乳液量过少，造成金属与轧辊的摩擦力增大或金属变形不均。

4.2.6.2　热轧产品的主要尺寸精度及形状缺陷及产生原因

（1）厚度超差。产品厚度超过标准或合同要求的偏差值。

主要产生原因及防止措施：压下量调整不合理；压下指示器公差掌握不好；测厚仪调整不当；辊型控制不正确。

（2）宽度超差。产品宽度超过标准或合同要求的偏差值。

主要产生原因及防止措施：圆盘剪间距调整不当；热压圆盘剪调节时没有考虑冷收量与预先剪切时的剪切余量。

（3）长度超差。产品长度超过标准或合同要求的偏差值。

主要产生原因及防止措施：定尺设置不当。

（4）镰刀弯。轧制时变形不均出现一边长一边短的现象。板材在水平面上向一边弯曲，影响使用。

主要产生原因及防止措施：轧辊辊型不正确；轧制时板带不对中；乳液喷嘴堵塞，轧辊冷却不均；来料板片两边厚度不同；轧制或压光时两边变形不均匀。

（5）波浪。产品不平直，呈凹凸状态。

主要产生原因及防止措施：轧辊研磨的辊型不正确；辊型控制不适当；铸锭加热不均匀。

4.2.6.3　热轧产品的主要组织与性能缺陷及产生原因

（1）力学性能不合格。产品常温力学性能超标。

主要产生原因及防止措施：未正确执行热处理制度；热处理设备不正常；热处理制度或试验方法不正确；试样规格和表面不符合要求等。

（2）过烧。铸块或板材在加热或热处理时，温度过高达到了熔点，使晶界局部加粗，晶内低熔点共晶物形成液相球，晶界交叉处呈现三角形等。破坏了晶粒间结合度，降低了材料的综合性能，属绝对废品。

主要产生原因及防止措施：炉子各区温度不均；热处理设备或仪表失灵；加热或热处理制度不合理或执行不严。

复习思考题

1. 什么是热轧，热轧的主要特点是什么？
2. 铸锭几何尺寸的选择原则是什么？
3. 对铸锭质量的要求有哪些？
4. 铸锭均匀化的目的是什么？
5. 铝合金热轧温度的选择应考虑哪些因素？
6. 热轧压下制度从哪些方面确定？
7. 热轧时冷却润滑的作用是什么？
8. 说出五种热轧缺陷的产生原因及防止措施。

5 冷 轧

5.1 冷轧的特点

5.1.1 概念

冷轧是指在再结晶温度以下的轧制生产方式。由于冷轧温度低，在轧制过程中不会出现动态再结晶，产品温度只可能上升到回复温度，因此加工硬化率大。

5.1.2 特点

冷轧的优点是：板、带材尺寸精度高，且表面质量好；板、带材的组织与性能更均匀；配合热处理可获得不同状态的产品；能轧制热轧不可能轧出的薄板带。

冷轧的缺点是：变形能耗大，道次加工率小。

5.2 冷轧制度的确定

冷轧压下制度主要包括总加工率的确定和道次加工率的分配。一般把两次相邻退火之间的总加工率称为冷轧总加工率。

5.2.1 冷轧总加工率的确定

根据冷轧的目的不同，中间冷轧总加工率的确定也不同，主要考虑金属的塑性、设备条件、最小可轧厚度、产品技术要求等的限制，充分发挥合金塑性，尽可能采用大的总加工率，降低成本；保证产品品质，防止总加工率过大产生裂边和断带，恶化表面质量；充分发挥设备能力，保证设备安全运转。

对于成品冷轧总加工率的确定，主要取决于技术标准对产品性能的要求，因此，应根据产品不同状态或性能要求，确定成品总加工率。

（1）硬制品和特硬制品。其最终性能主要取决于成品冷轧时的总加工率。随着冷变形程度的增加，金属的塑性下降，强度升高。对于硬铝合金，硬状态产品成品冷轧总加工率为75%以上。

（2）半硬制品。对半硬制品的性能通常采用两种方法获得，一种是产品经过冷轧后，利用控制退火温度的方法获得；另一种是冷轧后的板、带材经完全退火后，利用控制冷轧总加工率的方法获得。从工艺要求来看，控制退火后的冷轧总加工率比较容易和方便；在获得同一抗拉强度的情况下，采用控制退火温度方法所获得的产品的伸长率高于控制冷轧总加工率的方法；从力学性能统计来看，控制退火温度方法所获得的产品的性能数据分散度较大。

（3）软制品。软制品的性能主要取决于成品退火工艺，但退火前的冷轧总加工率对成品退火工艺和最终性能也有影响。成品冷轧总加工率越大，则成品再结晶退火温度可相应降低，时间缩短，伸长率较高。因此，一般要求冷轧成品总加工率在50%以上。深冲制品要根据第一类再结晶图，即加工率、退火温度和晶粒度的关系图来确定成品冷轧总加工率，以使成品在一定温度下，退火后具有均匀细小的晶粒组织和良好的力学性能。

轻有色金属开坯和中间冷轧的总加工率，一般可选取如下范围：

铝及铝合金：纯铝 50% ~98%；软铝合金 60% ~95%；硬铝合金 60% ~80%

镁及镁合金：60% ~65%

钛及钛合金：TA1、TA2、TA3 合金 30% ~50%；TC1 合金 25% ~30%；TC3 合金 15% ~ 25%；TA7 合金 11% ~20%

5.2.2　冷轧道次加工率的分配

总加工率确定后，应合理分配道次加工率。其基本原则是：在产品品质和设备安全均能保证的前提下，尽量减少轧制道次，增大道次加工率，提高轧机的生产效率。具体分配道次加工率的一般原则是：

（1）冷轧第一、二道次加工率较大，以充分利用金属塑性，以后随轧件加工硬化的增大，加工率逐渐减小。

开始道次轧件较厚，采用的压下量应保证轧件顺利咬入辊缝，不出现打滑。冷轧厚板如出现咬入困难，在开始轧制时不润滑，使摩擦系数增大，以便于咬入；冷轧厚带时，根据轧机的条件，也可增大辊缝，待咬入后再调整压下。

（2）从提高产品质量出发，生产中应该做到：轧件变形均匀，尺寸偏差符合规定，表面质量满足要求，性能符合标准。在冷轧最后道次，由于轧件变形抗力增大及塑性降低，从保证厚度偏差及平直度考虑，一般采用较小的加工率。

（3）道次加工率必须与总加工率协调，并结合具体的产品及设备条件。如采用的总加工率较大，道次过多，最后各道次的加工率均较小，会降低轧机的生产效率。

（4）连轧机冷轧时，必须保证各机架金属的秒流量相等，各机架的压下分配必须与轧制速度、张力、辊型等协调，既不出现拉窄、拉断，也不能出现过大的活套。

大多数工厂在制定压下制度时，根据各种合金冷轧时的塑性好坏及变形抗力的大小，确定各种合金的冷轧难易程度。各种合金的冷轧难易程度与金属的塑性、变形抗力有关，还与退火情况、坯料特点（热轧坯料、铸轧坯料）等具体情况有关。

在轧制过程中，一般随轧件厚度减薄或宽度增加应相应减小加工率；成卷冷轧可比单张冷轧采用较大的加工率；轧件在冷轧前已有加工硬化或退火不充分的情况下，加工率应适当降低。

在分配道次加工率时，要考虑轧机性能、工艺润滑冷却条件、张力及原始辊型和轧机操作人员水平。

道次加工率分配举例如表 5-1 所示。

表 5-1　1850mm 四重冷轧机生产部分产品的压下量分配

| 合金 | 成品厚度 /mm | 压延道次 | 厚　度 | | 压下量 | | 累计压下量 | | 备注 |
			入口厚度 /mm	出口厚度 /mm	绝对压下量 /mm	道次加工率 /%	绝对压下量 /mm	加工率 /%	
1100	0.45	1	4.5	2.3	2.2	48.9	2.2	48.9	
		2	2.3	1.3	1.0	43.5	3.2	71	
		3	1.3	0.7	0.6	46	3.8	84.4	
		4	0.7	0.45	0.25	35.7	4.05	90	

合金	成品厚度/mm	压延道次	厚度			压下量		累计压下量		备注
			入口厚度/mm	出口厚度/mm	绝对压下量/mm	道次加工率/%	绝对压下量/mm	加工率/%		
3003	0.5	1	4.5	2.4	2.1	46.7	2.1	46.7	
		2	2.4	1.3	1.1	45.8	3.2	71.1	
		3	1.3	0.8	0.5	38.5	3.7	82.2	
		4	0.8	0.5	0.3	37.5	4.0	88.9	
5042	0.5	1	4.0	3.0	1.0	25	1.0	25	
		2	3.0	2.0	1.0	33.3	2.0	50	
		3	2.0	1.2	0.8	40	2.8	70	
		4	1.2	0.8	0.4	33.3	3.2	80	
		5	0.8	0.5	0.3	37.5	3.5	87.5	轧后退火
铸轧毛料1100	0.3	1	6.0	3.0	3.0	50	3.0	50	
		2	3.0	1.6	1.4	46.7	4.4	73.3	
		3	1.6	0.8	0.8	50	5.2	86.7	
		4	0.8	0.45	0.35	43.8	5.55	92.5	
		5	0.45	0.3	0.15	33.3	5.7	95	

5.2.3 张力的作用及确定

5.2.3.1 张力的作用

在带材及箔材成卷轧制时，卷筒与轧辊的线速度差使带材张紧的外力称为张力；作用方向与轧制方向相同的张力称为前张力；作用方向与轧制方向相反的张力称为后张力。单位张力是作用在带材断面上的平均张应力。所谓张力轧制，就是轧件的轧制变形是在一定的前张力和后张力作用下实现的。

张力的作用为：

(1) 降低单位压力。张力的作用使变形区的应力状态发生了变化，减小了纵向的压应力，从而使轧制时单位压力降低。

(2) 调节张力可控制带材厚度。从弹跳方程可知，通过改变张力大小可以改变弹性压扁、弹性弯曲和轧辊的弹跳值，使轧出厚度发生变化。在其他条件不变化的情况下，增大张力能使带材轧得更薄。

(3) 防止带材跑偏、保证轧制稳定。轧制中带材跑偏的原因是带材在宽度方向上出现了不均匀延伸。当轧件出现不均匀延伸时，沿宽向张力分布将发生相应的变化，延伸大的部分张力减小，而延伸小的部分则张力增大，结果张力起到自动纠偏作用。张力纠偏同步性好、无控制滞后。张力纠偏的缺点是张力分布的改变不能超过一定限度，否则会造成裂边、压折甚至断带。

(4) 使所轧带材保持平直和良好的板形。由于轧件的不均匀延伸将会改变沿带材宽度方向上的张力分布，而这种改变后的张力反过来又会促进延伸的均匀化，故张力轧制有利于保证良好的板形。

5.2.3.2　张力大小的确定

只有采用合适的张力才能很好地控制产品的质量和稳定的轧制过程。张力大小的确定要视不同的金属和轧制条件而定，但最大张应力值不能大于或等于金属的屈服强度，否则会造成带材在变形区外发生塑性变形，甚至断带，破坏轧制过程或使产品质量变坏。最小张力值必须保证带材卷紧卷齐。实际生产中张力的范围按下式选择，即：

$$q = (0.2 \sim 0.4) R_{p0.2} \tag{5-1}$$

式中　　q——张力，MPa；

　　　　$R_{p0.2}$——金属在塑性变形为 0.2% 时的屈服强度，MPa。

一般来说，后张力大于前张力，带材不易拉断，保证带材不跑偏，即较平稳地进入辊缝。降低轧制压力，后张力比前张力更显著，但过大的后张力会增加主电动机负荷，如来料卷较松会造成擦伤等。相反，后张力小于前张力时，会降低主电动机负荷，在工作辊相对支撑辊偏移很小的四辊可逆式带材轧机上，后张力小于前张力有利于轧制时工作辊的稳定性，能使变形均匀，对控制板形效果显著，但是，过大的前张力会使带材卷得太紧，退火时易产生黏结，轧制时易断带。

实践证明，较大的后张力可降低单位压力 35%，而前张力仅能达到 20%。因此，通常用后张力大于前张力的方法进行轧制，可以减少断带的可能性。

5.2.4　冷轧速度

冷轧速度是指轧辊的线速度，它是冷轧的一个重要参数。轧制速度的大小决定轧机的生产效率，也是衡量轧制技术水平高低的重要指标之一。高速轧制是世界铝板带轧制的发展趋势，目前世界上最高轧制速度已达到 2987m/min，国内引进的轧机速度也大大提高。

在实际生产中，轧制速度主要受到轧机能力、自动化控制水平的限制。从生产效率和产品品质考虑，希望速度越快越好。然而，伴之而来的是安全方面的问题，为了减少断带及断带所造成的辊面损伤、失火等事故，对大多数轧机来说，实际速度与设计速度均有一定的差距，目前国内先进的冷轧机速度一般为 500～1200m/min。另外，冷轧开坯道次轧制速度应略有降低。

5.2.5　冷轧的冷却与润滑

5.2.5.1　工艺冷却

在冷轧过程中产生的剧烈变形热和摩擦热使轧件和轧辊温度升高，特别是当压下量大、单位压力高和轧制速度快时，更为突出。如不把温度降低，不但影响变形过程，而且还影响带材组织和表面质量，同时，轧辊辊面温度升高会发生淬火层硬度降低，甚至使组织分解，使辊面产生残余应力。另外，轧制温度升高沿辊身的不均匀分布，又会使辊型失控。因此，冷轧时单靠自然冷却是不行的，必须对轧件和轧辊进行人工冷却，才能维持正常生产，提高产品质量。

铝及铝合金冷轧时的冷却多采用油，也有用乳化液的。

增加冷却润滑剂在冷却前后的温度差是充分提高冷却能力的重要途径。现多采用高压空气将冷却润滑剂雾化，或采用特别的高压喷嘴喷射，可以大大提高其吸热效果并节省冷却润滑剂的用量。冷却润滑剂在雾化过程中本身温度下降，所产生的微小液滴在碰到温度较高的辊身或板面时往往即时蒸发，借助蒸发潜热大量吸走辊身及板面热量，使整个冷却效果大为改善。但是在采用雾化冷却时，一定要注意解决机组的通风问题，以免恶化操作环境。

5.2.5.2 工艺润滑

A 铝材润滑轧制的摩擦学系统分析

在铝及铝合金板带的轧制过程中，实施有效的工艺润滑，不仅是改善产品表面质量的需要，而且是实现稳定、高效和高速轧制生产的需要。

冷轧采用工艺润滑的主要作用是减少轧件与轧辊间的摩擦系数，通过改变变形区内的应力状态来减小金属的变形抗力，这不但有助于保证在已有的设备条件下实现更大的压下，而且还可使轧机能够经济可行地生产厚度更薄的产品。

轧制是靠摩擦力将坯料咬入一对旋转的轧辊而使轧件厚度变薄的塑性变形过程。轧件与轧辊之间的摩擦不仅对轧制压力、能耗和轧件变形的均匀性有显著影响，而且对产品表面质量的好坏至关重要。铝材轧制时，为了控制或减小轧辊之间的摩擦与黏着，必须进行工艺润滑。工艺润滑的好坏不仅对轧件表面质量有重要的影响，而且制约着轧辊与轧件的磨损。

如在无润滑剂的轧制过程中，轧件与轧辊直接接触，铝轧件与钢轧辊产生极强的黏着性，摩擦增大并产生严重的黏着磨损。若施加工艺润滑剂，在轧件与轧辊之间形成连续的润滑油膜隔开两者而实现工艺润滑，可以有效防止轧辊粘铝，降低摩擦与磨损，进而改善产品质量，尤其是表面质量。

B 轧件在润滑状态下冷轧的摩擦

轧件在润滑状态下冷轧时存在的摩擦形式有流体摩擦、边界摩擦、混合摩擦等。铝材冷轧的润滑模型如图5-1所示。

（1）流体摩擦。当采用工艺润滑时，在适当条件下，轧辊与轧件表面间可由一定厚度（一般在 1.5 ~ 2μm 以上）的润滑油膜隔开，依靠润滑油的压力来平衡外载荷；在润滑油膜中的分子大部分不受金属表面力场的作用，而可以自由地移动，这种状态称为流体润滑。在流体润滑时呈现的摩擦现象称为流体摩擦，一般也称

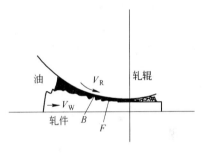

图 5-1 冷轧铝板时的润滑模型

为液体摩擦。此时，由于两摩擦表面不直接接触，所产生的摩擦是在液体分子之间发生的，所以它是液体的内摩擦。在此种情况下，摩擦系数很小，通常为 0.001 ~ 0.008。

流体润滑可分为流体动压润滑和流体静压润滑两大类。流体动压润滑系由摩擦表面间形成收敛油楔和相对运动，而由黏性流体产生油膜压力以平衡外载。流体静压润滑系由外部供油系统供给一定压力的润滑油，借助油的静压力平衡外载荷。

形成流体动压润滑的基本条件在于油楔必须收敛，即沿运动方向油膜厚度应逐渐减小。此时，如运动体之间具有一定的相对运动速度和润滑油具有一定的黏度，就会产生压力油膜，从而具有平衡外载荷的能力。

轧制时动压润滑油膜的形成：在变形区入口，轧辊和轧件表面形成楔形缝隙，润滑剂充填其间，其结果是建立具有一定承载能力的油楔。由流体动力学基本原理知道，当固体表面运动时，由于液体分子与固体表面之间的附着力作用，与其连接的液体层将被带动以相同速度运动，即固体和液体接触层之间不产生滑动，因此旋转的轧辊表面和轧制带材表面应使润滑剂增压进入楔形的前区（接近变形区的入口）缝隙。越接近楔顶（越接近变形区的入口平面），润滑楔内产生的压力也越大，此压力平衡外载荷。假如在润滑楔顶的压力达到塑性变形压力（金

属屈服极限），则一定厚度的润滑层将进入变形区。此外，在咬入时带材和轧辊表面的粗糙度也有利于润滑剂进入变形区。

摩擦力在很大程度上决定于润滑油膜的厚度。随着润滑层厚度的增大，摩擦系数减小。

（2）边界摩擦。边界摩擦又称边界润滑，它是相对运动两表面被极薄的润滑剂吸附层隔开，而此吸附层不服从流体动力学定律，并且两表面之间的摩擦不是取决于润滑剂的黏度，而是主要取决于两表面的性质和润滑剂的化学特性。在边界润滑状态下，摩擦面间存在着一种厚度在 $0.1\mu m$ 以下的吸附膜，能够起到降低摩擦和减小磨损的作用。

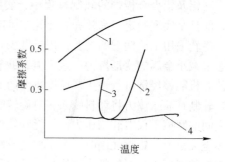

各种边界润滑膜都只能在一定的温度范围内使用，超过此温度范围，边界润滑膜将发生失向、散乱、解吸附或熔化，使其润滑作用失效，这一温度通常称为边界润滑膜的临界温度。图 5-2 表示温度对不同边界润滑膜摩擦系数的影响，它反映了在不同温度下各类添加剂的效果。

图 5-2　不同温度不同添加剂的效果
1—矿物油；2—脂肪酸添加剂；3—极压添加剂；
4—脂肪酸添加剂 + 极压添加剂

（3）混合摩擦。由于轧辊和金属表面具有一定的显微起伏，因此，接触表面润滑层的厚度很不均匀，既有大量润滑剂富集区，也有表面相互接近的区域。如果润滑剂中有能形成牢固边界润滑膜的活性物质，则在表面最近各点仍能保持极薄的隔离润滑层。在此种情况下，整个接触区将由交替的边界摩擦区和液体摩擦区组成。如果压力很大，当表面滑动时边界层可能局部破裂，结果发生金属表面直接接触。在此种情况下，混合摩擦包括流体摩擦、边界摩擦和干摩擦三部分。在混合摩擦条件下，润滑剂的化学成分对极薄层的结构和强度具有重要意义。

润滑油膜的厚度决定摩擦的形态。变形区内存在着流体摩擦的润滑层厚度临界值，在此时润滑油中表面活性添加剂的作用实际趋于零。冷轧时当润滑油膜的厚度近似等于摩擦表面粗糙度的高度值时就能进入到流体摩擦。

5.2.5.3　对工艺润滑剂的要求

（1）对工具与变形金属表面有较强的黏附能力和耐压性能，在高压下，润滑膜仍能吸附于接触表面上，保持润滑效果。要有适当的黏度，既能保证润滑层有一定的厚度，有较小的流动剪切应力，又能获得较光滑的制品表面。

（2）对工具及变形金属要有一定的化学稳定性，燃烧后的残物少，以免腐蚀工具和产品的表面，并保证产品不出现各种斑痕，污染表面。

（3）有适当的闪点，避免在塑性加工中过快地挥发或烧掉，丧失润滑效果，同时也是为了保证安全生产。

（4）要有良好的冷却性能，以利于对工具起冷却、调节与控制（如辊型）作用。

（5）润滑剂本身及其产物（如气体），不应对人体有害（无毒性、没有难闻气味），污染环境程度最小和废水净化处理简单。

（6）应保证使用与清理方便，如对于轧制过程，润滑剂应便于连续喷涂到轧辊或金属表面上。

（7）成本低廉，资源丰富。

以上是对润滑剂的一些基本要求，不存在能完全满足上述要求，并适合于各种塑性加工过程或条件的润滑剂。对于不同类型和不同用途的塑性加工过程，应采用不同的润滑剂，它们的化学成分与物理状态可能很不相同。

5.2.5.4　冷却润滑剂的种类

铝材冷轧用润滑剂包括两大类，即润滑油和乳化液。润滑油主要包括矿物润滑油、动植物润滑油和合成润滑油三大类，但在实际应用中后两种已很少采用，主要采用矿物润滑油。

冷轧乳化液一般为水包油型，只在个别老式冷轧机上使用，在现代装配的轧机上已不使用乳化液润滑。

矿物润滑油由基础油和添加剂组成，基础油是经过炼制的天然矿物油。

作为铝材冷轧润滑剂很少用纯的矿物油，一般是由纯的矿物油（基础油）加 1% ~ 10% 添加剂构成。

基础油主要由饱和烃、环烷烃、芳香烃及少量的烯烃组成。按照基础油的组成，基础油可分为石蜡系、环烷系和芳香系三种。从轧件退火后的表面质量看，石蜡系基础油的退火性能最好，环烷系次之，芳香系最差，也就是说基础油中的饱和烃越高，其退火性能越好。硫含量和芳烃含量是引起轧件退火后表面产生污染的主要原因，其含量应低。一般地，基础油的黏度和闪点较低，在生产中应根据情况加入一定量的添加剂进行调节。另外，选择基础油时，还要考虑油膜强度、摩擦系数、表面张力、碘值等。

添加剂根据其作用可分为：抗氧化剂、腐蚀抑制剂、金属钝化剂、导电改进剂、摩擦改进剂、抗磨/极压添加剂等。常用的添加剂有油性添加剂、极压添加剂、防腐剂、抗氧化添加剂、增蚀剂、降凝剂、抗泡剂等。

油性添加剂是主要使用的添加剂。油性剂是指能够与金属表面发生物理吸附的脂肪酸、醇、脂等。冷轧润滑油采用的添加剂主要是长链的脂肪酸、酯、醇，它们随分子链长度的增加润滑性能变好。一般地，碳原子在 12 ~ 18 个的应用效果最佳。但碳链越长，其挥发性能越差，退火后易残留于金属表面。选用添加剂时，应从减摩系数、降低轧制力、退火油斑、氧化变色等各方面综合考虑。

加入添加剂后，对轧制油的黏度、油膜强度、闪点都有提高。添加剂的具体加入量与轧制速度、道次加工率等因素有关，一般为 1% ~ 10%。薄板轧制时，添加剂的加入量约 5%。

镁材生产中一般不使用润滑剂。

5.2.5.5　润滑剂的评价

润滑剂的评价主要包括两方面：一是润滑剂的品质评价；二是工艺润滑效果评价。润滑剂的品质主要是指反映润滑剂性能的理化指标及其组成与结构，它对轧制工艺润滑效果具有决定性作用。工艺润滑效果主要是评价在工艺润滑投入后轧制时的力能参数、变形参数以及产品表面质量的实际情况。

在铝材冷轧润滑条件下，对加工条件-变形区油膜-润滑效果三维关系的研究，可以帮助确定取得最佳润滑效果时的最佳加工条件（包括润滑剂选择）。

润滑剂性质主要包括理化性能、组成与结构，如黏度、闪点、馏程、油膜强度、凝固点、表面张力、酸值、密度、硫含量、芳烃含量及机械杂质等。

润滑效果反映了润滑轧制条件下的力能参数（摩擦系数、轧制压力）、变形参数（最小可轧厚度）和表面质量（表面粗糙度、表面光亮度、表面显微形貌）等特征。

5.2.5.6　润滑剂的控制

轧制油（润滑剂）经过使用后其性能和组成要发生一些变化，如要继续重复使用，就必须对其进行监测和处理。

轧制油在使用中被污染是不可避免的，主要包括磨损掉下的金属颗粒、进入的过滤助剂、泄漏的杂油、金属皂、氧化产物等。轧制油使用后添加剂浓度也会发生变化。

经常要监测的指标和项目有外观、灰分、抗氧化剂含量、醇含量、酯含量、闪点、胶质、中和值、黏度、馏程、电导率等。

常规的处理方法为过滤、添加与更换。过滤方法常有桶式过滤和板式过滤两种，其中板式过滤在铝材冷轧机上使用最多最广泛。板式过滤系统组成如图 5-3 所示。

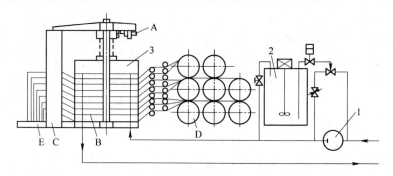

图 5-3　板式过滤系统组成

A—压紧机构；B—滤板箱；C—走纸机构；D—滤纸卷；E—集污箱
1—过滤泵组；2—混合搅拌箱；3—板式过滤器

过滤过程分为三个阶段：硅藻土助滤剂预涂阶段、正常过滤阶段和吹扫更换滤纸阶段。上述三个阶段为一个过滤周期。

滤纸为无纺布，其上的助滤剂是硅藻土及活性白土的混合物。细小的硅藻土颗粒有极微小的孔隙，活性白土为一种极性物质，本身无孔隙，粒度为 $5 \sim 15 \mu m$，能够吸附微小的其他极性物质。因此，硅藻土具有机械过滤作用，把 $1 \mu m$ 以上的固体粒子过滤掉，而轧制油中小于 $1 \mu m$ 的极性粒子（如铝粉）被活性白土吸附，并由硅藻土滤掉。

预涂阶段：将硅藻土和活性白土按一定比例加入搅拌桶，然后与污油箱中抽出的污油混合搅拌。搅拌后的混合液通过喷射阀加入到滤板箱的 I 腔（图 5-4）内，并在滤纸上形成滤层，当滤层达到一定厚度后，预涂阶段结束。

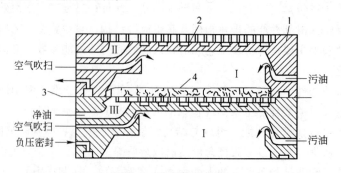

图 5-4　滤板箱示意图

1—滤板箱体；2—过滤网；3—滤纸；4—硅藻土助滤剂

正常过滤阶段：此阶段从板式过滤器出来的油进入净油箱。为了保证该阶段过滤出的轧制油始终符合过滤精度要求，在一定时间间隔内要在滤层涂上一定剂量的助滤剂，防止其过滤能力降低。随着过滤时间的增加，过滤层不断加厚，污物不断堵塞滤层孔隙，此时，要求入口污油压力不断增高，当污油压力达到设定的极限值时，或到了过滤周期设定的时间后，正常过滤阶段结束。

吹扫更换滤纸阶段：此阶段从板式过滤器出来的油进入污油箱。干燥的压缩空气进入滤箱的Ⅰ腔内，将滤层吹干。压紧机构反向移动，打开滤板箱，走纸机构将滤纸和滤层一起拉出，铺上新的滤纸，合上滤板箱，吹扫更换滤纸阶段结束。进行下一个过滤周期。

根据板式过滤的原理可知，影响板式过滤效果的主要因素有硅藻土、活性白土、过滤纸的质量及硅藻土和活性白土两者之间加入的比例、预涂工艺、喷射阀的状态等。

5.2.5.7 润滑剂对产品表面质量的影响

在铝材轧制摩擦学系统中，润滑剂在轧件与轧辊之间起中介作用，轧辊表面和其他加工条件对轧件表面的影响都是通过变形区内的润滑油膜来实现的。润滑剂必须有利于变形区内形成一层连续、牢固、质薄的油膜，才能获得表面质量优良的轧件。润滑剂黏度、添加剂种类及含量、润滑剂用量、润滑方式均应根据这一目标来选择。

为了避免轧制时形成较厚的油膜，通常选择低黏度的基础油，用量适当，这样可避免轧后形成严重的退火油斑。

在基础油中加入油性添加剂（酸、醇、酯）可以改善轧件表面光亮度，且在某一个添加剂含量范围获得最佳效果。

5.3 冷轧的辊型及控制

冷轧工作辊表面应无缺陷、粗糙度符合要求、表面坚硬、中心韧软并且使用寿命长。工作辊一般为合金钢经锻造制成。辊身肖氏硬度要求在95~100以上，辊颈肖氏硬度为45~50以上。

支撑辊的硬度应低于工作辊，避免磨伤工作辊表面。支撑辊辊身肖氏硬度一般为60~65，其辊颈为42。支撑辊一般半年更换并重磨一次。由于轧制时产生很大的接触应力和频繁的交变应力，使用一段时间后支撑辊发生疲劳，其表面出现剥落。当发生剥落时，不管面积大小，深度多少，都必须换辊。磨削掉剥落部分之后方可重新使用。

5.3.1 辊型的选择和磨辊

冷轧的辊型由于受压力和变形热的影响发生变化。轧辊因受轧制力而弯曲的辊型称为压力辊型；轧辊因受热不均匀而产生不均匀膨胀，即中部比边部膨胀大的辊型称为温度辊型。为了补偿因压力和温度所引起的辊型变化，轧辊预先要磨成一定的弧度，一般称为轧辊的辊型。对冷轧机来说，压力辊型是主要的，因此通常冷轧机的轧辊辊型所选择的弧度为凸度。凸度的大小与轧制压下量、轧件的屈服强度和宽度、轧辊的受热条件、轧机和轧辊的材质以及轧制时的张力、润滑剂性能等许多因素有关。

轧辊应在专用轧辊磨床上进行磨削，磨削的目的是清除轧辊表面的凹陷、撞伤、划伤、粘铝等缺陷，以获得所需要的辊型和表面粗糙度。磨削后的轧辊辊型，凸度最大处应在辊身长度中心点上，并逐渐圆滑地向两侧对称过渡。

5.3.2 辊型的配置及控制

5.3.2.1 辊型的配置方法

辊型的配置方法是指某轧机所需的冷轧辊型或轧辊凸度如何向各个轧辊分配的问题，是平均分配在上、下工作辊上还是仅分配在上辊或下辊上。辊型的配置应考虑轧辊研磨、辊型调整是否简易等条件，在保证产品质量的前提下，根据具体情况来确定。

5.3.2.2 辊型的控制

带式轧制法在轧制过程中，轧制压力和金属的变形热等一些轧制因素的波动，引起辊型发生较大变化，使带材产生厚度不均或出现波浪，带材在宽度方向上的压力分布不均。波浪的出现对轧制不利，波浪过大时产品可能成为最终废品。为获得良好板形的板带材，需及时对辊型进行控制。

A 辊型的一般控制方法

在轧制速度较低时，当板带材出现波浪，应根据出现波浪的位置和波浪大小，通过适当调整冷却剂、张力、压下量和轧制速度等因素而消除。

B 利用液压弯辊装置控制辊型

轧制过程中出现波浪，无论在中部还是边部，都不利于轧制。目前，大多采用在支撑辊和工作辊轴承箱上，装设液压装置，用液压缸迫使支撑辊或工作辊发生弯曲的办法来控制所需要的辊型。这种调整方法称为液压弯辊法。轧制过程尤其是高速轧制过程中一旦出现波浪，采用这种方法能迅速有效地消除波浪，明显地改善产品的板形。其控制方法是：当带材出现边部波浪时，采用正弯，使轧辊凸度增加；当带材出现中间波浪时，采用负弯，使轧辊凸度减小。

C 辊型的自动控制

现代化的冷轧机装有板形仪，它通过微型电子计算机把液压弯辊、轧制力、冷却润滑剂以及张力等连接起来形成闭环，实现板形自动控制。

5.4 板带的测厚及自动控制

5.4.1 板带的测厚

为了控制冷轧厚度，首先要进行厚度的测定。测厚可分为直接测厚法和间接测厚法。

5.4.1.1 直接测厚法

此方法是用测厚仪直接测量轧出板、带材的厚度，方便直观，但其缺点是测量点距离金属变形区较远，调节的延迟时间较长，易造成板带厚度超差。直接测厚可用以下两类测厚仪：

（1）接触测厚仪，如测微器测厚精度可达 1/100mm，这类测厚仪多用于轧制速度较低的轧机上，高速轧机上很少采用。

（2）非接触测厚仪，如 β 射线、X 射线测厚仪等，这类测厚仪测厚精度高。

5.4.1.2 间接测厚法

此方法可立即测出轧制变形区的轧件厚度。当轧制过程中带材厚度超出允许的偏差时，能很快纠正，使带材厚度偏差保证在几微米的范围内。间接测厚法包括压力测定法和工作辊缝测定法。

（1）压力测定法是根据轧制过程中，金属对轧辊产生的反作用力来进行调节的，压下量愈大，反作用力也愈大，利用压力变化来调节压下系统，控制板、带材厚度。这种方法的不足是，有时来料厚度不均或轧辊偏心，也使轧制力发生变化，按变化发出信号难以判断出影响厚度变化的原因和应采用的调节办法。

（2）工作辊缝测定法是直接测定两个工作辊之间的辊缝变化，这种方法一般靠轧辊轴承箱位移的测定来实现的。此方法的不足是，不能调节由于轧制压力引起的工作辊弹性压扁产生的辊缝变化。因此，还需配备压力计，即将压力测定法的压力信号和辊缝测定法的辊缝变化信号结合起来，可使辊缝测定的灵敏度提高。

5.4.2 板带厚度的自动控制

5.4.2.1 影响板带厚度控制的因素

轧制过程各种因素对板、带材纵向厚度精度的影响，总的来说有两种情况：一是对轧件塑性曲线形状与位置的影响；二是对轧机弹性特性曲线的影响，结果使两线交点位置发生变化，产生了纵向厚度板差。影响带材纵向厚度的因素主要有：坯料尺寸与性能、轧制速度、张力、润滑及轧机刚度等。

5.4.2.2 板带厚度自动控制系统

板、带材厚度自动控制系统是通过测厚仪、辊缝仪、测压头等传感器，对带材实际轧出厚度连续而精确地检测，并根据实测值与给定值的偏差，借助于控制回路或计算机的功能程序，快速改变压下位置，调整辊缝或调整张力和速度，把厚度控制在允许范围内。该系统简称 AGC（automatic gage control）。下面简单介绍一些新式的厚度自动控制系统。

A IGC 厚度检测

IGC 厚度检测控制系统的突出特点是采用工作辊辊缝传感器直接测量工作辊辊颈间的开口度，实现真正的恒辊缝控制，从而满足带材的纵向厚度精度要求，其厚度精度可达带材厚度的 $\pm 1\%$。IGC 厚控系统辊缝测量传感器采用灵敏的棒式测量回路，其外形图及工作原理如图 5-5 所示。

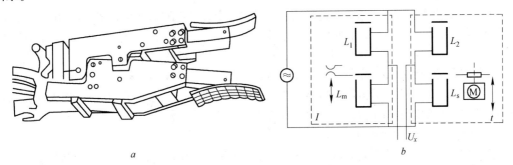

a b

图 5-5 辊缝测量传感器

a—辊缝测量传感器外形；b—辊缝设定装置

测量桥路中包含 4 个机械尺寸和电器特性完全相同的绕组，由一个 2700Hz 的高频激磁电源供给绕组交变电压，L_1 和 L_2 的阻抗值完全相同，L_m 和 L_s 阻抗则随衔铁位置的变化而改变，即与铁芯和绕组间的空气隙 S 有关，其电感值 L 可用下式表示：

$$L = L_0 \frac{1}{1 + 2KS} \tag{5-2}$$

式中　S——空气隙；

　　　L——零时的绕组电感；

　　　K——与铁芯有关的系数。

因而辊缝传感器的机械设计使空气隙 S 的变化取决于辊缝，辊缝的变化导致绕组电感的变化，测量桥路的平衡被破坏，产生与辊缝变化量有关的电压输出 u_x，其式为：

$$u_x = u_0 \left(\frac{x_m}{x_1 + x_m} - \frac{x_s}{x_2 + x_s} \right) \tag{5-3}$$

式中　u_0——激励源电压；

　　　x_m——测量绕组的阻抗值；

　　　x_s——设定绕组的阻抗值；

　x_1，x_2——桥臂固定绕组的阻抗值。

在预设定辊缝一定的情况下，$x_s/(x_2 + x_s)$ 值一定，而 u_x 的变化即表明辊缝变化量及方向，因而作为系统的控制信号输入。辊缝预设定值基于桥的平衡，采用设定值控制器，改变 L_s 衔铁的位置（空气隙），为了达到系统无偏差输入，即 $u_x = 0$，必须有 $L_m = L_s$，即两个传感器测量衔铁的空气隙趋于一致，从而可由设定值对辊缝进行给定调节。

使用时在操作和传动侧，各安装一个辊缝传感器，其测量点为上、下两工作辊的辊颈之间，根据轧辊受力分析研究，可自动计算工作辊缝间的变化，即外界因素引起的厚度偏差，在 IGC 测量传感器上能快速检测并实现控制。

B　其他厚度检测方式

目前，常用的厚度检测手段还有轧制力检测和液压缸位置检测，其目的都是为了检测各种快速干扰量引起的带材厚度。轧制力测量法是首先测出轧制压力 P 和原始辊缝 S_0，然后按弹跳方程 $h = S_0 + P/k$ 计算出板厚，整个运算在厚度计中进行，厚控系统基本信号是轧制力，被调节量为辊缝。液压缸位置检测是在调节压下的液压缸中装上一个 LVDT 位置传感器，以检测液压缸的移动距离，从而检测辊缝的实际变化。

C　AGC 厚度控制系统

上述厚度检测方式既可以单独使用，也可以在一个轧机上同时使用。图 5-6 和图 5-7 是西南铝加工厂 1850mm 四重冷轧机的控制示意图和原理图。该系统工作时，首先由轧制表传递的带材目标厚度在计算机中计算出相应的辊缝开口度，作为辊缝的设定值。运行中，对于由快速干扰变量引起的带材厚差，由 IGC（位置传感器、轧制力传感器）检测并通过辊缝控制环来实现实时控制。而对于上述手段不能检测出的长期缓慢漂移误差，经测厚仪检测，送入计算机控制器计算出相应的辊缝修正值，对预设定进行修正。

D　张力式板厚自动控制

张力的变化可显著改变轧制压力，从而改变轧出厚度。用调节张力的方法控制厚度，惯性小、反应快且易稳定。张力厚度控制是根据轧机出口侧 X 射线测厚仪测出的厚度偏差，来微调机架之间带材上的张力，借以消除板带的厚度偏差。张力微调可由两个途径来实现：一是根据

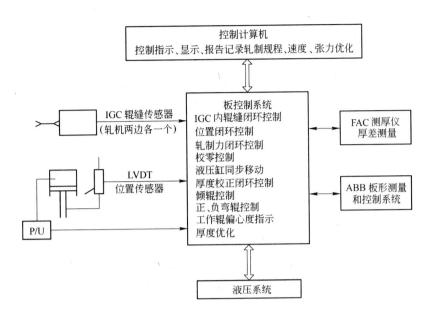

图 5-6　IGC 电位系统总体组成及示意图

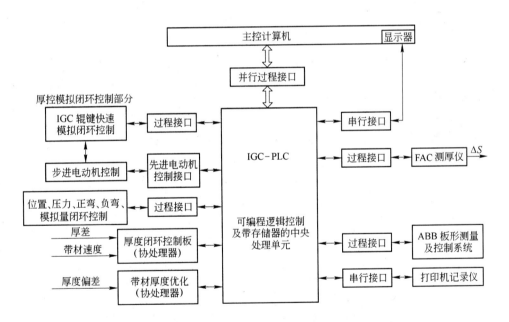

图 5-7　IGC 板厚控制系统硬件结构框图

厚度偏差值，调节轧机的速度；二是调节活套机构的给定转矩，其控制图如图 5-8 所示。由 X 射线测出的厚度偏差，经 TV、K_1、K_2 等机构，将控制信号传递给主电动机的速度和张力调节器。

　　由于张力变化范围小，调节范围有限，因此在轧制过程中，当板带厚度较厚，厚度偏差较大时，采用调压下的方式控制板厚；当板厚偏差较小时，则采用张力微调的方式控制板厚。

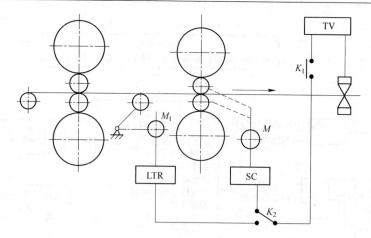

图 5-8　张力 AGC 图示

TV—张力微调控制器；*M*—电动机；SC—主电动机速度调节器；

M_1—活套支持器的电动机；LTR—活套张力调节器

5.5　冷轧的板形控制

5.5.1　板形的概念及表示方法

5.5.1.1　板形的概念

板形是指板、带材的外貌形状。板形不良是指板面不平直，出现板形不良的直接原因是轧件宽向上延伸不均；出现板形不良的根本原因是轧件在轧制过程中，轧辊产生了有害变形，致使辊缝形状不平直，导致轧件宽向上延伸不均，从而产生波浪。因此，板形控制的实质就是减少和克服这种有害变形。减少和克服这种有害变形，需要从两个方面解决：一是从设备配置方面，包括板形控制手段和增加轧机刚度；二是从工艺措施方面。板形缺陷的分类见图 5-9。

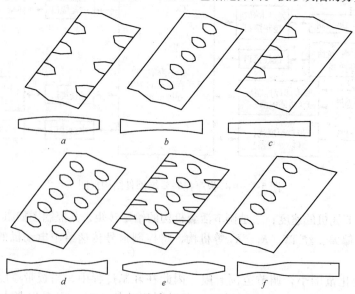

图 5-9　板形缺陷分类

a—双边浪；*b*—中间浪；*c*—单边浪；*d*—双肋浪；*e*—复合浪；*f*—单肋浪

板形直观来说是指板带的翘曲度，其实质是板带内部残余应力的分布。只要板带中存在残余应力，就称为板形不良。如果这个残余应力存在，但不足以引起板带翘曲，则称为"潜在"的板形不良；如果这个应力足够大，足以引起板带失稳而产生翘曲，则称为"表观"的板形不良。

板形的好坏取决于轧制时板、带材宽度方向上沿纵向的延伸是否相等、轧前坯料横截面厚度的均一性、轧辊辊型以及轧制时轧辊的弯曲变形所构成的实际辊缝形状等。可见，板形与横向厚度精度二者是密切相关的，见图5-10。

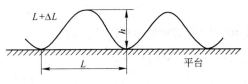

图 5-10　板材的波浪度

5.5.1.2　板形的表示方法

A　波形表示法

将带材切取一段置于平台上，如将其最短纵条视为一直线，最长纵条视为一正弦波，则带材翘曲度 λ 为

$$\lambda = \frac{h}{L} \times 100\% \tag{5-4}$$

B　平直度 I 表示法

实际生产中，常用 I 单位来表示带材板形，当相对长度差为 10^{-5} 时，称之为 I 单位。带材平直度 ΣI 为

$$\Sigma I = 10^5 \times \frac{\Delta L}{L} = 10^5 \times \frac{\pi^2}{4} \times \lambda^2 \tag{5-5}$$

为了保证良好的板形，必须使板带材沿宽度方向上各点的延伸相等。对于冷轧，宽展可以忽略，那么中部的延伸应该等于边部的延伸，即板形良好的条件是

$$\frac{H}{h} = \frac{H + \Delta}{h + \delta} = i \tag{5-6}$$

式中　i——延伸系数；

　　　Δ，δ——分别为轧前轧后板材横向厚差，如图5-11所示。

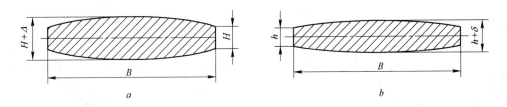

图 5-11　板带轧前轧后厚度变化

a—轧前；b—轧后

C　张力差表示法

带材在张力作用下，表观板形消失而变为潜在板形，此时在板宽方向上出现张力不均匀分布。换句话说，带材上张力分布与平直度成比例。如果施加到标准长度部分上的单位张力为

σ_0，则板宽上某一点的单位张力 $\sigma(x)$ 可用下式表示

$$\sigma(x) = \sigma_0 - \Delta\sigma(x) \tag{5-7}$$

式 5-7 说明，在张力作用下，板宽方向上出现张力偏差 $\Delta\sigma(x)$，它与相对长度差成比例，即

$$\Delta\sigma(x) = E\varepsilon(x) \tag{5-8}$$

式中　E——带材的弹性模量，MPa。

如果将上式改写为：

$$\varepsilon(x) = \Delta\sigma(x)/E \tag{5-9}$$

说明相对长度差的分布以及由它引起的形状凸凹不平可以由 $\Delta\sigma(x)$ 来估量。

　　D　厚度相对变化量差表示法

　　厚度相对变化量差表示法是一种比较简单的方法，它以边部和中心两点厚度相对变化量差来表示板形的变化，主要用于在模拟计算中描述某些外扰对板形的影响。在此不详细叙述。

5.5.2　影响板形的主要因素

5.5.2.1　轧制力变化对板形的影响

　　轧制力受许多因素的影响，例如材料变形抗力、来料厚度、摩擦系数、轧制时板带的张力等。所谓轧制力变化并不涉及轧辊热凸度的变化。完好板形线为图 5-12 中的直线 F，实际的轧辊凸度在轧制力波动时并不发生变化，所以是一条水平线 T。当轧制力为 P_A 时，即对应于曲线 F 和 T 的交点时，可以获得完好板形。轧制力低于 P_A 时，实际凸度大于完好板形所要求的凸度，发生中浪；轧制力高于 P_A 时，情况相反，发生边浪。

　　如果轧制力发生了稳定的长时间的变化，如图 5-13 所示，完好板形线为 F，热凸度-轧制力关系曲线为 T，它们相切于点 K。当以与 K 点对应的轧制力 P_A 工作时，板形完好。当轧制力降低到 P_{A1} 时，开始阶段热凸度还来不及变化，它对板形的影响与上述偶然波动时的相似；当工作点移到 K_1 时，发生中浪。但在随后一段时间内，由于轧制力降低，热凸度随之减小，热凸度值沿垂直线由 K_1 变化到 K_2。如果 K_2 在完好板形线上，就可以获得良好板形，否则就会发生缺陷。缺陷种类视 K_2 相对于良好板形线的位置而定。例如图 5-13 所示情况，K_2 在 F 曲线以上，仍产生中浪，但比在 K_1 点有所缓和。当轧制力增大时，可以进行相似的讨论。

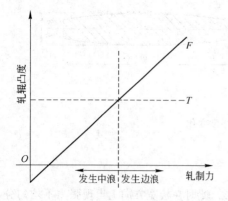

图 5-12　轧制力偶然波动对板形的影响

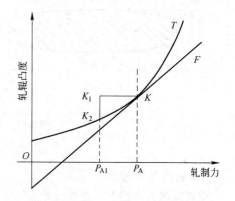

图 5-13　轧制力稳定变化对板形的影响

5.5.2.2 来料板凸度对板形的影响

在实际生产中，当来料凸度变化时，已定的轧制状态就会改变，因而使板形发生变化。如图 5-14 所示，热凸度-轧制力关系曲线为 T，正常的良好板形线为 F，工作最佳状态点 K。若来料凸度有变化，例如来料凸度减小，这时热凸度虽然也会发生变化，但变化甚微，可以忽略，可以认为热凸度-轧制力曲线基本不变。但来料板凸度减小的结果使良好板形线上升为 F_1，它要求轧辊有与 K_1 点相对应的凸度，而实际凸度仍保持原来所对应的数值，所以板带会发生边浪。如果来料板凸度增大，与上述情况相反，会发生中浪。

5.5.2.3 热凸度变化对板形的影响

轧制过程中，金属对轧辊滑动产生的热量和金属变形所释放的热量有一部分传入轧辊，使轧辊温度升高，这是轧制过程中轧辊的热输入。同时，冷却剂和空气又从轧辊中带走热量，使其温度降低，这是轧辊的热输出。在开轧后的一段时间内，轧辊的热输入大于热输出，轧辊温度逐渐升高，热凸度也随之不断增大。在以某一特定规程轧制若干带卷后，轧辊热输入和热输出相等，处于平衡状态，轧辊热凸度也保持一个稳定值。轧制过程中热凸度随时间的变化情况如图 5-15 所示。一般来说，在特定的轧制规程下，板形工艺参数是依据稳定的热凸度设计的。但是，由于下述 3 个方面的原因，实际凸度往往偏离上述的稳定热凸度值。

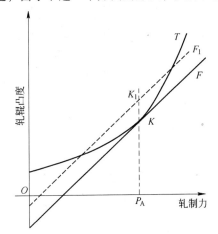 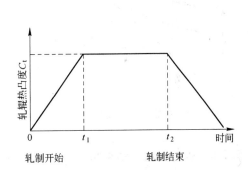

图 5-14　来料板凸度变化对板形的影响　　　图 5-15　轧制过程中热凸度的变化

（1）当轧机停轧一段时间又重新开动时，在极端情况下轧辊没有热凸度。实际生产中，虽然通常通过烫辊等措施使轧辊有一定的热凸度，但其值仍较稳定值小得多。只有轧制数卷后，才形成热凸度。

（2）如果某机架工作辊损坏，必须更换新辊，在极端情况下也没有热凸度。

（3）不同产品常常要求由一种轧制规程变到另一种轧制规程，随之而来的是热凸度需要由一个稳定状态过渡到另一个稳定状态。

5.5.2.4 初始轧辊凸度对板形的影响

对所轧产品宽度变化大的轧机来说，应根据产品宽度的不同而采用相应凸度的轧辊，一般来说，在轧制力相同的情况下，板宽越大，所需凸度越小。

如图5-16所示，当采用的初始凸度为 a 时，热凸度-轧制力关系曲线 T 与完好板形线 F 的切点恰好对应于工作轧制力 P_A，这时可以获得良好板形。如果初始凸度选择不合理，例如 $b > a$，则实际的热凸度－轧制力关系曲线上升为 T_1，实际凸度 K_1 在良好板形线之上，会造成中浪。

5.5.2.5　板宽变化对板形的影响

通常所说的轧机刚度是指轧机的纵刚度，但在研究板形问题时，更关心的是轧机的横刚度。所谓横刚度是指造成板中心和板边部单位厚度差所需要的轧制力，单位是 kN/mm^2。

轧机的横刚度是相对一定板宽而言的，当板宽变化时，轧机的横刚度发生变化，因而在承受同样轧制力的情况下，轧辊的变形以及为弥补轧辊变形所必需的轧辊凸度均发生变化，当然良好板形线也发生变化。

如图5-17所示，对应某板宽的完好板形线为 F_1，当板宽变窄时，轧制力仍保持原来的 P_A，它们集中作用于较窄的辊身中间的区域，必然增大了轧辊的弹性变形。为抵消这种变形以获得良好板形，需要更大的轧辊工作凸度。这样一来，良好板形线变化到 F_2。当板宽增大时，变化的趋势相反。

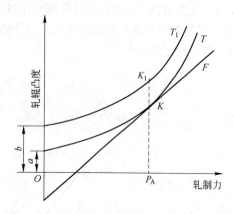
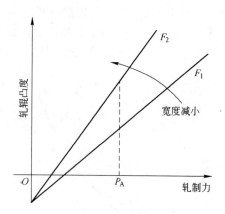

图 5-16　初始轧辊凸度对板形的影响　　　　图 5-17　板宽变化对板形的影响

5.5.2.6　张力对板形的影响

张力对板形的影响体现在以下几个方面：一是张力改变对轧辊热凸度产生影响，特别是后张力影响更大，因而调整张力是控制板形的手段之一。二是张力对轧制压力产生影响。根据轧制理论，张力变化，特别是后张力变化，对轧制压力有很大影响，而轧制压力变化必然导致轧辊弹性变形发生变化，必然对板形产生影响。三是张力分布对金属横向流动产生影响，这个问题近年来已引起人们的广泛注意。研究表明，当张力沿横向分布不均时，会使金属产生明显的横向流动，即使对于板材轧制这种宏观看来近于平面变形的情况也是如此。横向流动的结果必然改变横向的延伸分布，因而必然改变板带的板形。

5.5.2.7　轧辊接触状态对板形的影响

工作辊和支撑辊的接触状态对板形的影响是近年来人们注意探索的一个问题。通过对这个问题的研究，人们找到了一些新的改善板形的方法，例如，采用双锥度支撑辊、双阶梯支撑辊、HC 轧机、UC 轧机、CVC 轧机、PC 轧机、大凸度支撑辊等。

如图 5-18 所示，普通四辊轧机工作辊和支撑辊是沿整个辊身接触的，轧制过程中，在轧制力的作用下，工作辊与支撑辊之间形成接触压力 q^*，在板宽以外的区域 A，辊间压力形成一个有害弯矩，它使轧辊发生多余的弯曲。为抵消这个有害弯矩引起的轧辊变形，可以改变轧辊的初始凸度，也可以使用液压弯辊。当单位宽轧制力改变时，有害弯矩也随之变化，使板形改变。为了获得满意的板形，必须随着轧制力的变化不断地调整液压弯辊力，也可以设法改变轧辊之间的接触状态，例如，采用双阶梯支撑辊，使中间接触段长度缩短，从而减小有害弯矩，由有害弯矩引起的轧辊弯曲也随之减小。当中间接触段长度缩短到一定程度时，有害弯矩可以完全消除。这时即使轧制力改变，工作辊挠度曲线也可以基本保持不变，轧机具有无限大的横刚度。由此可见，轧辊之间的接触状态对板形有重大影响，它能有效地调整和控制板形，应特别给予重视。

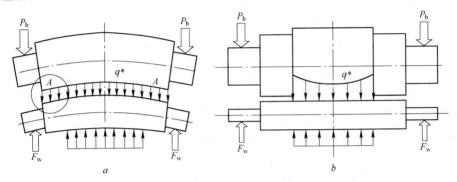

图 5-18 普通四辊轧机和双阶梯支撑辊四辊轧机的轧辊接触状态
a—普通四辊轧机；b—双阶梯支撑辊四辊轧机

5.5.3 板形的控制和检测

5.5.3.1 板形的控制

现在已普遍采用的板形控制有弯辊控制技术、倾辊控制技术和分段冷却控制技术。其他已开发成熟的板形控制手段还有抽辊技术（HC 系列轧机）、胀辊技术（VC 和 IC 系列轧机）、交叉辊技术（PC 轧机）、曲面辊技术（CVC、UPC 轧机）等；增加轧机刚度，如轧机由二辊向四辊和六辊方向发展等；从工艺措施方面包括轧辊原始凸度的给定、变形量与道次分配等。

A 弯辊

a 弯辊系统的分类

弯辊系统通常可分为工作辊弯辊系统和支撑辊弯辊系统两大类。

根据弯辊力作用面的不同，弯辊系统分为：垂直面(VP)弯辊系统和水平面(HP)弯辊系统。

根据弯辊力作用方向的不同，垂直面弯辊系统通常分为：正弯辊系统，即弯辊力使辊凸度增大和负弯辊系统，即弯辊力使辊凸度减小。水平面弯辊系统通常也分两类：单向式弯辊系统，即弯辊力作用在与轧制方向平行的一个方向上和双向式弯辊系统，即弯辊力可作用在两个相反的方向上。

按弯辊力作用位置不同，弯辊系统可分为 3 类：

（1）单轴承座弯辊系统：弯辊力分别通过一个轧辊轴承座作用在轧辊的两端；

（2）多轴承座弯辊系统：弯辊力通过两个或两个以上的轧辊轴承座作用于轧辊的每一端；

（3）无轴承座弯辊系统：弯辊力通过中间辊或液压块直接作用于辊身。

　　b　垂直面（VP）工作辊弯辊系统

　　（1）单轴承座工作辊弯辊系统。单轴承座工作辊弯辊系统中，既可以使用作用于上、下工作辊轴承座之间的正弯辊液压缸（图 5-19a），也可以使用作用于支撑辊和工作辊之间的负弯辊液压缸（图 5-19b），或是联合使用（图 5-19c）。

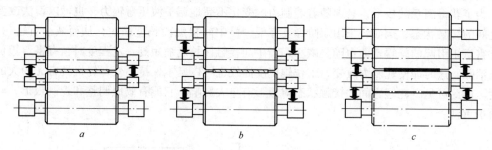

图 5-19　垂直面（VP）单轴承座工作辊弯辊系统之一

　　图 5-20a 所示的方案中，通过安置在支撑辊轴承座上的双向液压缸对工作辊施加正负两种弯辊力。在图 5-20b 所示的方案中，正向弯辊力、负向弯辊力或共同作用产生的弯矩通过两组平行设置的液压缸作用于工作辊轴承座上。图 5-20c 所示的方案中，正向弯辊力和工作辊平衡力分别由安装在工作辊轴承座上的各自不同的液压缸提供。

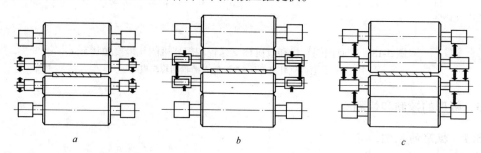

图 5-20　垂直面（VP）单轴承座工作辊弯辊系统之二

　　垂直面工作辊弯辊系统的优点是能够在轧制过程中，连续地对带材横向厚差进行控制，而且经济有效。其缺点是在一些实际的使用中，弯辊提供的凸度控制范围受到工作辊轴承所能承受的最大载荷的限制。

　　（2）双轴承座工作辊弯辊系统。在图 5-21a 所示系统中，正向弯辊力作用在工作辊外轴承座上，而在工作辊内轴承座起到一个支点的作用。图 5-21b 中，正向弯辊力作用于工作辊外轴

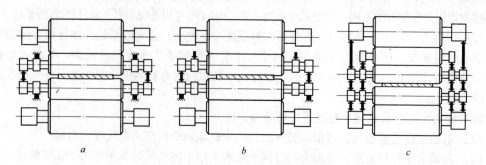

图 5-21　VP 双轴承座工作辊弯辊系统

承座，负向弯辊力用于上工作辊的内轴承座。而在另一种设计方案（图 5-21c）中，正弯辊力和负弯辊力既作用在工作辊的外轴承座上，也作用在内轴承座上。

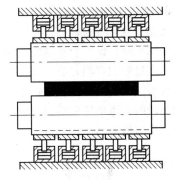

该系统的优点是这种双轴承座弯辊系统使得辊缝断面的控制更加灵活，可以提高工作辊弯辊系统的效率。其缺点是由于辊颈处要承受较高的应力，工作辊与支撑辊之间有较高的接触应力，而且成本高，这些使系统的使用在一定程度上受到了限制。

（3）无轴承座工作辊弯辊系统。为了缓解辊颈处应力过大的问题，开发了无轴承座工作辊弯辊系统。在这一系统的一种改进型中（图 5-22），通过对作用在轧辊支撑垫上的液压缸设置不同的压力来控制辊身的弯曲程度。还有其他两种方案：一种是通过在轧辊支撑垫内设定不同的压力来改变辊身的挠曲；另一种是使用带固定心轴的衬套式工作辊，通过改变支撑外套衬垫内的压力来控制套筒的弯曲程度。

图 5-22　VP 无轴承座工作辊弯辊系统

c　水平面（HP）工作辊弯辊系统

水平面工作辊弯辊系统有两类：单向式弯辊系统（图 5-23）和双向式弯辊系统（图 5-24）。

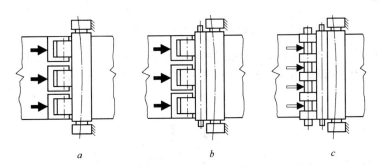

a　　　　　　　　　　*b*　　　　　　　　　　*c*

图 5-23　HP 单向式工作辊弯辊系统

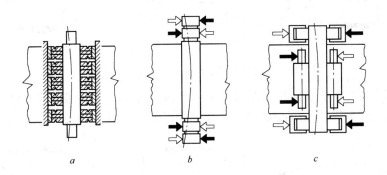

a　　　　　　　　　　*b*　　　　　　　　　　*c*

图 5-24　HP 双向式工作辊弯辊系统

图 5-23a 所示的单向式水平弯辊系统，含有一个轴承座由机座立柱支撑的轧辊，通过分段辊作用于辊身上的力使其弯曲。在相似布置的图 5-23b 中，弯辊力则通过一个中间辊来作用到工作辊上。而图 5-23c 所示的弯辊系统中，由牌坊立柱支撑的轧辊通过柔性的分段辊和一个中间辊而发生挠曲。

在双向式弯辊系统中，弯辊力既可以直接作用于辊身（图 5-24a），也可以仅仅作用于轴承座上（图 5-24b），或是在轧辊的端部和辊身的中部共同作用（图 5-24c）。

　　d　支撑辊弯辊系统

在支撑辊弯辊系统中，有以下几种施加弯辊力的方式：直接作用于支撑辊辊身；作用于支撑辊外轴承座；作用于支撑辊主轴承座。

在直接施加弯辊力的情况下，弯辊力既可以通过一个单一的辊子（图 5-25a），也可以通过一组与支撑辊辊身接触的辊子产生作用。在图 5-25b 所示的装置中，通过调节支撑在支撑辊上的分段的支撑垫块来施加弯辊力。图 5-25c 所示的装置则通过一个支撑在支撑辊上的柔性垫块来产生弯辊力。

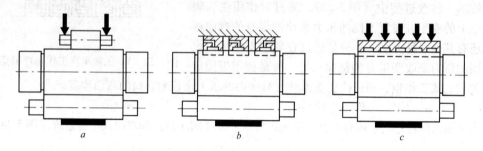

图 5-25　弯辊力作用于辊身的支撑辊弯辊系统

弯辊力还可以直接（图 5-26a）或通过可调长度的杠杆（图 5-26b）来作用于支撑辊外轴承座上。在外轴承座的设计中（图 5-26c），通过对轧辊端部外侧的两个轴承座施加反方向力来实现弯辊。

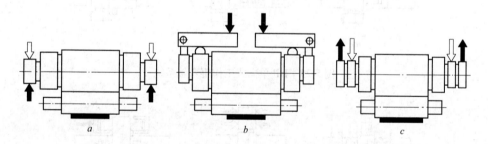

图 5-26　弯辊力作用于外轴承座的支撑辊弯辊系统

通过使用安装在轴承座内侧（图 5-27a）或外侧（图 5-27b）的液压缸可以实现对主轴承座施加弯辊力。图 5-27c 所示的装置中，弯辊力矩作用于支撑套心轴的轴承座上。

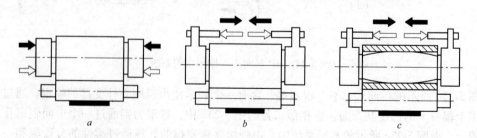

图 5-27　弯辊力作用于主轴承座的支撑辊弯辊系统

B　轧辊横移

a　轧辊横移系统的目的和分类

轧辊横移系统通常在冷轧和热轧中都应用，其主要目的是扩大板带凸度的控制范围、减少板带横断面上的边部减薄和重新分布板带边缘附近的轧辊磨损。

轧辊横移系统可分为轴向移动圆柱形轧辊、轴向移动非圆柱形轧辊和轴向移动带套的轧辊等3类。

b　轴向移动圆柱形轧辊

HC轧机和UC轧机属于轴向移动圆柱形轧辊类轧机，是由日本日立公司开发和设计的，它将轧辊横移和弯辊相结合，在自由程序轧制中用于改善板凸度和平直度的控制。

对普通四辊轧机轧辊挠曲的分析表明，工作辊与支撑辊之间超出板宽区域的有害接触导致了轧辊的过度挠曲。这种挠曲的大小不仅取决于轧制力，还取决于所轧的带宽。另外，当在工作辊上施加弯辊力时，所产生的挠曲会在超出带宽的部分上受到支撑辊的约束。

在给定带宽的情况下，解决这一问题的理想方法是采用阶梯形支撑辊（图5-28a），这种支撑辊与工作辊的接触长度与带宽相等。然而，在轧制不同宽度的产品时，这种方法并不实用，而HC轧机采用适应任意带宽的双向轧辊横移技术（图5-28b），可以解决这一问题。

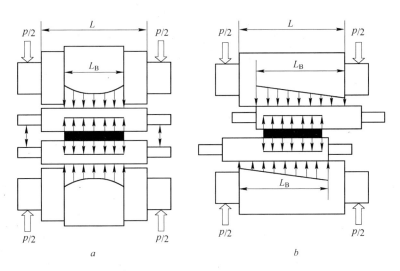

图5-28　四辊轧机的应力分布
a—阶梯形支撑辊；b—双向移动工作辊

c　轴向移动非圆柱形轧辊

轴向移动非圆柱形轧辊的轧机主要有CVC轧机、UPC轧机和K-WRS轧机。这些轧机的辊型均用多项式来表示，见图5-29。

CVC辊型：　　　$Y = 0.0001634x^3 - 0.3021x$

UPC辊型：　　　$Y = -0.00002374x^3 + 0.00259x^2 + 0.0564x$

K-WRS辊型：　$Y = 0.00000081x^4 - 0.000034x^3 - 0.000295x^2 + 0.015x$

式中　x——距轧机中心线的距离。

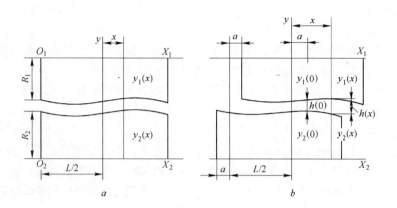

图 5-29　CVC 辊型图

a—轴移前；b—轴移后

下面介绍最常用的连续可变凸度（CVC）系统的工作原理。

CVC 轧机轧辊轴向移动对轧辊等效凸度的影响，可以由图 5-30 得到直观的反映。如果上工作辊向右、下工作辊向左轴向移动相同的距离，两个轧辊辊缝之间的距离变小，CVC 轧辊通过轴向无级移动，使得轧辊凸度能在一个最大和最小值之间无级调节，达到轧辊凸度连续变化的效果。连续可变凸度轧辊对轧制各种板宽、各种板厚和各种不同来料凸度的带材，在各种辊温分布的情况下，都能顺利地进行平直度控制，这就为热轧板带轧机实现自由程序轧制创造了必要的条件。

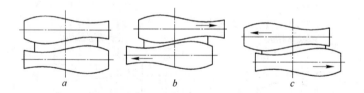

图 5-30　CVC 横移对轧辊等效凸度的影响示意图

a—零凸度；b—轧辊正轴移时产生正凸度；c—轧辊负轴移时产生负凸度

C　轧辊交叉

轧辊交叉系统的主要目的是改变辊缝形状，使得距轧辊中心越远的地方辊缝越大，这种设计的板凸度控制功能与采用带凸度的工作辊相同。

轧辊交叉系统有：

（1）只有支撑辊交叉的支撑辊交叉系统（图 5-31a）；

（2）只有工作辊交叉的工作辊交叉系统（图 5-31b）；

（3）每组工作辊与支撑辊的轴线平行，而上、下辊系交叉的对辊交叉系统（图 5-31c）。

5.5.3.2　板形的检测

板形检测是实现板形自动控制的重要前提之一。对板形检测装置的主要要求是：

（1）高精度，即它能够如实地精确反映板带的板形状况，为操作者或控制系统提供可靠的在线信息；

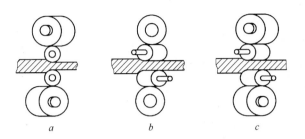

图5-31 轧辊交叉系统

（2）良好的适应性，即它可以用于测量不同材质、不同规格的产品，在轧制线的恶劣环境中可以长时间地工作而不发生故障或降低精度；

（3）安装方便，结构简单，易于维护；

（4）对带材不造成任何损伤。

因此，板形检测确实是一个比较困难的问题。板形本身受到许多因素的影响，板形缺陷又有各种复杂的表现形式，这就给精确检测带来了困难，特别是在实行张力轧制时，又往往会将板形缺陷掩盖起来。在生产中轧机的操作环境十分恶劣，剧烈的振动，水、油、灰尘等介质的侵入，往往会降低检测精度甚至损坏板形检测装置。

板形检测仪器主要有接触式和非接触式两大类。非接触式板形检测又分为电磁法、变位法、振动法、光学法、音波法和放射线法等。

A 热轧板带板形检测仪

a 棒状光源法

棒状光源法测量板形的基本原理如图5-32所示。在板带的一侧竖立一个辉度达2200K的棒状荧光灯，它发出一束强光直射在板带的表面上，经板带反射后由安装在板带另一侧的摄像机摄取。当板带的板形不同时，在摄像机中会形成不同的像。如果板带是平直的，则其反射后形成的虚像为一水平线（图5-32a）；如果板带上出现波浪，则板带反射后的虚像在与波浪对应的位置上将形成向上或向下的弯曲曲线（图5-32b、c）。板带的波浪愈严重，则虚像的弯曲部分偏离直线的位置就愈大。其偏移量和板带的板形缺陷成正比。检测到的图像信号由扫描电路转变为电信号，再经整形放大、限幅，输出到屏幕显示。

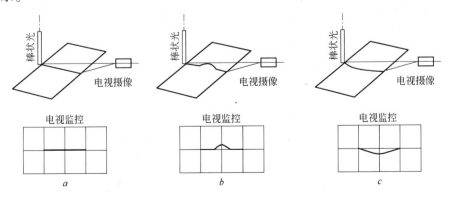

图5-32 光学式板形检测装置原理

利用这种板形检测装置，配以适当的控制系统，可将翘曲度控制在 0.45% 以内。

b　激光三角测量法

激光三角测量法是比利时冶金研究所研制成功的，其原理如图 5-33 所示。

该装置以悬挂在板带上部的氦氖激光器为激光光源，光束直射在板带上，并用其侧后方的摄像器件摄取板带上光点的像，利用三角测量的原理测量板带表面的实际高度。该高度与板带出现的波浪的大小直接相关。

在板带宽度方向上等距离排放两组共 10 个激光源，分别由两个摄像器件摄取它们的

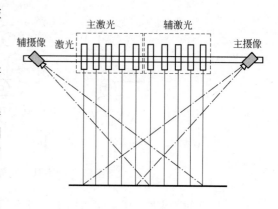

图 5-33　激光热板形检测装置原理

光点，将这 10 个光点的高度经过处理后可得到板形的形状。激光穿透能力强，很适合在笼罩着大量蒸汽的热带轧机上使用。

B　冷轧板带板形检测仪

检测冷轧板带板形缺陷的方法很多，绝大多数是根据张力分布来检测板形缺陷的。图 5-34 为多段接触辊式板形检测仪的基本结构示意图。该板形仪是由瑞典的 ASEA 公司与加拿大的 ALCAN 公司协作研究成功的，1967 年首次安装在 ALCAN 公司 2058mm 的单机架不可逆四辊冷轧机上。测量装置由测量辊、滑环、敏感元件、电子线路和显示单元等组成。

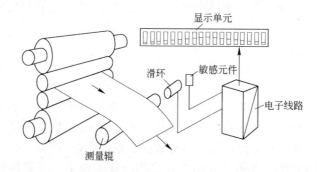

图 5-34　组合辊式板形检测装置的基本结构

测量辊由 25～40 个辊环装配而成，将测量辊沿长度方向分成 25～40 个测量区。每个辊环可测量出作用于其上的径向压力。从各个辊环上所测得的径向压力值，可以确定板带宽度方向张应力分布不均匀的状况。图 5-35 为测量辊环受力图。

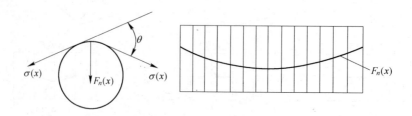

图 5-35　测量辊环受力图

5.5.4 几种常用的板形控制系统

对板形自动控制系统的研究和应用是从 20 世纪 70 年代开始，已取得了显著进展。下面简单介绍常见的几种控制系统。

5.5.4.1 ABB 板形控制系统

此板形控制系统主要通过倾辊、弯辊以及分段冷却控制这三种手段来调节板形的，其调节原理如图 5-36 所示。其中 a_{10}、a_{20} 分别为前次分解出的一次项系数和二次项系数，a_{1N}、a_{2N} 分别为该次分解出的一次项系数和二次项系数。弯辊控制的目的是为了调节横向应力分布曲线中的抛物线分量，即二次分量，它使工作辊实现正弯或负弯。弯辊的调节作用是完全对称的，上工作辊和下工作辊的弯曲也是对称的，所以，弯辊对带材横向张应力的分布影响也是对称的。

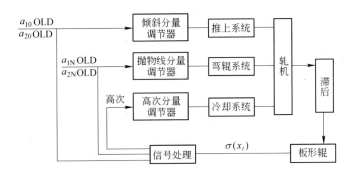

图 5-36　板形调节原理

倾辊的目的是为了调节横向张应力分布曲线中的线性分量，即一次分量，它是调节支撑辊的倾斜度，在调节支撑辊倾斜时，要求推上缸的两侧平行移动，两侧的移动距离相等，调整方向相反。倾斜控制是由厚控系统中的压下闭环来实现的。

分段冷却的目的是为了调节倾辊控制和弯辊控制所不能消除的横向张应力分布曲线的高次分量。通过对分段冷却开关的接通和断开就可以消除板形误差中的高次分量，从而有效控制板形。

5.5.4.2 CVC 板形控制系统

1982 年，德国西马克公司开发了连续可变凸度轧机（continuously variable crown），简称 CVC 轧机。轧辊辊型由抛物线曲线变成全波正弦曲线，近似瓶颈，上下辊相同，而且装置成一正一反，互为 180°。通过轴向反向移动上下轧辊，实现轧辊凸度连续控制，如图 5-30 所示。当上下辊位置如图 5-30a 时，工作辊凸度等于零；图 5-30b 所示轧辊凸度为正凸度，图 5-30c 所示轧辊凸度为负凸度。采用 CVC 辊，辊缝可根据需要发生连续的变化，即两个工作辊可以沿其轴间作相对移动，其效果相当于正弯或负弯。CVC 轧机的另一特点是支撑辊直接传动，工作辊的直径可在较大范围内变化，从而能以最大的压下率轧制不同宽度的带材。另外，CVC1-H5 冷轧机还有如下优点：只需一套磨光的 CVC 轧辊，可完成整个冷轧工艺；换辊次数大大减少；轧制力下降；备用辊数量少；轧辊磨损减轻；带材平直度有较大改善；轧制工艺灵活性增大；带材表面质量明显提高等。

5.5.4.3　HC 板形控制系统

　　HC 轧机是 20 世纪 70 年代日本日立公司和新日本钢铁公司联合研制的新式六辊轧机。HC（high crown）意思即高性能轧辊凸度。该轧机是在普通四辊轧机的基础上，在支撑辊、工作辊之间安装一对可轴向移动的中间辊，而成为六辊轧机，如图 5-37 所示，其两中间辊的轴向移动方向相反。

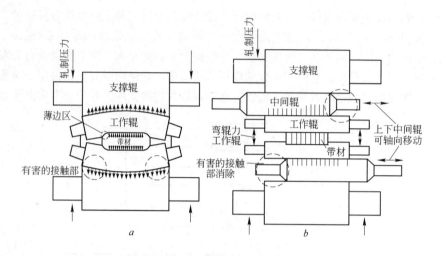

图 5-37　轧辊变形情况比较

a——一般四辊轧机；b—HC 轧机

　　一般，四辊轧机工作辊和支撑辊之间的接触部分在板宽之外，形成一个有害的弯矩，使工作辊弯曲，其大小随轧制压力而变化，最终影响板形。另外，有害弯矩抵消了相当一部分弯辊力的作用，结果阻碍了液压弯辊效果的发挥。HC 轧机的应用，使工作辊和支撑辊在板宽之外的区域脱离接触，从而减少或消除了有害弯矩的影响。

5.6　冷轧生产的质量控制

　　冷轧产品的质量控制同热轧产品一样，也是主要从产品的表面质量、尺寸公差、力学性能方面入手。冷轧常见的质量问题主要有以下几类。

5.6.1　冷轧产品的主要表面质量缺陷及产生原因

　　（1）裂边。板带材边部破裂，呈锯齿状，破坏了板材的整体结构，如图 5-38 所示。

　　主要产生原因：压下率控制不当；切边时两边切的不均匀，一边切的太小，裂边没有切净；退火质量不好，金属塑性不良。

　　（2）非金属夹杂物。金属内部的非金属夹杂物出现在板材表面及由非金属夹杂物引起的表面裂纹。

图 5-38　裂边

主要产生原因及防止措施：铝液中混入耐火材料、氧化镁、氧化铝熔剂等；晶粒细化剂 TiB_2 等粗大金属间化合物粒子未溶解物的聚集。防止铝液过滤后有夹杂物混入到铸块或铸卷中；要求彻底除气处理；选定晶粒细化剂的组成及加入量。

（3）起皮。板带表面的一部分沿轧向平行以细长状脱离，形成金属的层皮状态或金属皮脱落出来的部分。

主要产生原因及防止措施：压延过程中金属或杂物飞入或坯料中存在杂物。通过熔体过滤加强铸块净化；力求彻底进行除气处理。

（4）非金属压入。板带材表面的脏物压入金属表面，呈条状或点状，颜色黑黄，破坏了板材表面氧化膜的连续性，降低了板材的抗蚀性能。

主要产生原因：熔体净化不彻底；冷轧机的轧辊、辊道、剪切机等不清洁，加工过程中脏物在板带上，经过压延而形成；润滑剂更换不及时，铝粉冲洗不净。

（5）金属压入。压入板材表面的金属屑或碎片，呈压入物脱落层的不规则凹陷，对材料的抗蚀性有影响，如图 5-39 所示。

主要产生原因：加工过程中金属屑落到带板或板片上，压延后造成；冷轧时裂边的金属掉在带板上；圆盘剪切边质量不好，带板边缘有毛刺；压缩空气没有吹净带板表面的金属屑；轧辊粘铝后，将粘铝块压在带板上。

（6）划伤。因尖锐物与板面接触，相对滑动时造成呈单条状分布的伤痕，造成氧化膜连续性破坏，降低材料抗蚀性和力学性能，如图 5-40 所示。

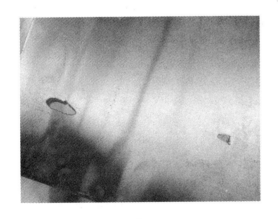

图 5-39 金属压入

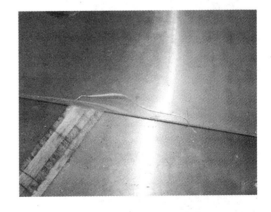

图 5-40 划伤

主要产生原因：冷轧机导板、承平辊等有突出尖角或粘铝；预剪及精整机列加工过程中划伤；成品包装过程中，金属碎屑被带到涂油辊内或涂油辊毡绒磨损，铁片露出以及板片抬放不当，都可能造成划伤。

（7）腐蚀。铝材表面与外界介质产生化学或电化学作用，引起表面组织破坏。腐蚀呈片状或点状，白色，严重时有粉末产生，使表面失去光泽，如不清除，会降低材料抗蚀性和综合性能，如图 5-41 所示。

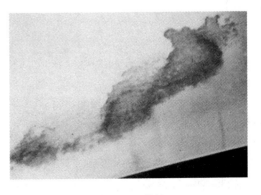

图 5-41 腐蚀

主要产生原因：生产过程中板材表面残留有酸、碱或水迹，保管不当等。

（8）振痕。与轧向成直角，有细微间距的直线状的光泽斑纹。由轧辊引起的称压延振痕，由矫直辊引起的称矫直振痕；纵剪时在铝板、铝卷的横边部附近出现的微小的斑纹称剪切振痕。有手感，硬合金常见。应合理安排道次程序，以防压下量过大；适当控制轧制速度；防止轧制油润滑不当；减少轧机的振动。

（9）松树枝状条纹。产品在轧制过程中变形不均，产生滑移，使板材表面产生有规律的松树枝状花纹，严重时板材表面凸凹不平，圆滑，颜色黑暗。它主要影响表面美观，严重时也影响产品的综合性能。

主要产生原因：压下量过大、润滑剂供给不均、润滑效果不好造成金属同轧辊的摩擦力增大或金属变形不均。应采用润滑性能良好的工艺润滑剂，道次压下量不可过大，工艺润滑剂应充足并均匀供给。

（10）压折。压光机压过折皱处，使板带的该部分呈亮道花纹。它破坏了板带材的致密性，压折部位不易焊合紧密，对材料综合性能有影响，见图5-42。

主要产生原因：辊型不正确，如压光机轴承发热，使轧辊两端胀大，压出的板片中间厚两边薄；压光前板带材波浪太大，或压光量过大，使压光时易产生压折；薄板带材压光时送入不正，容易产生压折；板带材两边厚度差大，易产生压折。

（11）擦伤。棱状物与板带材表面或板面与板面接触，在相对运动或错移时造成的呈束状分布的伤痕，破坏了氧化膜和包铝层，降低材料抗腐蚀性能，见图5-43。

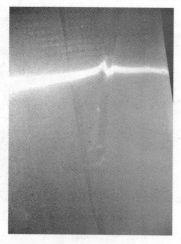

图 5-42　压折

图 5-43　擦伤

主要产生原因：卷筒运输、上卷送歪、有塔形的卷筒退火使卷筒层与层产生相对错动；轧制张力不当使轧制时或开卷时产生层与层错动；润滑油含纱锭油太多；压延后卷筒上残留油不一样，开卷时层与层发生的微小滑动。

（12）粘伤。在板面上出现的较大面积同方向的点、条或块状痕迹，有一定深度，破坏板面氧化膜或包铝层，降低材料抗蚀性能，见图5-44。

主要产生原因：卷筒通过机列时，送入五辊矫直机时送歪；卷筒发生松层；张力调整不正确；退火时板片之间在某点上相互黏结。

（13）油斑。冷轧后残留在板面的润滑油，经高温退火烧结在板面，呈褐黄色或红色斑迹，影响美观，见图5-45。

图 5-44 粘伤

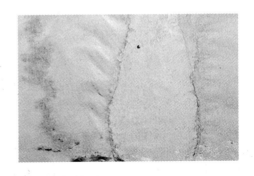

图 5-45 油斑

主要产生原因：冷轧以后残存在板上的润滑油，经退火后，造成板带材表面有烧结痕迹。应控制带材表面带油量；合理调整轧制油的理化指标；增加清洗工序；选用合理的退火工艺。

（14）断带。轧制过程中板带材断开，破坏了稳定轧制过程，易造成产品擦划伤和增加几何废料，甚至可造成整卷板带材报废，降低了轧机工作效率，易损伤轧辊表面，严重时可造成事故。应正确制定并严格执行工艺规程；随时切除裂边；增加中间退火工序。

5.6.2 冷轧产品的主要尺寸精度、形状缺陷及产生原因

（1）厚度超差。产品厚度超过标准或合同要求的偏差值。

主要产生原因：压下量调整不合理；压下指示器公差掌握不好；测厚仪调整不当；辊型控制不正确。

（2）宽度超差。产品宽度超过标准或合同要求的偏差值。

主要产生原因：圆盘剪间距调整不当；圆盘剪调节时没有很好预设剪切时的剪切余量。

（3）长度超差。产品长度超过标准或合同要求的偏差值。

主要产生原因：定尺设置不当。

（4）波浪。产品不平直呈凹凸状态，见图5-46。

主要产生原因：道次压下量分配不当；轧辊研磨的辊型不正确；辊型控制不适当；坯料厚度不均；润滑剂喷射不合理，喷嘴部分堵塞。

（5）孔洞。产品表面的孔洞。

主要产生原因：轧辊表面有损伤；生产过程中，外来物脱落后形成裂口；来料表面有夹杂、气道、严重划伤等缺陷；压下量过大导致变形不均匀。

5.6.3 冷轧产品的主要组织与性能缺陷及产生原因

（1）力学性能不合格。产品常温力学性能超标。

主要产生原因：未正确执行热处理制度；热处理设备不正常；热处理制度或试验方法不正确；成品冷轧总加工率设

图 5-46 波浪

定不合理；试样规格和表面不符合要求等。

（2）过烧。板带材在热处理时，温度过高达到了熔点，使晶界局部变粗，晶内低熔点共晶物形成液相球，晶界交叉处呈现三角形等，破坏了晶粒间结合度，降低材料综合性能，属绝对废品。

主要产生原因：炉子各区温度不均；热处理设备或仪表失灵；加热或热处理制度不合理或执行不严。

复习思考题

1. 什么是冷轧，与热轧相比冷轧的主要特点是什么？
2. 冷轧制度的确定主要考虑哪些因素？
3. 带材张力的作用是什么，张力的确定原则是什么？
4. 对冷却润滑剂有哪些基本要求，怎样评价润滑剂？
5. 冷轧辊型的选择方法有哪些？
6. 冷轧辊型的控制方法主要有哪些？
7. 板带材的测厚方法主要有哪些？
8. 简述板带材的厚度自动控制原理。
9. 对冷轧板形检测装置的主要要求是什么？
10. 冷轧主要缺陷的主要产生原因及防止方法是什么？

6 热 处 理

热处理在板带材的生产中占有非常重要的地位，没有各种热处理工序，板带材的生产几乎不能进行。合理利用各种热处理有利于产品质量的提高和生产的正常进行，但若使用不当，也会带来严重的损失，甚至造成整炉产品成批报废。

对热处理产品的质量要求：一是表面质量，不允许有退火油斑等缺陷；二是性能与组织要均匀，要求同一卷产品的头、中、尾性能与组织均匀，同一炉产品性能与组织均匀。

要充分发挥热处理的作用，控制好产品质量，一靠良好的设备基础，确保各参数监测显示的准确性，控制与调节的可靠性与及时性；二靠合理的工艺。

热处理的实质在于如何利用好"热"，即如何正确地选择热源、供热方式、热量的大小和热流的分配等。

根据供热方式不同，热处理退火炉分为燃料炉、电阻炉、感应炉等；根据传热介质的不同，热处理退火炉分为空气退火炉、真空退火炉和保护性气体退火炉等，其中电阻退火炉是应用最普遍的，尤其以对流传热为主的电阻炉应用更普遍。

6.1 热处理的目的和方式

6.1.1 目的

如果把金属及合金材料在固态下加热到某一温度，并在此温度保持一定时间，然后再以某种冷却速度冷却到室温，就能使金属及合金材料的内部组织和力学性能发生变化，达到人们使用的要求，这种处理方法称为热处理。在机械制造和金属材料生产中，热处理是一项要求严格和十分重要的生产工序，必须认真对待。任何热处理过程都包括加热、保温和冷却三个阶段。

热处理是在不改变制品外形和尺寸的情况下，仅通过加热和冷却操作，即改变和控制材料的组织和性能。热处理着重研究金属的组织、性能与温度之间的变化规律，以达到不断改善和控制金属材料和制品的内部组织和力学性能的目的。

在板带材生产中，人们不仅为了改善和控制成品板带材的最终力学性能而进行相应的热处理，而且在压力加工过程中，为了改善和提高铸锭或中间坯料的加工性能也进行适当的热处理。

6.1.2 方式

在铝合金板带材生产中，经常采用的热处理方式有下列几种：

(1) 退火。主要为铸锭组织均匀化退火，其目的是使铸锭的成分、组织和性能均匀，以便消除铸锭中的内应力，改善和提高铸锭的加工性能。按照退火目的和要求不同，又分为坯料退火、中间退火和成品退火等。

(2) 淬火。又称固溶处理，其目的是获得在室温下不稳定的过饱和固溶体或亚稳定的过渡组织。

(3) 时效。过饱和固溶体发生分解和析出过剩溶质原子的自发趋势，有"自然时效"和

"人工时效"之分。

6.2　板带材热处理工艺及设备

对板带材进行退火、淬火和时效等热处理的目的、要求、工艺制度和设备如下所述。

6.2.1　退火工艺及设备

金属在冷变形过程中，除了外形及尺寸发生变化外，其内部组织也随着变化。在外力作用下，迫使变形金属内部的晶粒发生滑移、转动和破碎。晶粒的形状发生了变化，晶界沿变形方向伸长，晶粒破碎并被拉成纤维状，这样就使原来方位不同的等轴晶粒逐步向一致方向发展，形成了变形织构，其结果使金属产生了各向异性，同时由于加工硬化而使金属的强度升高，塑性降低，逐渐失去了继续承受冷塑性变形的能力。如将这种冷变形后的金属加热，随着加热温度的升高，金属内部的原子活动能力急剧增大。将金属材料加热到某一规定温度，保温一定时间，而后缓慢冷却到室温，通过原子的热运动，使金属内部组织发生变化，消除了内应力，降低了强度，提高了塑性，使其能够再承受冷的加工变形，这种热处理过程称为退火。

6.2.1.1　退火加热过程中金属组织和性能的变化

通过冷变形而产生了加工硬化的金属，根据加热温度高低不同，其组织和性能的变化过程可分为回复、再结晶及晶粒长大三个阶段，这三者又往往重叠交织在一起。各阶段组织和性能变化如图 6-1 所示。

A　回复阶段

回复是退火过程的第一阶段。当加热温度不高时，也就是说加热温度低于变形金属开始发生再结晶的温度时，由于原子活动能力不大，只能作短距离的扩散运动，此时只能消除晶格的扭曲和畸变，但不能形成新的再结晶晶粒。当用光学显微镜观察时，看不到金属内部组织有任何变化。此时，金属的强度和硬度稍有降低，塑性略有提高。

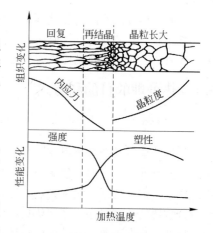

图 6-1　加工硬化金属在加热时
组织及性能的变化

回复过程的本质是点缺陷运动和位错运动的重新组合。在低温回复时，主要涉及点缺陷的运动，它们可以移至晶界或位错处消失，也可以聚合起来形成空位对、空位群，还可以与间隙原子相互作用而消失。总之，点缺陷运动的结果，使其密度大大减小。由于电阻率对点缺陷比较敏感，所以电阻率的数值有较显著的下降；力学性能对点缺陷的变化不敏感，这时力学性能不发生变化。

在中等温度和较高温度回复时，主要涉及位错的运动。由于此时的加热温度较高，不仅原子有很大的活动能力，而且位错也开始运动：异号位错可以互相吸引而抵消，缠结中的位错进行重新组合，亚晶粒也会长大；当温度更高时，位错不但可以滑移，而且可以攀移，产生多边化。在回复过程中金属的某些物理性能却有明显的变化，例如金属的电阻和内应力发生了明显下降。这个阶段基本上还保持着冷作硬化状态金属的主要特征。

回复退火也称为去应力退火，使冷加工的金属在基本保持加工硬化状态的前提下降低其内应力（主要是第一内应力），减轻工件的翘曲和变形，降低电阻率，提高材料的耐腐蚀性并改善塑性和韧性，提高材料使用时的安全性。

B 再结晶阶段

凡是在冷变形金属和合金的基体上，经过退火加热而形成了由新的晶粒所构成的显微组织称为再结晶。再结晶是退火过程的第二阶段。

再结晶过程的第一步是在变形基体中形成一些晶核，这些晶核由大角度界面包围且具有高度结构完整性，然后，这些晶核就以"吞噬"周围变形基体的方式而长大，直至整个基体被新晶粒占满为止。再结晶晶核的必备条件是它们能以界面移动方式吞并周围基体，进而形成一定尺寸的新生晶粒。再结晶的驱动力是变形时与位错有关的储能，再结晶将使这部分储能基本释放。随着储能的释放，应变能也逐渐降低，新的无畸变的等轴晶粒的形成及长大，使之在热力学上变得更为稳定。因此，只有与周围变形基体有大角度界面的亚晶才能成为潜在的再结晶晶核。再结晶晶核一般优先在原始晶界、夹杂物界面附近、变形带、切变带等处生成。再结晶形核有两种主要机制：

（1）应变诱发晶界迁移机制。当金属材料的变形程度较小时，再结晶晶核常以这种方式形成。由于变形程度小，位错密度也小。回复退火后，它们的亚晶粒大小也不同。在显微镜下可以直接观察到，原始晶粒大角度界面中的一小段（尺寸约为几微米）突然向亚晶粒细小位错密度高的一侧弓出，弓出的部分即作为再结晶晶核，它吞并周围基体而长大（图6-2c），故又称此种形核机制为晶界弓出形核机制。

（2）亚晶长大形核机制。亚晶长大形核一般在大的变形程度下发生。在回复阶段，亚晶长大时，原分属各亚晶界的同号位错都集中在长大后的亚晶界上，使其与周围基体位向差角增大，逐渐演变成大角度界面。此时，界面迁移速率突增，开始真正的再结晶过程。亚晶长大的可能方式有两种，即亚晶的合并形核（图6-2a）以及亚晶晶界移动形核（图6-2b）。变形铝合金加热会发生回复与再结晶过程，其驱动力是变形储能。在退

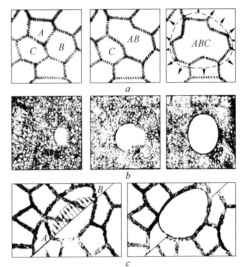

图6-2 再结晶形核机制示意图
a—亚晶的合并形核；b—亚晶晶界移动形核；c—弓出形核

火温度低、退火时间短时，发生的主要过程为回复，其本质是点缺陷运动和位错运动及其重新组合，在精细结构上表现为多边化过程，形成亚晶组织。退火温度升高或退火时间延长，亚晶尺寸逐渐增大，位错缠结逐渐消除，呈现明显的亚晶晶界。在一定条件下，亚晶可以长大到很大尺寸（约 $10\mu m$），发生原位再结晶。

当金属加热到开始再结晶温度时，则在冷变形金属或合金的基体上，开始形成新的晶粒。随着加热温度的升高或保温时间的延长，新晶粒的数量不断增加，直至全部形成了新的再结晶晶粒为止。在此阶段中，金属内部的原子活动能力很强，原子通过扩散进行重新排列。通过再结晶退火可使金属组织被拉长的晶粒所形成的纤维组织转变成同等轴的再结晶晶粒所组成的再结晶组织，金属的加工硬化现象被完全消除。此时，金属的强度和硬度急剧下降，塑性明显上升，金属的性能基本恢复到冷变形之前的情况。

一般把冷变形金属加热到再结晶温度之上，使其发生再结晶的热处理过程称为再结晶退火。

C　晶粒长大

再结晶晶核形成以后就可以自发、稳定地生长。再结晶晶核是消除了加工硬化、结构上较为完整的新晶粒，但晶核外的基体仍处于变形状态，它们之间的储能差就成为晶界迁移的驱动力。晶核将以晶界向周围变形基体中推进的方式长大，界面移动的方向总是背向其曲率中心的方向。

通过晶核长大，变形基体将全部转变为再结晶组织状态。当旧的晶粒完全消失，全部被新的、无畸变的再结晶晶粒所取代时，再结晶过程即告终结，此时的晶粒尺寸即为再结晶的起始尺寸。与形核过程一样，晶粒的长大也是热激活过程，温度的升高会使长大加速。

冷变形金属在经过完全再结晶之后，一般都可得到均匀细小的等轴晶粒。但是，如果加热温度过高或加热时间过长时，则再结晶后的新晶粒又会发生合并和长大，使晶粒变得粗大，金属的力学性能也相应变坏，我们把这一现象称为晶粒长大或聚集再结晶。在生产中，一定要防止发生这种聚集再结晶。根据再结晶后晶粒长大过程的特征，可将晶粒长大分为两种类型：一种是随着温度的升高或保温时间的延长，晶粒均匀连续地长大，称为晶粒均匀长大；另一种是晶粒不均匀、不连续地长大，晶粒选择性地长大。

（1）晶粒均匀长大。晶粒均匀长大又称为正常的晶粒长大或聚集再结晶。在这个过程中，一部分晶粒的晶界向另一部分晶粒内迁移，结果一部分晶粒长大而另一部分晶粒消失，最后得到相对均匀的较为粗大的晶粒组织。由于某种原因一方面无法准确掌握再结晶恰好完成的时间，另一方面在整个体积中再结晶晶粒决不会同时相互接触。所以，通常退火后的晶粒都发生了一定程度的长大。

1）晶粒长大的驱动力。晶粒长大是以界面能为驱动力的，因而晶粒长大的驱动力比再结晶驱动力约小两个数量级，所以晶粒长大速率比再结晶速率小。

再结晶晶核产生在某些条件有利的部位，具有相对的不均匀性；在晶核长大过程中，晶界的迁移速率也是不均匀的。因此，各晶粒在不同瞬间并且在其表面的不同点发生接触，使再结晶完毕后的晶粒具有不同尺寸以及各种偶然的不正规形状。这些晶粒间的晶界总界面能高，在界面各处表面张力往往不平衡，因而仍处于热力学不稳定状态。

2）影响晶粒长大的因素。晶粒长大是通过晶界迁移来实现的，所有影响晶界迁移的因素都会影响晶粒长大。

① 温度。由于晶界迁移的过程就是原子的扩散过程，所以温度越高，晶粒长大速度就越快。通常在一定温度下晶粒长大到一定尺寸后就不再长大，但温度升高后晶粒又会继续长大。

② 杂质及合金元素。杂质及合金元素溶入基体后都能阻碍晶界运动，特别是晶界偏聚现象显著的元素其作用更大。一般认为被吸附在晶界的溶质原子会降低晶界的界面能，从而降低界面移动的驱动力，使晶界不易移动。

③ 第二相质点。弥散的第二相质点对于阻碍晶界移动起着重要的作用。最近的实验研究结果表明，第二相质点对晶粒长大速度的影响与第二相质点半径和单位体积内的第二相质点的数量有关。晶粒大小与第二相质点半径成正比，与第二相质点的体积分数成反比。也就是说，第二相质点越细小，数量越多，则阻碍晶粒长大的能力越强，晶粒越细小。

④ 相邻晶粒的位向差。晶界的界面能与相邻晶粒间的位向差有关，小角度晶界的界面能小于大角度晶界的界面能，而界面移动的驱动力又与界面能成反比，因此，前者的移动速度要小于后者。

（2）晶粒选择性长大——二次再结晶。具备了一定条件时，在晶粒较为均匀的再结晶基体中，某些个别晶粒可能急剧长大，逐步吞食周围的大量小晶粒，其尺寸超过原始晶粒的几十倍或上百倍，比临界变形后形成的再结晶晶粒还要粗大得多，这种现象称为二次再结晶。从现象上看，二次再结晶与再结晶类似，但再结晶发生于冷变形基体，晶核为长大了的亚晶；二次再结晶发生于已再结晶的基体，晶核为少数再结晶晶粒。

铝合金的二次再结晶首先与合金元素有关。铝合金中含有铁、锰、铬等元素时，由于生成$FeAl_3$、$MnAl_6$、$CrAl_3$等弥散相，可阻碍再结晶晶粒均匀长大。但加热至高温时，有少数晶粒晶界上的弥散相因溶解而首先消失，这些晶粒就会率先急剧长大，形成少数极大的晶粒。锰、铬等元素在一定的条件下可细化晶粒组织，但在另一种条件下则可能促进二次再结晶，从而得到粗大的或不均匀粗大的组织。

除合金元素的影响外，发达的退火织构也可促进二次再结晶的产生。

6.2.1.2 再结晶温度及其影响因素

A 再结晶温度

在板带材生产过程中，要想获得良好的最终性能，就必须正确地进行板坯退火、中间退火及成品退火，使产品具有均匀细小的晶粒。为了达到这样的效果，首先要知道金属及合金的再结晶温度及其主要影响因素。

再结晶温度通常是指再结晶的开始温度，即在一定的变形程度（70%以上）和保温时间的条件下，金属及合金开始发生再结晶的最低温度，也就是开始形成再结晶新晶粒的温度，有时又称此温度为再结晶开始温度。把再结晶过程进行完了的温度即金属由变形组织全部转变为再结晶组织的温度称为再结晶终了温度。再结晶温度是金属的一种重要特性，依据它可选择合理的退火温度范围，也可用来衡量材料的高温使用性能。

再结晶温度不是一个物理常数，在合金成分一定的情况下，它与变形程度及退火时间有关。若使变形程度及退火时间恒定，则再结晶既有其开始发生的温度，也有其完成的温度，即有一个温度区间。再结晶终了温度总比再结晶开始温度高，但影响它们的因素是相同的。

根据前人试验的结果发现，纯金属的再结晶温度与其熔化温度有一定关系，可以用下式表示：

$$T_{再} = AT_{熔}$$

式中　　$T_{再}$——纯金属的再结晶温度；

$T_{熔}$——纯金属的熔点；

A——比例常数。对一般纯金属A值取0.4。

由于合金的再结晶温度受很多因素的影响，并不是一个定值，而是一个温度区间。用上述公式求出的数值是不精确的，仅可用于参考。

如何来确定金属和合金的再结晶温度呢？最简单的方法是利用测定硬度的方法来确定，通常把硬度开始急剧下降的温度作为金属或合金的开始再结晶温度。另一种较精确的方法是用光学显微镜观察，当发现出现第一个再结晶新晶粒时所对应的温度则为其开始再结晶温度。当在显微镜下看不到变形后的纤维组织，视为全部由再结晶新晶粒所构成时，则认为金属或合金已完成了再结晶过程，此时所对应的温度为再结晶终了温度，确定再结晶温度的最精确方法是使用X射线测量。

常用铝及铝合金材料的实测再结晶温度如表6-1所示。

表 6-1　常用铝及铝合金材料的实测再结晶温度

合金牌号	制品种类	制品规格/mm	冷变形程度/%	加热方式	保温时间/min	再结晶温度/℃	
						开始	终了
1060	冷轧板材	2.0	75	空气炉	60	200	320
5A02	冷轧板材	4.0	35	空气炉	120	260	300
		2.1	80		60	250	300
5A03	冷轧板材	1.8	60	空气炉	60	240	270
		0.9	80		60	235	260
3A21	冷轧板材	1.25	84	空气炉	30	320	520
				盐浴炉	10	320	535
6A02	冷轧板材	3.0	57	空气炉	60	260	350
2A14	冷轧板材	2.0	60	空气炉	60	260	350
2A11	热轧板材[①]	6.0	96	空气炉	20	310	360
	冷轧板材	1.0	84		20	250	280
2A12	热轧板材[①]	6.0	96	空气炉	20	350	500
	冷轧板材	1.0	83		20	270	310
7A04	冷轧板材	2.0	60	空气炉	60	300	370

①热轧温度为420℃

B　影响再结晶温度的主要因素

影响金属和合金材料再结晶温度的主要因素有：金属纯度、冷变形程度、退火温度、保温时间、加热速度及原始晶粒等。

a　变形程度的影响

冷变形程度是影响再结晶温度的重要因素。当退火时间一定（一般取 1h）时，冷变形程度与再结晶开始温度的关系如图 6-3 所示。变形程度增加，再结晶开始温度降低。当变形程度达到一定值后，再结晶开始温度趋于一定值。通常将变形程度在 60% ~ 70% 以上、退火 1 ~ 2h 的最低再结晶开始温度 $T_{再}^{开}$ 视为金属的一种特性，可用来表示金属的再结晶温度。

金属材料的冷变形程度对其再结晶的影响最为明显。金属的冷变形程度越大，贮存的能量就越多，就有更大的推动力促使金属进行再结晶，因此，其再结晶温度也就越低，同时，随着冷变形程度的增加，金属材料完成

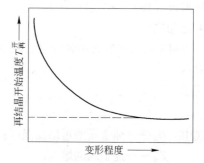

图 6-3　变形程度对再结晶开始温度的影响

再结晶过程所需的时间也相应缩短，图 6-4 为纯铝（99.99%）板材再结晶温度与冷变形程度的关系。图 6-5 为铝镁系合金板材再结晶温度与冷变形程度的关系。

b　合金成分及杂质的影响

金属中的杂质和少量合金元素对其再结晶温度也有影响，见图 6-6。金属的纯度越高，其再结晶过程进行得越快，再结晶温度也越低。例如纯度为 99.9986% 的铝在 150℃ 退火时，经 5s 即发生再结晶；而纯度为 99.9937% 的铝在 240℃，经过 10min 后才开始再结晶，即纯铝中加入少量元素能使其再结晶温度显著提高。

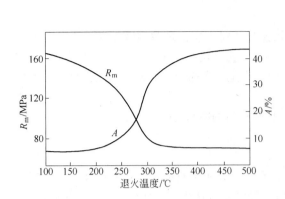

图 6-4　纯铝（99.99%）板材再结晶
温度与冷变形程度的关系

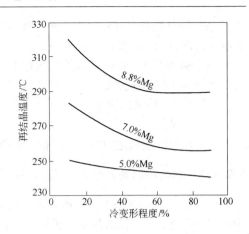

图 6-5　铝镁系合金板材再结晶
温度与冷变形程度的关系

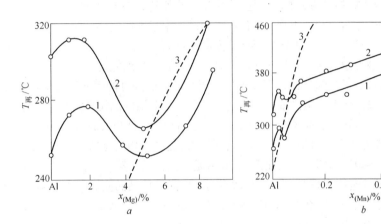

图 6-6　再结晶开始温度、终了温度与合金成分的关系
a—铝-镁合金；b—铝-锰合金
1—再结晶开始温度；2—再结晶终了温度；3—固溶线

c　退火时间的影响

退火温度高于开始再结晶温度时才能发生再结晶，提高退火温度能加速再结晶过程的进行。金属材料的再结晶温度与退火时间也有密切关系，见图 6-7。当冷变形程度一定时，提高退火温度，再结晶所需的保温时间就随之缩短。反之，当退火温度较低时，则须相应延长退火保温时间。

d　加热速度的影响

金属材料在快速加热时，由于冷变形所引起的晶格畸变和内应力来不及恢复，因而可在较低的温度下发生再结晶，其再结晶温度很低，一般可得到较细小的晶粒。而在缓慢加热时，在加热过程中金属先发生回复过程，晶格畸变几乎完全消失，使再结晶核心数目显著减少，其再结晶温度高，晶粒易于粗大。例如，

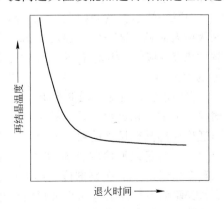

图 6-7　退火时间与再结晶温度的关系

1035 纯铝冷轧板材（厚度为 1.0mm，变形程度为 87.5%），在空气炉内缓慢加热比在盐浴槽中快速加热的再结晶温度高 30℃左右。

由于铝及铝合金具有良好的导热性能，在快速加热时不会出现像钢铁那样由于受热不均匀，产生很大的内应力而引起的裂纹，所以退火时可尽量采用高温快速加热，尤其是对纯铝和 3 系合金板材，应采取快速加热的退火方法，否则会产生粗大晶粒，严重地降低板材的深冲性能及表面质量。

对于可热处理强化的铝合金板材，还必须考虑退火后的冷却问题。

6.2.1.3　影响再结晶晶粒大小的主要因素

（1）合金成分的影响。一般来说，随着合金元素及杂质含量的增加，晶粒尺寸减小，因为不论合金元素溶入固溶体中，还是生成弥散相，均阻碍晶界迁移，有利于得到细晶粒组织。但某些合金，若固溶体成分不均匀，则反而可能出现粗大晶粒组织。例如 3A21 合金加工材的局部粗大晶粒现象。

3A21 合金加工材退火后晶粒粗大的原因是：Al-Mn 合金半连续铸锭由于冷却速度大，加上锰本身具有晶界吸附现象，不可避免地出现晶内偏析，即晶界附近区域锰含量较晶粒内部高。锰强烈提高铝的再结晶温度，锰含量不同的区域再结晶温度也不同。锰含量高的区域再结晶温度较锰含量低的区域高。合金变形退火时，若加热速度不太快，则温度达到低锰区再结晶温度后，该区就会形核生成再结晶晶粒。但高锰区此时不仅不发生再结晶，而且可能因回复而降低储能水平，使再结晶温度更高。温度继续升高至高锰区能发生再结晶时，低锰区晶粒早已长大，高锰区可能自身形核，也可能以低锰区再结晶晶核为核心而长大，最后形成局部粗大的晶粒组织。

为防止这种原因造成的粗晶组织，第一个措施是对铸锭进行均匀化退火，使固溶体成分均匀。3A21 半连续铸锭于 600 ~ 640℃均匀化退火 8h 就是为此目的。第二个措施是再结晶退火时快速加热，使退火温度迅速达到高温，防止在锰不同浓度区域再结晶先后发生。第三个措施是控制化学成分，如铁可减小 3A21 合金晶内锰偏析，钛可细化晶粒，故 3A21 中含有较高铁及钛时，不用均匀化退火就能得到细晶粒。

（2）原始晶粒尺寸的影响。在合金成分一定时，变形前的原始晶粒对再结晶后晶粒尺寸也有影响。一般情况下，原始晶粒愈细，原有大角度界面愈多，因而增加了形核率，使再结晶后晶粒尺寸较小。但随着变形程度增加，原始晶粒的影响减弱。

（3）变形程度的影响。变形程度与晶粒尺寸的关系如图 6-8 所示。

由某一变形程度开始发生再结晶并且得到极粗大晶粒，这一变形程度称为临界变形程度或临界应变，用 ε_c 表示。在一般条件下，ε_c 为 1% ~ 15%。

实验证实，当变形程度小于 ε_c 时，退火时只发生多边化过程，原始晶界只需作短距离迁移（约晶粒尺寸的数百万分之一至数十分之一）就足以消除应变的不均匀性。当变形程度达到 ε_c 时，个别部位变形不均匀性很大，其驱动力足以引起晶界大规模移动而发生再结晶。但由于此时形核率 N 小，形核率

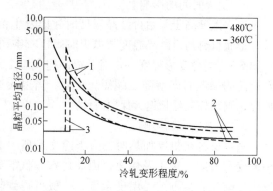

图 6-8　1100 板材在 360℃或
480℃退火后的晶粒尺寸

1—慢速加热；2—快速加热；3—临界变形程度

与晶核长大速率 C 之比值（N/C）亦小，因而得到粗大晶粒。此后，在变形程度增大时，N/C 值不断增高，再结晶晶粒不断细化。

变形温度升高，变形后退火时所呈现的临界变形程度亦增加，如图6-9所示，这是因为高温变形的同时会发生动态回复，使变形储能降低。这一现象说明，为得到较细晶粒，高温变形可能需要更大的变形量。

金属愈纯，临界变形程度愈小，如图6-10所示，但加入不同元素影响程度不同。例如，铝中加入少量锰可显著提高铝的 ε_c，但加入锌和铜时，加入量即使较大，影响也较微弱，这与锰能生成阻碍晶界迁移的弥散质点 $MnAl_6$ 有关。

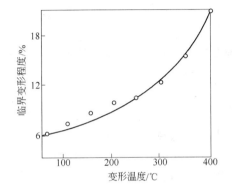

图6-9　铝的临界变形程度与
变形温度的关系
（450℃退火30min）

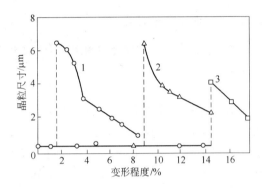

图6-10　不同锰含量和变形程度对
铝合金再结晶晶粒尺寸的影响
1—99.7% Al；2—Al+0.3% Mn；
3—Al+0.6% Mn（质量分数）

ε_c 有重要的实际意义。为使退火得到细晶粒，应防止变形程度处在 ε_c 附近。但有时为得到粗晶、两晶粒晶体或单晶，可应用临界变形得到粗晶粒这一特性。

（4）退火温度的影响。退火温度升高，形核率 N 及晶核长大速率 C 增加。若两个参数以相同规律随温度而变化，则再结晶完成瞬间的晶粒尺寸应与退火温度无关；若 N 随温度升高而增大的趋势较 C 增长的趋势强，则退火温度愈高，再结晶完成瞬间的晶粒愈小。但是，多数情况下晶粒都会随退火温度升高而粗化（图6-11），这是因为实际退火时晶粒都已发展到长大阶段，这种粗化实质上是晶粒长大的结果。温度愈高，再结晶完成时间愈短，在相同保温时间下，晶粒长大时间更长，高温下晶粒长大速率也愈大，从而最终得到粗大的晶粒。

（5）保温时间的影响。在一定温度下，退火时间延长，晶粒逐渐长大，但达到一定尺寸后基本终止，这是因为晶粒尺寸与退火时间呈

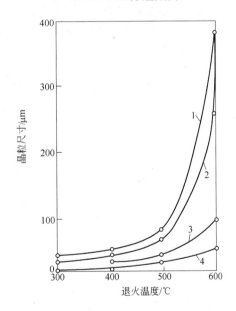

图6-11　铝合金退火后晶粒尺寸
与退火温度关系（保温1h）
1—99.7% Al；2—Al+1.2% Zn；3—Al+0.6% Mn；
4—Al+0.55% Fe（质量分数）

抛物线形关系，所以在一定温度下晶粒尺寸均会有一极限值。若晶粒尺寸达到极限值后，再提高退火温度，晶粒还会继续长大，一直达到下一温度的极限值，这是因为原子扩散能力增高了，打破了晶界迁移力与阻力的平衡关系。温度升高可使晶界附近杂质偏聚区破坏，并促进弥散相部分溶解，使晶界迁移更易进行。

（6）加热速度的影响。加热速度快，再结晶后晶粒细小，这是因为快速加热时，回复过程来不及进行或进行得很不充分，因而不会使冷变形储能大幅度降低。快速加热提高了实际再结晶开始温度，使形核率加大。此外，快速加热能减少阻碍晶粒长大的第二相及其他杂质质点的溶解，使晶粒长大趋势减弱。

6.2.1.4　退火工艺制度

板带材的退火工艺制度应根据压力加工过程的需要及使用单位对成品力学性能的要求来合理制定。

　A　坯料退火

热轧板坯在冷轧前，一般需进行坯料退火。因为热轧的终了温度一般在 280～330℃，并在空气中很快冷却到室温，这样，在热轧板坯内保持着局部的加工硬化。如果不通过退火把加工硬化完全消除，则继续进行冷轧是有困难的，因此需要进行坯料退火。对于纯铝和有些合金（如 3A21、3003、6A02 等），因其塑性较高，热轧后，可以不进行坯料退火直接冷轧。

对不可热处理强化的合金，在退火保温后，可直接在空气中冷却。而对可热处理强化的合金，则在退火保温后，按照规定的速度进行缓慢冷却使合金中的强化相在冷却过程中充分分解析出，防止因快冷而引起的局部淬火现象。对包铝板材，在选择退火温度和保温时间时，必须考虑包铝层中的铜扩散问题，如果退火温度过高或保温时间过长，将会引起合金中的铜原子向表面包铝层中扩散，从而降低板材的抗蚀性能。常用铝合金板料的退火工艺如表 6-2 所示。

表6-2　常用铝合金坯料退火制度

合 金 牌 号	金属温度/℃	保温时间/h
2A11	390～440	1～3
2A12	390～440	1～3
7A04	390～440	1～3
5A03	370～420	2
5A05	390～410	1～3
5A06	370～420	1～3

　B　中间退火

中间退火是指在冷加工变形过程中进行的退火。中间退火的工艺制度基本上和坯料退火相同。退火温度的选择主要是根据合金成分和变形程度来确定。合金成分复杂的高强度铝合金如 2A11、2A12 等，在退火保温后随炉缓慢冷却有利于固溶强化相质点的分解析出，以便提高合金的塑性。常用铝及铝合金板材的中间退火制度见表 6-3。

表6-3 常用铝及铝合金板材中间退火制度

合金牌号	板材厚度/mm	金属温度/℃	保温时间/h
5A02	0.8 以下	340～380	1
5A03	0.6 以下	360～390	1
5A06	2.0 以下	340～360	1
2A11、2A12	0.8 以下	400～450	1～3
7A04	1.0 以下	390～430	1～3

C 成品退火

板带材轧制到成品厚度后所进行的最后一次退火称为成品退火。成品退火时，必须严格控制退火工艺，以保证材料的力学性能达到技术条件的要求。按照力学性能要求的不同，成品退火又分为完全再结晶退火和不完全再结晶退火。

a 完全再结晶退火

完全再结晶退火主要用于生产退火软状态的成品板带材。为了保证退火板带材的质量，一般要求退火前板带材的冷变形程度不小于50%，最好在75%以上。成品退火一般在带有强制循环空气的电阻炉内进行。

为了获得优质产品，退火时必须严格控制退火温度、保温时间、加热速度及冷却速度等条件。

b 不完全再结晶退火

不完全再结晶退火包括消除应力退火和部分软化退火两种，主要用于不可热处理强化合金及半硬制品的生产。

消除内应力退火时，金属的组织不发生变化，仍保持着加工变形组织，只消除了板带材内部的残余应力。部分软化退火时，则使金属的组织发生部分变化，除了存在加工变形组织外，还存在一定量的再结晶组织。根据软硬程度要求的不同，可采取不同温度的退火制度。

制定退火制度不仅要考虑退火温度和保温时间，而且要考虑合金成分、杂质含量、冷变形程度、中间退火温度和热变形温度的影响。制定合理的不完全再结晶退火制度时，必须先测出退火温度与力学性能之间的变化曲线，再根据技术条件规定的性能指标定出退火温度范围。

（1）铝及铝合金的退火制度。表6-4为常用铝及铝合金的成品退火制度。

表6-4 常用铝及铝合金成品退火制度

合金牌号	状态	金属温度/℃	保温时间/h
3003	H24	285～300	1.5
1060、1100	H24	230～240	1.5
5083	O	345～365	0.5
5A06	O	330～350	1
5A06	H34	150～180	1
1060、1100	O	345	1～3
2014、2024	O	415	2～3
3003、3005	O	415	1～3
3004	O	345	1～3
5050、5005、5052	O	345	1～3
6061、6063	O	415	2～3
7075、7175	O	415	2～3

（2）镁及镁合金的退火。镁合金板材在轧制以后一般要进行退火热处理。镁合金完全再结晶主要取决于要获得最高常温力学性能的温度，其退火温度应选择在靠近完全再结晶温度范围内。退火温度过高易使晶粒长大，导致性能降低。除压下量外，热轧和精轧的终了温度也影响镁合金的开始再结晶温度。终轧温度越高，开始再结晶温度也越高。镁及镁合金板材通常采用箱式空气循环电阻炉退火。表6-5和表6-6为变形镁合金板材的退火制度。

表6-5　部分镁合金板材的退火制度

合金牌号	厚度/mm	温度/℃	保温时间/h	冷却介质
M2M	15 ~ 10	380 ~ 400	5 ~ 6	空气
	9 ~ 5	360 ~ 380	4 ~ 5	
	4 ~ 2	350 ~ 360	3 ~ 4	
	1 ~ 0.5	340 ~ 350	2 ~ 3	
AZ40M、AZ41M、AZ31B	15 ~ 10	320 ~ 350	4 ~ 5	
	9 ~ 5	300 ~ 320	3 ~ 4	
	4 ~ 2	280 ~ 300	2.5 ~ 5	
	1 ~ 0.5	280 ~ 300	2.5 ~ 3	
ME20M	15 ~ 10	280 ~ 320	2 ~ 3	
	9 ~ 5	280 ~ 300	2 ~ 3	
	4 ~ 2	280 ~ 300	1.5 ~ 2	
	1 ~ 0.5	280 ~ 300	1.5 ~ 2	

表6-6　镁合金板材成品退火制度

合金牌号	状态	规格/mm	温度/℃	保温时间/min	金属出炉温度/℃	冷却介质
M2M、ME20M	O	7.0 ~ 10.0	330 ± 5	30	340	空气
		2.0 ~ 6.9	320 ± 5	30	340	
		0.5 ~ 1.9	340 ± 5	30	360	
AZ40M、AZ41M、AZ31B	O	7.0 ~ 10.0	320 ± 5	30	340	
		2.0 ~ 6.9	310 ± 5	30	330	
		0.5 ~ 1.9	320 ± 5	30	340	
ME20M	H24	0.8 ~ 5.0	280 ± 5	30	300	

（3）钛合金的热处理。常用的热处理方法有退火、固溶和时效处理。退火是为了消除内应力、提高塑性和稳定组织，以获得较好的综合性能。通常 α 合金和 α + β 合金退火温度选在 α + β —→ β 相转变点以下 120 ~ 200℃范围内；固溶和时效处理是从高温区快冷，以得到马氏体 α′ 相和亚稳定的 β 相，然后在中温区保温使这些亚稳定相分解，得到 α 相或化合物等细小弥散的第二相质点，以达到合金强化的目的。通常 α + β 合金的淬火在 α + β —→ β 相转变点以下 40 ~ 100℃范围内进行，亚稳定 β 合金淬火在 α + β —→ β 相转变点以上 40 ~ 80℃范围内进行。时效处理温度一般为 450 ~ 550℃。

总之，钛合金的热处理工艺可以归纳为：

（1）消除应力退火：目的是为消除或减少加工过程中产生的残余应力，防止在某些腐蚀环境中的化学侵蚀和减少变形。

（2）完全退火：目的是为了获得好的韧性，改善加工性能，有利于再加工以及提高尺寸和组织的稳定性。

（3）固溶处理和时效：目的是为了提高强度。α 钛合金和稳定的 β 钛合金不能进行强化热处理，在生产中只进行退火。α + β 钛合金和含有少量 α 相的亚稳定 β 钛合金可以通过固溶处理和时效使合金进一步强化。

此外，为了满足工件的特殊要求，工业上还采用双重退火、等温退火、β 热处理、形变热处理等金属热处理工艺。

6.2.1.5 退火设备

退火时，多个工件装炉（一炉装多个卷或多垛料），要保证每个卷（垛）温度的均匀性，应保证每个卷（垛）周围炉温的均匀。

要保证每个卷（垛）周围炉温的均匀，一要保证有效工作区炉温均匀；二要采用分区控制；三要保证热流分布均匀。

要控制工作区内炉温均匀，首先应做好炉子的保温性能，如果炉体某一处漏气，或保温性能差，就会使该区域温度偏低；其次加热室内电阻丝应均匀分布，另外还应注意导流板（隔热板）的气密性，以防气流短路。

在炉内总会有一些因素使炉温升温速度不同步，有快有慢，温度有高有低，因而要采用分区控制，对加热器的输出功率做及时调整；在炉温保温时，也会因各区吸热物体吸热量不一样，而使区域温度高低不同，因而要采用分区控制。

多个工件装炉，每个工件热流的均匀分布是影响各个工件料温均匀的关键。

热空气流的均匀分布，一靠导流系统的合理导流；二靠循环风机增大热空气流速；三靠合理摆放工件，使各个工件周围对气流的阻挡与流通情况趋向一致。

多个工件装炉，影响料温均匀性的另一因素就是合金状态和规格，即使每个工件周围热流分布均匀，不同合金状态其温度也不一样。因为不同合金比热容不一样，导热系数也有差异，导热系数不一样，影响单卷温度均匀性，导热系数大，整卷均匀性快。导热系数大，从表面往内部传导的热量也大，因而表面温升慢；合金比热容大，升温所需热量就大。因此，对退火设备的要求如下：

（1）炉子保温性能要好；（2）炉子结构要合理；（3）加热器功率要足；（4）循环风机应保证有足够的风量、风压，使炉内热空气达到一定的风速；（5）炉子控制系统应准确可靠。

箱式铝板带材退火炉是目前使用最为广泛的一种退火炉，具有结构简单、使用可靠、配置灵活、投资少等特点。现代化台车式铝板带材退火炉一般为焊接结构，在内外炉壳之间填充绝热材料，在炉顶或侧面安装一定数量的循环风机强制炉内热风循环，从而提高炉气温度的均匀性；炉门多采用气缸（油缸）或弹簧压紧，水冷耐热橡胶压条密封；配置有台车，供装出料之用，在多台炉子配置时往往采用复合料车装出料，同时配置一定数量的料台便于生产。根据所处理金属及其产品用途的不同，有的炉子还装备有保护性气体系统或旁路冷却系统。

目前国内铝加工厂所选用的箱式铝板带材退火炉主要是国产设备，其技术性能、控制水平、热效率指标均已达到一定的水平，见表6-7。

表 6-7　山东富海集团公司台车式铝板带材退火炉主要技术参数

制造单位	中色科技股份有限公司苏州新长光公司
炉子形式	箱式炉
用 途	铝及铝合金板带材的退火
加热方式	电加热
炉膛有效空间（长×宽×高）/mm×mm×mm	7550×1850×1900
炉子区数	3
最大装炉量/t	40
退火金属温度/℃	150~550
炉子最高温度/℃	600
炉子工作区内温差/℃	≤±3
加热器功率/kW	1080
控温方式	PLC + 智能仪表
旁路冷却器冷却能力/MJ·h⁻¹	1465
冷却水耗量/t·h⁻¹	32

　　目前，铝箔退火一般均采用箱式退火炉，多台配置的方式，近几年来铝箔退火炉趋向于采用带旁路冷却系统的炉型。典型铝箔退火炉的主要技术参数见表6-8。

表 6-8　厦顺铝箔有限公司箱式铝箔退火炉主要技术参数

制造单位	中色科技股份有限公司苏州新长光公司
炉子形式	箱式炉
用 途	铝箔卷材退火
加热方式	电加热
炉膛有效空间（长×宽×高）/mm×mm×mm	5800×1850×2250
最大装炉量/t	20
退火金属温度/℃	100~500
炉子最高温度/℃	580
炉子工作区内温差/℃	≤±3
炉子总安装功率/kW	642（其中加热器540，电动机2×37）
控温方式	PLC + 智能仪表
循环风机风量/m³·h⁻¹	2×143000

　　铝箔真空退火炉主要针对有特殊要求的产品而采用的一种炉型，以满足产品的特殊性能要求。为了提高生产效率，铝箔真空退火炉往往配置保护性气体系统。铝箔真空退火炉的生产能力较小，生产效率较低，用途特殊，设备造价又较高，所以采用的较少。

6.2.2　淬火工艺及设备

　　淬火是将金属加热到一定温度，使其中的可溶相固溶到基体当中，然后快速冷却，形成室温下不稳定的过饱和固溶体的过程。

6.2.2.1　淬火的目的和方法

淬火是铝合金板带材生产中最重要而且要求很严格的一种热处理方式。淬火的目的是为了得到金属材料的过饱和固溶体，为以后的时效强化创造必要的条件。

淬火只适用于可热处理强化的合金材料。淬火方法是把已经轧制成成品厚度的板带材放到温度控制比较准确的淬火炉或盐浴槽中加热，当金属温度达到所规定的温度范围并保温一定时间后，将板带材快速浸入室温水中急冷，这样就能把合金在高温下的组织固定在室温，获得能进行时效强化的过饱和固溶体。

6.2.2.2　淬火制度及其确定

淬火工艺参数包括淬火加热温度、保温时间、淬火转移时间和冷却速度。铝合金进行淬火时，必须根据合金和板材厚度等不同情况来选择合理的淬火温度、保温时间和冷却方法。

A　淬火加热温度

铝合金的淬火加热温度主要是根据合金中低熔点共晶物的最低熔化温度来确定的，既要保证可溶相最大限度的固溶到基体之中，也要考虑生产工艺和其他方面的要求。

铝合金的淬火温度范围要求很窄。淬火温度愈高，合金中的强化相固溶愈充分，其过饱和程度也愈大，在淬火时效后合金的力学性能也愈好。但是，当淬火加热温度过高时，将使合金中的一些低熔点共晶物发生熔化而产生过烧现象。金属材料一旦发生过烧，特别是发生严重过烧时，其力学性能明显降低，强度和伸长率同时下降，耐蚀性也变坏，最终造成报废，因此，过烧是淬火加热中必须避免的。

一般采用的淬火温度上限要比合金的过烧温度稍低。淬火加热温度也不能过低，否则将不能达到所要求的力学性能。几种主要铝合金板材所采用的淬火加热温度、开始过烧温度及主要强化相如表6-9所示。

表6-9　铝合金板材淬火加热温度、开始过烧温度及主要强化相

合金牌号	主要强化相	淬火加热温度/℃	开始过烧温度/℃
2A11	CuAl2	500 ~ 510	514 ~ 517
2A12	CuAl2、Al2CuMg	496 ~ 502	505 ~ 507
7A04	MgZn2、T（Al12Mg8Zn3）	465 ~ 480	
6A02	Mg2Si	515 ~ 525	565
2A14	CuAl2、Mg2Si	495 ~ 505	515

合金元素含量及变形程度大小，对铝合金的过烧温度都有较大影响，因此，各种合金的过烧温度应在生产条件下通过试验测定来确定。

B　升温时间和保温时间

淬火加热时间包括升温和保温两个时间阶段。

板材淬火加热时的升温时间是指金属由室温升到淬火加热温度下限所需的时间。这段时间对板材的组织和性能有一定影响。一般来说，升温时间愈短愈好，也就是加热速度愈快愈好。因为加热速度快时，板材的晶粒较细，性能较好，同时还减小了包铝铝合金板材的铜扩散程度，提高了板材的耐蚀性能。为了达到快速加热的目的，一般采用盐浴槽加热的方法。盐浴槽的升温速度比在带循环空气的电阻炉内加热时快10多倍，但盐浴槽加热时操作麻烦，消耗大量硝盐，而且不安全。在盐浴槽内加热时，要控制板材的装入量，以防止因盐浴的温度下降太大而延长加热升温时间。

现代的板材加工厂一般采用气垫式连续淬火加热炉。

淬火保温时间与合金种类、淬火温度、板材厚度及淬火前的状态等因素有关。合金中主要强化相的溶解扩散速度愈快，所需淬火保温时间愈短；采用的淬火加热温度较高时，保温时间可相应短些。板材厚度越大，其保温时间也越长。热轧厚板比冷轧板的保温时间要长些。退火板材（软状态）淬火时，其保温时间应比冷轧的硬状态板材的保温时间要长，因为退火后的板材，其主要强化相已充分分解析出，当进行加热使其再固溶时则比较困难，所需保温时间也相对较长。

淬火保温时间的计算应以金属的表面温度或炉温达到淬火温度范围的下限时开始计算。

C 淬火转移时间

把加热后的板材从加热炉或盐浴炉中转移到淬火水槽中进行淬火的时间称为淬火转移时间。淬火转移时间对板材的力学性能，尤其是耐蚀性能影响较大。一般要求淬火转移时间越短越好。因为板材一出炉就与空气接触，如果停留时间稍长，则温度下降迅速，易引起金属的过饱和固溶体发生分解和析出，使板材的力学性能和耐蚀性能下降。

一般要求 2A11、2A12 合金的淬火转移时间不超过 30s。7A04 合金对于淬火转移时间特别敏感，所以要求不超过 15s。表 6-10 为淬火转移时间对 7A04 合金板材力学性能的影响。从表中看出，当转移时间超过 20s 时，板材的强度急剧下降，但伸长率的变化并不明显。

表 6-10 淬火转移时间对 7A04 铝合金力学性能的影响

淬火转移时间/s	抗拉强度 R_m/MPa	屈服强度 $R_{p0.2}$/MPa	伸长率 A/%
5	522.7	493.3	11.2
10	514.8	475.6	10.7
20	507.0	452.1	10.3
30	451.1	377.6	12.0
40	418.7	347.2	11.6
60	396.2	309.9	11.0

D 淬火时的冷却速度

板材通常采用的淬火方法是把板材直接投入室温的冷水槽中进行快速冷却，使过饱和固溶体最大限度地固定下来。生产实践证明，冷却速度愈快，淬火效果愈好。一般要求淬火的水温不应超过 30℃。如果水温过高（超过 60℃）时，将使板材的耐蚀性能和力学性能下降。

热轧厚板在冷水中淬火时，由于冷却速度太快，会使板材产生较大的翘曲变形和裂纹。可把水温适当地提高到 40~50℃。

为了保证 2A11、2A12 合金具有较高的强度及良好的抗腐蚀性能，其淬火冷却速度应在 50℃/s 以上。7A04 合金的冷却速度要求在 170℃/s 以上。Al-Mg-Si 系合金对冷却速度的敏感性较小，可不作严格要求。

镁合金淬火时，通常采用空冷。

6.2.2.3　淬火设备

A　盐浴炉

盐浴炉的淬火流程如下：硝盐炉加热—冷水淬—硝酸蚀洗—冷水清洗。

盐浴炉的特点是：设备结构简单，制造及生产成本低，易于温度控制；但安全性差，耗电量大，不易清理，常年处于高温状态，调温周期长。使用盐浴炉热处理具有加热速度快、温差小、温度准确等优点，充分满足了工艺对加热速度和温度精度的要求，保证了板材的力学性能。缺点是：转移时间很难由人工准确地控制在理想范围内，有不确定的因素；在水中淬火时，完全靠板材与冷却水之间的热交换而自然冷却，形成了不均匀的冷却过程，使得淬火后的板材内部应力分布很不均匀；板材变形较大，在随后的精整过程中易造成表面擦、划伤等缺陷，并且不利于板材的矫平；盐浴加热时，板面与熔盐直接接触，板面形成较厚的氧化膜，在淬火后的蚀洗过程中很容易形成氧化色（俗称花脸），影响板材表面的均一性。

B　空气炉

空气炉的淬火流程如下：空气加热室—高压冷水—低压冷水。

空气炉特点：设备结构复杂，制造成本高，但安全性好，耗电量小，生产灵活，可随时根据生产需求调整温度。与盐浴炉相比，空气炉热处理同样具有温度准确、均匀性好、温差小等优点，同时也能规范地控制转移时间。由于采用了高压喷水冷却，不仅改善了不均匀的淬火冷却状态和应力分布方式，而且使板材的平直度和表面质量均大幅度提高，简化了工艺，易于实现过程自动化控制，降低劳动强度和手工控制的不便。缺点是相对盐浴炉而言加热过程升温时间相对较长，生产效率有所降低。

空气炉的加热方式分为辊底式空气炉加热和吊挂式空气炉加热。目前国际上，最先进的淬火加热炉为辊底式淬火炉。辊底式淬火炉主要用于铝合金板材的淬火，特别适用于铝合金中厚板的淬火，可使合金中起强化作用的溶质最大限度地溶入铝固溶体中以达到提高铝合金强度的目的。辊底式淬火炉一般为空气炉，可采用电加热、燃油加热或燃气加热。辊底式淬火炉对板材加热、保温，通过辊道将板材运送到淬火区进行淬火。辊底式淬火炉淬火的板材具有金属温度均匀一致（金属内部温差仅为 ±1.5℃）、转移时间短等特点。

表 6-11 和图 6-12 列出了辊底式淬火炉的主要技术参数及结构组成。用这种热处理炉生产铝合金淬火板，工艺过程简单，板材单片加热及单片冷却，可被均匀快速加热，冷却强度大，均匀性好。淬火板材具有优良的综合性能。

表 6-11　东北轻合金有限责任公司辊底式淬火炉主要技术参数

制造单位	奥地利 EBNER 公司
炉子形式	辊底式炉
用　途	铝合金板材的淬火
加热方式	电加热
板材规格/mm × mm × mm	$(2 \sim 100) \times (1000 \sim 1760) \times (2000 \sim 8000)$
炉子最高温度/℃	600
控温精度/℃	≤ ±1.5
控温方式	计算机自动控制

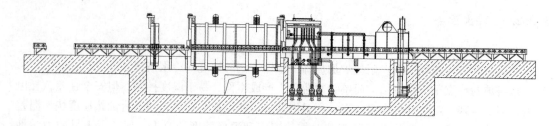

图 6-12　辊底式淬火炉

6.2.3　时效工艺及设备

把淬火后的铝合金材料置于室温或某一温度下，保持一定时间，过饱和固溶体便发生分解变化，使合金的强度和硬度大大提高，这种热处理称为时效。

6.2.3.1　时效的目的及应用

时效是热处理强化工艺的第二阶段，即经淬火形成的过饱和固溶体，通过时效析出弥散相，以达到强化基体的目的。

通过淬火获得的过饱和固溶体是一种不稳定组织，加热将发生分解而转化为平衡组织。时效是铝合金热处理的另一个重要阶段。铝合金和钢铁不同，仅在淬火状态下达不到使合金强化的目的。刚刚淬完火的变形铝合金材料，其强度比退火状态的稍高，而伸长率却相当高，在这种情况下正好进行精整矫直等工序。但是经过淬火所得到的过饱和固溶体在室温下是不稳定的，有向稳定状态发生分解析出的自发趋势。

不同铝合金的时效行为表现也不同，如 2A12 铝合金等通常在室温下存放一定时间就能完成其强化过程，这种在室温下进行的时效过程称为自然时效。对于像 7A04 等铝合金而言，若在室温下进行时效强化，则需要很长时间，如果把它加热到一定温度，保持一定时间后，就能完成其强化过程，这种在高于室温的某一特定温度保持一定时间以提高其力学性能的热处理过程称为人工时效。

铝合金在时效过程中，其组织的变化过程及机理是十分复杂的。

6.2.3.2　时效制度及确定

A　铝合金的时效

采用自然时效方法进行强化的变形铝合金，淬火后放置在室温经过 4 天后就可以完成其时效强化过程。环境温度对于合金的自然时效有很大影响，如在炎热的夏季，室温高达 30 ~ 40℃，合金的时效过程进行得很快。在严寒的冬天，如果气温低于 0℃，则时效过程进行得很慢；若温度低于零下 50℃，则自然时效过程基本停止。在实际生产中要注意温度对时效过程的影响。温度对自然时效型硬铝合金时效过程的影响如图 6-13 所示。

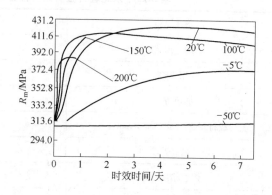

图 6-13　2A11 合金在不同温度时效时强度的变化

2A11 合金在淬火后的 2h 内, 2A12 合金在淬火后的 30min 内, 不发生明显地时效强化作用, 仍保持初淬火时的较软状态, 正适合于进行精整矫直等操作。

采用人工时效方法进行强化的变形铝合金, 其强化效果主要取决于时效温度和保温时间。适当提高时效温度, 可以加快时效过程, 缩短时效时间。

时效温度和时效时间的制定, 则主要取决于合金的化学成分、力学性能及抗蚀性能。常用铝合金板材的时效制度如表 6-12 所示。

表 6-12 常用铝合金板材的时效制度

牌 号	状 态	金属温度/℃	保温时间/h
2A14	T6	150～165	12
7A04、7A09	T6	120～135	16
6A02	T6	150～170	6
2A16	T6	150～165	14
6061	T6	172～180	8
7075	T6	125～130	16

在实际生产中, 必须注意控制从淬火到人工时效之间的停放时间。当超过规定的时间再进行人工时效时, 对合金的强化效果会有一定影响。为了获得最好的力学性能, 6A02 铝合金板材从淬火到人工时效之间的停放时间不大于 6h; 7A04 铝合金板材则在淬火后 4h 之内或 2 昼夜之后进行人工时效。

B 镁合金的时效

固溶淬火处理: 镁合金经过固溶淬火后不进行时效可以同时提高其抗拉强度和伸长率。

人工时效处理: 部分镁合金经过加工成型后不进行固溶处理而是直接进行人工时效, 这种工艺很简单, 也可以获得相当高的时效强化效果。

固溶处理 + 人工时效: 固溶处理后人工时效可以提高镁合金的屈服强度, 但会降低部分塑性, 这种工艺主要应用于 Mg-Al-Zn 系合金和 Mg-RE-Zr 系合金。锌含量高的 Mg-Zn-Zr 合金也可以选用固溶处理后人工时效以充分发挥时效强化效果。

热水中淬火 + 人工时效: 镁合金淬火时通常采用空冷, 也可以采用热水中淬火来提高强化效果。特别是对冷却速度敏感性较高的 Mg-RE-Zr 系合金常常采用热水淬火。

6.2.3.3 时效设备

铝板材时效炉的炉型一般为箱式炉或台车式炉, 不采用保护性气氛, 采用电加热、燃气或燃油加热。典型时效炉的技术参数见表 6-13。

表 6-13 东北轻合金有限责任公司铝板材时效炉主要技术参数

制造单位	航空工业规划设计院
炉子形式	箱式炉
用 途	铝合金板材人工时效
加热方式	电加热
炉膛有效空间（长×宽×高）/mm×mm×mm	8000×4000×2600
最大装炉量/t	40
炉子工作温度/℃	80～250
炉子工作区内温差/℃	≤±3
加热器功率/kW	720
循环风机风量/m³·h⁻¹	131363
控温方式	PLC 自动控制

6.3　镁合金热处理安全技术

由于镁及镁合金的易燃特性，不正确的热处理操作不但会影响镁合金产品质量，而且还可能引起火灾，因此必须重视镁合金热处理的安全。

镁及镁合金加热前要准确地校正仪表，检查电气设备。装炉前必须把镁合金产品表面的毛刺、碎屑、油污或其他污染物及水气等清理干净，并保证产品和炉膛内部的干净、干燥。镁合金产品不宜带有尖锐棱角，而且绝对禁止在硝盐浴中加热，以防爆炸。生产车间必须配备防火器具，炉膛内只允许装入同种合金产品，并且必须严格遵守该合金的热处理工艺规范。

由于设备故障、控制仪表失灵或操作错误导致炉内产品燃烧时，应当立即切断电源，关闭风扇并停止保护气体的供应。如果热处理炉的热量输入没有增加，但炉温迅速上升且从炉中冒出白烟，则说明炉内的镁合金工件已发生剧烈燃烧。

绝对禁止用水灭火。镁合金发生燃烧后应该立刻切断所有电源、燃料和保护气体的输送，使密封的炉膛内因缺氧而扑灭小火焰。如果火焰继续燃烧，那么根据火焰特点可以采取以下几种灭火方法：

（1）如果火势不大，而且燃烧的产品容易安全地从炉中移出时，应该将镁合金产品转移到安全地方，并覆盖专用的镁合金灭火剂。

（2）如果既不容易接近又不能安全地转移产品，可用泵把灭火剂喷洒到炉中，覆盖在燃烧的产品上。

（3）如果以上两种方法都不能及时灭火，可用瓶装的 BF_3 或 BCl_3 气体灭火。将高压的 BF_3 气体从气瓶通入炉内，直到火被扑灭而且炉温降到370℃以下再打开炉门。BCl_3 气体以同样的方式通入炉内，为了保证气体供应，最好给气瓶加热。BCl_3 与燃烧的镁反应生成浓雾，包围在工件周围，可达到灭火目的。

BCl_3 是优先选用的镁合金灭火剂，但是 BCl_3 的蒸气具有刺激性，与盐酸烟雾一样，对人体健康有害。BF_2 在较低浓度下就能发挥作用，而且不需要给气瓶加热就能保证充足供应，其反应产物的危害性也比 BCl_3 的小。

（4）如果镁合金已燃烧了较长时间，并且炉底上已有很多液态金属，则上述两种气体都不能完全扑灭火焰，但仍有抑制和减慢燃烧的作用，可与其他灭火剂配合使用达到灭火目的。可供选择的灭火剂还有：干砂、石棉布、镁合金熔炼用熔剂等。

扑灭镁合金火灾时除了要配备常规的人身安全保护设施外，还应该配戴有色眼镜，以免镁合金燃烧时发出的强烈白光伤害眼睛。

6.4　板带材热处理过程的质量控制

板带材在热处理过程中，主要应进行力学性能、过烧、气泡、淬火裂纹、铜扩散、粗大晶粒等方面的质量控制。板带材在热处理过程中的主要质量问题及产生原因分析如下：

（1）力学性能不合格。产品常温力学性能超标。

主要产生原因：热处理工艺制定不合理；热处理工艺执行不到位；热处理设备或测温仪表出现故障；试样规格或表面不符合要求等。为得到力学性能合格的板带材应针对以上方面进行改善。

（2）过烧。板带材在加热或热处理时，温度过高达到了熔点，使晶界局部加粗，晶内低熔点共晶物形成液相球，晶界交叉处呈现三角形等。破坏了晶粒间结合度，降低了产品的综合性能，属绝对废品。

主要产生原因：炉子各区温度不均；热处理设备或仪表失灵；加热或热处理制度不合理或执行不严。

（3）热处理污痕。铝板卷在加热时的表面氧化，表面光泽及颜色消褪，影响美观。

主要产生原因及防止措施：热处理温度控制不当；炉膛气氛不合适，热处理前制品表面带油多。应适当控制热处理温度，适当控制炉膛气氛，减少热处理前制品表面带油量。

（4）硝痕。淬火时，硝盐残留板面，呈不规则白色斑块，严重降低产品的抗蚀性。

主要产生原因：淬火后洗涤不净，压光前擦得不干净，板片表面留有硝石痕。

（5）淬火裂纹。厚板淬火时板材表面出现裂纹。

主要产生原因：淬火温度过高；淬火加热不均；淬火冷却速度太快，淬火材料的内部产生较大的内应力。一般淬火裂纹与过烧有关。为防止淬火裂纹，除了选用合适的热处理制度外，可适当提高淬火水槽的温度，以减缓材料的冷却速度。

（6）表面气泡。板带材表面不规则的条状或圆形凸包，边缘圆滑，上下不对称。对材料力学性能和抗腐蚀性能有影响。

主要产生原因：热处理温度过高或加热时间过长使得制品表面吸入气体形成气泡。防止措施是选用适当的热处理制度。

（7）粗大晶粒。板带材在热处理后形成的粗大的再结晶晶粒。易造成材料的力学性能下降，深冲制品的表面变粗糙或冲裂。

主要产生原因：化学成分、均匀化退火制度、变形程度、热处理制度不恰当造成。

（8）铜扩散。热处理时，铜原子扩散到包铝层形成的黄褐色斑点。对材料的抗腐蚀性有害。

主要产生原因：它的产生是由于热处理次数过多；没有正确执行热处理制度；不合理地延长加热时间或提高保温温度；包铝层太薄。为防止铜扩散，应在保证产品性能的条件下，适当降低热处理加热温度，缩短保温时间；对于薄的铝合金包铝板材，禁止进行重复多次的热处理操作；包铝层的厚度一定要符合技术条件的要求，包铝层过薄也将削弱其耐蚀的能力。

复习思考题

1. 板带材进行热处理的目的是什么，热处理过程包括哪几个阶段？
2. 铝及铝合金板带箔材生产中，经常采用哪几种热处理方式？
3. 退火加热过程中金属组织和性能发生哪些变化？
4. 什么是再结晶温度，影响金属再结晶温度的主要因素有哪些？
5. 铝合金板材淬火的目的是什么，淬火适用于哪些铝合金？
6. 时效的目的是什么，什么是自然时效，什么是人工时效？
7. 板带材在热处理过程中主要缺陷有哪些，产生原因是什么？

7 板带材精整

7.1 精整的概念

精整是指板带材经过轧制或热处理后，在加工成成品之前所进行的几何尺寸及表面质量等的加工整理。它包括剪切、矫直、酸洗、成品检查等工序。

板带材常用的精整工艺流程为：分切（纵切或横切）—取试样—矫直—成品检查。

7.2 剪切工艺及设备

7.2.1 纵切工艺及设备

7.2.1.1 纵切工艺流程

纵切指在剪切机列上将带材切成宽度精确、毛边少的带条。

纵切一般为成品剪切。其工艺流程如下：上卷—引头切头—穿带—纵切—卸卷—取样—成品检验。

7.2.1.2 纵切设备

A 纵切机列的作用及组成

纵切机列的作用是：提供一种连续转动的剪切方式，将卷材切成宽度精确、毛边少的带条。带材通过机列一个道次，即可在转动剪切的作用下单剪边或剪成若干条，并将带条卷成紧而整齐的卷，无边部和表面损伤。

纵切机列一般由开卷机、纵剪机、张力装置和卷取机组成。

图 7-1 ~ 图 7-3 是纵切生产线三种主要生产方式简图，在实际生产中根据需要进行多种组合与调整，如活套有双活套生产方式的，张力装置有靠辊面摩擦力建立张力的，有利用张力垫建立张力的，有利用真空吸附建立张力的，还有分条延伸器的张力装置及与其他生产形

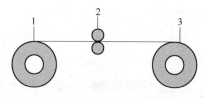

图 7-1 张紧型纵切生产线

1—开卷机；2—纵剪机；3—卷取机

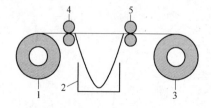

图 7-2 带活套的纵切生产线

1—开卷机；2—活套坑；3—卷取机；
4—纵剪机；5—张力装置

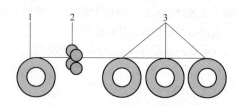

图 7-3 有多个卷取机的生产方式

1—开卷机；2—纵剪机；3—多个卷取机

式组合在一起的装置。

B　张力装置

（1）张力装置是利用两块表面固定有毛毡的平直木板将带材夹紧，有毛毡的一面接触带材表面，生产时靠气缸控制木板间的开口度及压力大小。该种张力方式比较适合剖切条数较多的产品生产，易于保持各条张力的稳定。但是该方式不利于产品表面质量的控制，容易产生划伤及表面发黑。

（2）张力辊是利用辊面摩擦力建立张力，辊子的选材、粗糙度、圆度和锥度等都将影响张力的大小和稳定。该张力方式有利于表面质量的控制，但不利于剖切多条产品的生产。

（3）真空张力装置对每卷带材提供相等的后张力。这种装置使用一个钢制的箱，顶部有一块穿孔的薄板，用布覆盖。一台交流齿轮电动机把干净的布料送到带材表面，一台无级变速直流电动机驱动一台风机产生真空，改变风机的旋转速度可以向所有厚度和宽度范围内的带材提供恰当的真空量，以供给最佳的张力。

（4）美国宾夕法尼亚州卡勒里的赫尔·沃斯（Hers Voss）公司开发了一种分条延伸器（strand extensioner）张力装置，这种卷材纵剪张力方法比其他的方法拉伸的条数更多，并且都以同样的速度重绕。该装置克服了在主卷纵切时，主要由卷中凸度引起的明显的各条长度差异而造成的外卷不稳定和松散现象。

在原理上，分条延伸器使用了一个辊式矫直机，在补偿细长辊的上下工作面之间上下交替地加工带材，足够的夹紧压力作用在补偿辊之间的带材上，因此带材不会在辊子表面打滑，这些细长的工作辊相当灵活，精确的行程、严格的定位和牢固地固定支撑辊，可以很精确地控制这些工作辊从一侧到另一侧的排布。借助于精密的调整机构和非常严格的设备设计参数，操作人员可以调整这些支撑辊，以使工作辊的上下工作面之间的配合在横跨带材宽度的一些点处，比其他点处更大一些。如果这些辊子都是很精确的圆形，并且运转速度一致，则通过机器的轨迹在某些点上比另一些要多；如果上下工作面之间的夹紧压力足以使带材不在辊面上打滑，那么在辊面配合最大处的带材部分，相对于在辊面配合最小处带材的部分进行了拉伸。

分条延伸器从理论上讲，与精密辊式矫直机相似，具有把带材的某一部分相对于另一部分拉长的能力。

C　纵切机组的设备组成

纵切机组结构示意图见图 7-4。

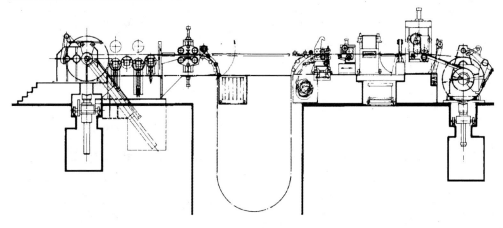

图 7-4　纵切机组结构示意图

　　纵切机组主要设备组成：入口侧卷材存放架，入口上卷小车，套筒和废料卷运输装置，开卷机，自动带材边缘对中装置，压紧辊，刮板和导向装置，入口液压剪，纵切机，废边缠绕装置，张紧装置，出口液压剪，卷取机，分离装置，出口卸卷小车，出口侧卸卷装置，出口侧卷材转运和运输装置，出口侧卷材回转台和运出装置，纵剪刀架更换系统，穿带装置，气动系统，液压、电气传动及控制系统等。几种典型的纵切机组技术性能见表 7-1 和表 7-2。

表 7-1　典型纵切机组主要技术参数

使用单位	渤海铝业有限公司	西南铝业有限责任公司	瑞闽铝板有限公司
制造单位	美国 STAMCO	美国 STAMCO	德国弗洛林
剪切材料	1×××系、3×××系、5×××系	1×××系、3×××系、5×××系	1×××系、3×××系、5×××系
来料带材厚度/mm	0.2 ~ 2.0	0.15 ~ 2.0	0.1 ~ 2.0
来料带材宽度/mm	1000 ~ 2060	950 ~ 1700	640 ~ 1660
来料卷内径/mm	$\phi610$	$\phi610$	$\phi610$
来料卷外径/mm	$\phi1000 ~ 2500$	$\phi1000 ~ 1920$	$\phi1920$（最大）
来料卷材重量/kg	21600	11000（最大）	11000（最大）
成品卷材内径/mm	$\phi200$，$\phi300$，$\phi406$，$\phi510$，$\phi610$	$\phi200$，$\phi300$，$\phi350$，$\phi510$	$\phi200$，$\phi300$，$\phi400$，$\phi500$，$\phi610$
成品卷材外径/mm	$\phi300 ~ 350$	$\phi1920$（最大）	$\phi1920$（最大）
成品宽度/mm	25（最小）	25（最小）	50 ~ 1600
宽度公差/mm		±0.05	
错层公差/mm		0.1（最大）	
塔形公差/mm		1.0（最大）	
分切条数/条	40（最多）	40（最多）	25（最多）
机组速度/m·min^{-1}	400（最大）	200 和 400（最大）	250/500

表 7-2　典型薄带剪切机主要技术参数

使用单位	南南铝箔有限公司	兰州铝业股份有限公司西北分公司
制造单位	辽宁机械设计研究院	辽宁机械设计研究院
剪切材料	1×××系、3×××系、5×××系	1×××系、3×××系、5×××系
来料带材厚度/mm	0.04 ~ 0.4	0.03 ~ 0.5
来料带材宽度/mm	1700（最大）	1300（最大）
来料卷内径/mm	$\phi610$	$\phi535$
来料卷外径/mm	$\phi1900$（最大）	$\phi1300$（最大）
来料卷材重量/kg	11000（最大）	9000（最大）
成品卷材内径/mm		$\phi200$，$\phi500$
成品卷材外径/mm	$\phi1300$（最大）	$\phi1900$（最大）
成品宽度/mm	50（最小）	25 ~ 1260
分切条数/条	40（最多）	30（最多）
机组速度/m·min^{-1}	600	200

7.2.1.3 纵切的质量要求

A 剪切质量

剪切质量包括宽度精度、毛刺、裙边、刀印等质量要求。

影响剪切质量的主要因素有工具质量、配刀工艺、设备状况及来料质量。

工具质量主要包括刀片、隔离套与垫片的尺寸精度、表面状况（表面粗糙度和表面硬度）、边部状况以及规格配套等。尺寸精度不高和规格不配套都会造成配刀间隙无法控制，从而影响产品宽度精度，产生毛刺、裙边、刀印、划伤等质量缺陷。刀片边部状况不好，有损伤有毛刺，将使产品边部出现毛刺和边部不平整等质量缺陷。

配刀工艺主要是指工具的选择与配合，从而达到对水平间隙、垂直间隙以及产品宽度精度的控制。图7-5和图7-6分别示出刀片间隙图和配刀示意图。

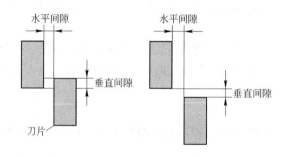

图 7-5 刀片间隙图

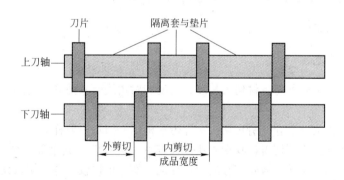

图 7-6 配刀示意图

水平间隙适宜，切出的产品边部截面状况是光滑平直的剪切面与无光撕裂平面界线平直，并且剪切面和无光撕裂平面的外边界线平直，与材料表面平齐。

水平间隙太小，切出的产品边部截面状况是光滑平直的剪切面与无光撕裂平面界线弯曲，并且剪切面和无光撕裂平面的外边界线平直，与材料表面平齐。剪切时设备负荷大，容易损伤刀片。水平间隙太大，切出的产品边部截面状况是光滑平直的剪切面与无光撕裂平面界线弯曲，并且剪切面和无光撕裂平面的外边界线弯曲，无光撕裂平面边界产生毛刺。水平间隙一般应为带材厚度的 5%~10%，对于特薄板（厚度小于 0.5mm）水平间隙应为 0.02mm。垂直间隙小容易产生刀印，加大设备负荷，加剧刀片磨损。垂直间隙太大不能正常剪切。垂直间隙的选择一般为带材厚度的 7%~10%；厚度 $h \leqslant 0.3$mm 的垂直间隙选择为带材厚度的 7%；0.3mm

< 厚度 h < 0.5mm 的垂直间隙选择为带材厚度的 8% ~ 9% ；厚度 h ≥ 0.5mm 的垂直间隙选择为带材厚度的 10%。

根据产品质量的要求及来料质量状况选择不同形式、不同斜度和不同宽度的刀片。

外剪切时隔离环外径与刀片外径间的搭配关系：隔离环外径应该大于或等于刀片外径。当产品厚度小于 0.3mm 时，隔离环外径等于刀片外径加 0.49mm；当产品厚度大于 0.3mm 时，隔离环外径等于刀片外径。

内剪切时隔离环外径与刀片外径间的搭配关系：隔离环外径小于刀片外径。具体要求见表 7-3。

表 7-3　内剪切时隔离环外径与刀片外径（D）间的搭配

带材厚度/mm	0.15 ~ 0.35	0.36 ~ 0.85	0.86 ~ 1.20	1.21 ~ 1.70	1.7 ~ 2.0
隔离环外径/mm	D-0	D-0.49	D-0.98	D-1.5	D-2.2

B　卷取质量

卷取质量主要是指带材经缠绕后的端面质量，主要会出现塔形、错层和燕窝形缺陷等。影响卷取质量的主要因素有卷取张力、分离盘的配置、纸芯强度、对中机构和来料状况。

C　表面质量

表面质量包括：

（1）主要辊面上的凹陷和凸起，辊面上黏附有异物，从而在产品表面产生印痕、划伤及油污；

（2）张力垫选材不当及生产工艺不当在铝材表面产生划伤及油污和铝粉的堆积；

（3）开卷机与卷取机张力不当在铝材层间产生擦伤。

7.2.2　横切工艺及设备

7.2.2.1　横切工艺流程

横切是指在剪切机列上将带材切成长度、宽度和对角线尺寸精确、毛边少的板片，并堆放整齐。

横切的工艺流程为：上卷—引头切头—穿带—横切—出垛—取样。

镁及镁合金在常温下剪切时，其切入比例仅有 10% ~ 15% ，其余部分全是以 45°角撕裂方式断裂，而在高温下镁及镁合金有较好的剪切性能，切口也比较平整，切入比例大大增加，见表 7-4。剪切温度 150℃ ，其切口也以 45°角断裂。

表 7-4　AZ41M 合金高温下的切入比例

剪切温度/℃	300	250	180
切入比例/%	60	50	40

镁及镁合金如果重新加热进行剪切，最好加热到 200℃ 以上。随着板材厚度的变薄，剪切性能愈来愈好。因此，镁及镁合金薄板剪切均在常温下进行。

7.2.2.2　横切设备

A　横切机列的作用及组成

横切机列的作用是将卷材切成长度、宽度和对角线尺寸精确、毛边少的板片，并将板片堆垛整齐，无边部和表面损伤。横切机列要达到其作用必须配置开卷机、切边剪、矫直机、对中装置、飞剪、废边缠绕装置、运输皮带以及垛板台等设备。

图7-7中机列配置为一般配置，不同的生产厂根据生产的需要增减设备，如增加清洗装置、衬纸机以及涂油机等，矫直机从三辊到二十九辊辊数不一，辊径差异较大。垛片分为气垫式和吸盘式。

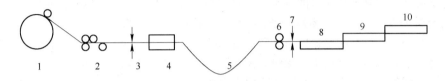

图7-7　横切机列配置简图

1—开卷机；2—夹送辊与张紧辊；3—圆盘剪；4—矫直机；5—活套坑；6—测速辊和夹送辊；

7—飞剪或剪刀；8—检查平台；9—运输皮带；10—垛板台

B　横切机组的设备组成

横切机组主要设备组成：入口侧卷材存放架，入口上卷小车，套筒和废料卷运输装置，开卷机，自动带材边缘对中装置，压紧辊，刮板和导向装置，入口侧夹送辊/张紧装置，入口液压切头剪，圆盘切边剪，废边卷取机，矫直机，活套坑，长度测量和喂料辊，静电涂油装置，纸卷开卷机和静电装置，飞剪，检查运输装置，垛板机和运输装置，垛板台升降和运输装置，气动系统，液压、电气传动及控制系统等。横切机组的主要设备组成见图7-8，几种典型的横切机组技术性能见表7-5。

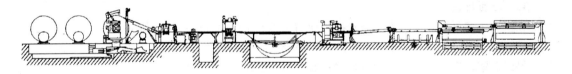

图7-8　横切机组结构示意图

表7-5　横切机组主要技术参数

使用单位	东北轻合金有限责任公司	西南铝业有限责任公司	瑞闽铝板带有限公司
制造单位	美国 DeltaBrands	美国 STAMCO	德国弗洛林
剪切材料	1×××系、3×××系、5×××系	1×××系、3×××系、5×××系	1×××系、3×××系、5×××系
来料带材厚度/mm	0.2～2.5	0.15～2.0	0.2～2.0
来料带材宽度/mm	450～1560	950～1700	540～1660
来料卷内径/mm	ϕ600	ϕ610	ϕ610
来料卷外径/mm	ϕ711～1550	ϕ1000～1920	ϕ1920（最大）
来料卷材重量/kg	7000（最大）	11000（最大）	11000（最大）
成品板材宽度/mm	400～1500	910～1660	500～1600
成品板材长度/mm	1000～5000	1000～4000	500～3000
板垛重量/kg	约9000	300～5000	300～3750
板垛高度/mm	450（最大）	450（最大）	450（最大）
机组速度/m·min^{-1}	200（最大）	130（最大）	150（最大）

7.2.2.3　横切的质量保证

A　剪切质量

剪切质量包括剪切后的边部质量和尺寸精度。剪切边部质量的控制包括两部分：一是切边圆盘剪控制长度方向的边部质量；二是飞剪控制宽度方向的边部质量。剪切质量的保证：一是刀具间隙的控制；二是刀具质量的控制（包括刃口状况、硬度、圆度和平直度）；三是确保进入剪切的带材平直（来料板形要好，张力要合适，矫直机要合理调节）。

尺寸精度包括宽度精度、长度精度和对角线精度。宽度精度的保证通过圆盘剪控制：一是设备的制造精度；二是认真按工艺操作。长度精度的保证：一是测速辊的测量精度；二是飞剪的控制。对角线精度的保证：一是圆盘剪切边后带材应为矩形；二是保证进入飞剪的带材与飞剪剪刃侧向垂直。表 7-6 列出了剪刃间隙参考值。

表 7-6　剪刃间隙参考值

材料厚度/mm	≤0.3	0.3 ~ 0.5	>0.5
剪刃间隙/%	5	6	7

B　垛板质量

垛板质量主要是指板片垛在一起后在板垛长宽方向上的整齐度（层错和塔形）和边部损伤情况。层错和塔形的控制主要靠左右及后挡板的位置控制。边部损伤一是由于生产工艺不合理引起板片在尾挡板的碰伤（根据来料状况——厚度与强度，合理选择生产速度和风机风量）；二是由于带材跑偏产生的侧边碰伤。

C　表面质量

在横切工序可能产生的表面缺陷有擦划伤、印痕、油污及矫直机粘伤、振纹。

擦划伤：一是开卷张力不当造成的层间擦伤；二是垛片时由于风压不够造成的层间擦伤；三是导路粘铝产生的擦划伤。印痕是因辊面有凹凸引起板面产生凹凸痕迹。油污是因机列不干净所致。矫直机粘伤是因矫直辊润滑不当等所致。振纹是因机械装配时间隙控制不当所致。

7.2.3　锯切工艺及设备

板材在生产过程中不可避免地会产生裂边、预拉伸钳口，为了保证向用户提供精确尺寸的成品中厚板材，必须对合金厚板进行锯切。

7.2.3.1　锯切工艺控制要点

(1) 需锯切的板材必须在室温下锯切。锯切时，锯片要保证充足的乳液或润滑油润滑。

(2) 垛料前，查看工序记录，对存在的不合格品，应在垛片时挑出。

(3) 垛料时，应及时清除板面上的碎屑，避免产生印痕。应在每张板片上写顺序号，并在侧边画锯切标线，以保证缺陷部位被切除。

(4) 成垛锯切时，应使用专用卡具卡紧，防止板片窜动。锯切淬火拉伸板时，应对称切掉钳口附近的死区（每侧锯切掉钳口外 200mm 以上）。

(5) 设备操作人员负责锯切定尺，并指定人员负责复尺，确认无误方可锯切。锯切速度可根据合金、厚度适当选择，一般为 0.5 ~ 1.0m/min。

(6) 因板片边部缺陷在淬火/拉伸前需先切边的板材，在宽度余量允许的情况下，应留出二次锯切余量。

（7）因板材边部暗裂保证不了成品尺寸时，应按不合格品的相关规定处理。

（8）按取样规定切取试样，并做好标识。

（9）板材锯切后的实物尺寸和外观质量应符合内控质量标准的规定，生产工人负责在料垛上进行合金牌号、批号、状态、规格等标识。

（10）碎屑刮板机导路应畅通，除碎屑外，不准存放其他物料，生产时应及时清除废屑。

（11）锯切时，应适当控制锯切进给量，确保锯切端面光滑，无毛刺，锯切刀痕不超过0.5mm。

（12）锯切后，应擦净板材上的乳液、碎屑等杂物。

（13）严禁锯切拉伸钳口咬入部分和没有经过拉伸且应力大的淬火板材。

（14）为保证设备精度和产品质量，禁止使用不符合规定要求的锯片和木方。

（15）锯片粘铝、掉齿或出现其他问题时，必须停机，及时处理，保证锯床处于良好的工作状态。

（16）锯切结束后，锯头应停放在栋梁架任一端头的最高位置。

7.2.3.2 锯切设备

锯是靠锯片上的刀齿来一层层地切断金属的，按照锯片的形式不同可分为圆盘锯和带锯两类。由于锯是断续地切割金属，所以其切口一般是不光滑的。

常用的锯有摆动式锯、杠杆式锯、滑座式锯和带锯等四种形式。摆动式锯、杠杆式锯和带锯的行程小，锯切速度慢，一般不适用于板材的锯切。滑座式锯速度快，行程大，适用于锯切中厚板。

圆盘锯主要由机架、带有锯片的移动机构（滑座）、锯片、锯片传动装置和送进机构等部分组成，锯片是由电动机直接带动的，如图7-9所示。ϕ660mm 龙门圆盘锯的主要参数见表7-7。

图7-9 ϕ660mm 厚板精密锯

表7-7 ϕ660mm 龙门圆盘锯的主要参数

项 目	参 数	项 目	参 数
最大锯切厚度/mm	180	锯头宽度方向工作行程/mm	3060
最大锯切宽度/mm	2000	锯头长度方向工作行程/mm	9700
最大锯切长度/mm	9000	锯头升降工作行程/mm	300
锯切速度/m·min^{-1}	0.5~1.0	锯头最大旋转角度/(°)	98
锯片直径/mm	660	锯头转速/r·min^{-1}	1450
锯片厚度/mm	6~7		

7.3　矫直工艺及设备

板带材热轧过程中，因温度、压下、辊形变化、工艺冷却控制不当所产生的纵向不均匀延伸和内应力，造成板形不良。控制手段完善的冷轧过程只能部分地改善板形，同时在冷轧生产过程中也可能产生板形不良，最终消除不良板形缺陷必须通过精整矫直工序实现。

板带材的精整矫直，根据设备配置情况及应用范围共分为四种矫直方式，即辊式矫直、钳式拉伸矫直、连续拉伸矫直（纯张力矫直）和连续拉伸弯曲矫直，其中连续拉伸矫直（纯张力矫直）和连续拉伸弯曲矫直统称为张力矫直。辊式矫直和钳式拉伸矫直主要用于片材（板材）的矫直，连续拉伸弯曲矫直和连续拉伸矫直用于卷材的矫直。

7.3.1　辊式矫直工艺及设备

7.3.1.1　辊式矫直概述

传统的辊式矫直法是使带材通过驱动的多辊矫直机，在无张力条件下使材料承受交变递减的拉-压弯曲应力，从而产生塑性延伸，达到矫直的目的，如图 7-10 所示。辊式矫直是通过两排直径相等且节距相同，上下互相交错布置的矫直辊，使板材产生反复塑性弯曲变形的过程。因为上下矫直辊的间隙在入口处小于板材厚度，至出口处其间隙等于或大于板材厚度，所以板材通过矫直机对弯曲变形逐渐减小，使板材不平度的原始曲率逐渐消除而达到板材平直。

板材经过矫直辊时最外层纤维的受力情况如图 7-10 所示。矫直机工作辊数由五～二十九辊不等，辊径范围也很宽。一般来说，较薄的板带用用较细辊径和较多辊数的矫直机矫直，这类矫直机通常是 4 重的，即由上下工作辊组和上下支撑辊组构成。对于表面敏感性材料，如铝和不锈钢，则采用 6 重矫直机，即在通常的上下工作辊组与盘式短支撑辊组之间各增加一组通长的上下中间辊组。无论 4 重或 6 重辊式矫直机都可用横向不同位置的盘式支撑辊组来弯曲工作辊，使材料短纤维区段产生较大的压下和延伸，从而达到矫直的目的。新型辊式矫直机还配有位移传感器和光标，可将辊形调节直观地显示出来。

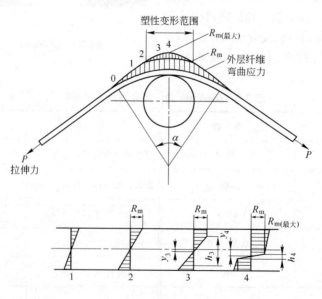

图 7-10　在一根辊上板材最外层纤维的弯曲应力分布

尽管辊式矫直机能适应很宽的板材厚度范围，但它的缺点也很明显，主要是单张块片矫直，速度低，生产效率不高。

要获得理想的矫直效果，需有经验丰富的优秀操作工人操作，特别要防止产生板材头尾的辊痕。受驱动万向接轴径向尺寸所限，工作辊不可能太细，故尚无法矫直厚度为 0.5mm 以下的薄板带。一台成型的辊式矫直机适用厚度范围小，因工作辊的辊径和中心距已固定，材料厚度太大，矫直板带所需压力不够；材料厚度太小，矫直板带所需弯曲应力不够，即一种规格的辊式矫直机对材料的最大最小厚度、屈服强度均有限制要求。

7.3.1.2 辊式矫直机矫直板形的调节手段

（1）斜度调整。上工作辊装入一个可竖直调整的机架中，入口侧和出口侧工作辊在竖直方向上可独立调整，这种改变上下工作辊间的相对位置（下工作辊固定）的调整方式称为斜度调整。斜度调整后沿着带材纵向，材料的弯曲半径由小到大。斜度调整可以纵向矫直带材的下垂、上翘缺陷。斜度调整如图 7-11 所示。

（2）支撑调节。支撑调节是对支撑辊单组或多组进行位置垂直调节，使工作辊弯曲半径沿轴向发生改变，使带材横向弯曲半径不一致，变形不一致，弯曲半径小，则变形程度大。支撑调节可矫直边部波浪、中间波浪等多种板形缺陷。支撑调节要使工作辊以一均衡并成比例的弯曲率支撑，相邻两组支撑辊间的垂直位置不能相差太大，否则容易导致工作辊断裂。支撑调节如图 7-12 所示。

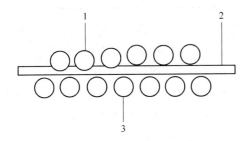

图 7-11　斜度调整示意图
1—上工作辊；2—带材；3—下工作辊

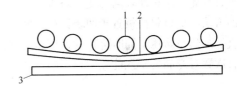

图 7-12　支撑调节示意图
1—支撑辊；2—上工作辊；3—下工作辊

7.3.1.3 辊式矫直工艺及操作要点

（1）工作前要检查设备及运输、润滑、清洁等情况，矫直辊上不准有金属屑和其他脏物。如发现板片粘铝及其他脏物时，必须用清辊器将辊子清理干净；如矫直辊有问题时，应及时修理。

（2）将矫直机的上辊调整一定角度，使进口的上下辊间隙小于出口的上下辊间隙，而出口的间隙应等于板片的实际厚度或大于板片的实际厚度 0.5 ~ 1.0mm。

（3）矫直机的压下量应根据板片厚度调整：

1）铝及铝合金一般参考表 7-8 的规定调整压下量，二十三辊矫直机工作辊及支撑辊总的压下量极限不得超过 - 8.5mm（包括板片厚度），其中矫直机两边两组支撑辊最大压下量不得超过 - 2.0mm，其他各组支撑辊不得超过 - 3.0mm。二十九辊矫直机工作辊及支撑辊总的压下量不得超过 - 4.5mm，其中矫直机两边两组支撑辊最大压下量不得超过 - 2.0mm，其他各组支

撑辊不得超过 -3.0mm。

在某些特殊情况时，矫直机的进口与出口压下量变化很大，要根据来料的波浪和合金的屈服强度实际确定。

表7-8　压下量调整参考表

设备名称	板片厚度/mm	压下量/mm	
		入口	出口
十七辊粗矫机	0.5~2.5	-4.0~6.0	
	2.6~4.5	-2.0~4.0	
十七辊精矫机	1.0~1.5	0.5~-7.0	
	1.6~2.5	-4.0~-6.0	
	2.6~4.5	-3.0~-5.0	等于板片厚度或大于板片厚度0.5~1.0mm
二十三辊精矫机	0.8~1.2	-5.0~-7.0	
	1.5~1.8	-4.0~-5.0	
	2.0~2.2	-3.0~-4.0	
二十九辊精矫机	0.5~1.0	-2.0~-3.0	
	1.1~1.5	-1.5~-2.5	

2）镁及镁合金板材的矫直。镁合金冷作硬化的敏感性很大，矫顽力很高，低温下很难矫平，因此，厚板在较高温度下矫直。由于镁合金滑移系少，一般采用辊式矫直而不是拉伸矫直的方法，也可将薄板置于两块钢板之间，对加热到一定温度的镁板施加0.45MPa的压力进行矫直。加热与施压是同时进行的，施压时间约为30min。在合适的矫直温度下可以反复矫直，矫直次数对产品力学性能无明显影响。镁合金中厚板材在七辊矫直机上的矫直制度见表7-9。

表7-9　镁合金中厚板材在七辊矫直机上的矫直制度

板材厚度/mm	入口间隙/mm	出口间隙/mm	矫直温度/℃
20~40	-1~-2	0~+2	≥200
10~19	-2~-3	0~+2	≥180
6~9	-3~-4	0~+2	≥150

镁合金薄板矫直多在室温下进行，这种方法的优点是：

① 板材温矫虽然易于矫平，但板材冷却至室温，往往会产生恢复现象，板材重新出现波浪。板材在室温下冷矫时，虽比较困难，但矫平的板材不再产生挠曲变形。

② 板材温矫时，粘辊较严重，矫直辊易污染，清辊次数频繁，影响产品质量。板材在室温下矫直时无上述问题。

③ 板材温矫时，需专用设备对板材进行加热或保温。

④ 板材在室温下矫直时，可以反复进行。反复矫直次数不宜过多，否则，不仅会降低板材的力学性能，而且还会增大板材的各向异性。

镁合金薄板的矫直制度见表7-10。

表7-10　镁合金薄板矫直制度

板材厚度 /mm	十七辊矫直机		二十九辊矫直机	
	入口间隙/mm	出口间隙/mm	入口间隙/mm	出口间隙/mm
0.7 ~ 1.25	-6 ~ -7	+1.5 ~ +2.5	-2.0 ~ -2.5	+1 ~ +1.5
1.26 ~ 1.40	-5 ~ -6	+2 ~ +3	-1.3 ~ -2.0	+1.8 ~ +2.5
1.41 ~ 1.50	-4 ~ -5	+2.5 ~ +3	0 ~ +1.2	+2.5 ~ +3.0
1.51 ~ 2.50	-3 ~ -4	+2.5 ~ +3.5		
2.51 ~ 3.50	-2 ~ -3	+3 ~ +4		
3.51 ~ 4.50	0 ~ -1	+4.5 ~ +5.5		
4.61 ~ 5.50	+1 ~ 0	+5.5 ~ +6.0		

（4）板片进入矫直机时，要求板片不得有折角、折边，否则必须用木槌打平；板片上不允许有金属屑、硝石粉或其他脏物；在精整前板片表面不允许有明显的油迹；板片在进入矫直机时，一定要对准中心线，不许歪斜。

（5）在矫直过程中，如发现板片中部出现波浪时，可调整中间的支撑辊使之上升，上升的大小可由波浪大小来决定，波浪越大上升越多。如板片两侧出现波浪，可将中间支撑辊压下，或将两侧支撑辊上升，调整多少可根据板面波浪大小来决定。如板片一边出现波浪，可将有波浪一边支撑辊抬起或将没有波浪一边支撑辊压下。如果上下辊间隙在板片宽度方向不同，可单独调整压下螺丝。

（6）板片不允许互相重叠通过矫直机，不允许同时矫直两张板片。

（7）当发现板片有粘铝或印痕时，必须立即进行清辊。

（8）如果发生板片缠辊或卡在工作辊与支撑辊之间，不允许强行通过，应立即停车，将辊抬起后，再向后退回板片，或找钳工处理。

（9）当板片从矫直机退回时，必须将矫直机抬起后方可进行。

（10）停止生产时，支撑辊一定要抬起，不允许给工作辊加压。

7.3.1.4　辊式矫直设备

部分辊式矫直机的主要技术参数见表7-11。

表7-11　部分辊式矫直机的主要技术参数

项　目	不同辊数矫直机的主要技术参数					
	十三辊	十七辊		二十三辊	二十九辊	
矫直带材厚度/mm	4.0 ~ 10.5	1.0 ~ 4.0	1.0 ~ 4.0	0.8 ~ 1.2	0.5 ~ 2.0	0.5 ~ 1.5
矫直带材宽度/mm	1200 ~ 2500	1000 ~ 1500	1200 ~ 1500	1200 ~ 2000	1000 ~ 1500	1200 ~ 1500
工作辊直径/mm	180	75	90	60	38	38
工作辊长度/mm	2800	1700	2800	2200	1700	1700
支撑辊个数/个	60	57	90	60	186	186
支撑辊直径/mm	210	75	76	125	38	38
支撑辊长度/mm	210	350	400	200	150	150
传动电动机功率/kW	40	65	65	55	65	
转速/r·min⁻¹		620 ~ 1200	650 ~ 1180	650 ~ 1180	636 ~ 1180	650 ~ 1180
压下电动机数/台		4	4	4		
压下电动机功率/kW		2.8	2.8	2.8		
转速/r·min⁻¹		1420	1430	1430		

7.3.2　拉伸矫直工艺及设备

7.3.2.1　拉伸矫直概述

当板材波浪和残余应力太大时，用辊式矫直机无法矫平，只有用拉伸矫直机进行矫直。

拉伸矫直时，对板片的两端给予一定的拉力，使板片产生一定的塑性变形，以达到消除或减小板片残余应力的目的，使板片平整。拉伸变形量控制在 1% ~3% 左右，太小不易消除波浪和残余应力，太大易产生滑移线，并产生新的内应力分布不均，过大时还可能出现断片。

拉伸时拉力 P 的大小可用下式近似计算：

$$P = \sigma \times B \times H \qquad (7\text{-}1)$$

式中　σ——与拉伸量相对应的板材的屈服强度，MPa；

　　　B——板材宽度，mm；

　　　H——板材厚度，mm。

当 $B \times H \leqslant 10000 mm^2$ 时，除冷作硬化板外，都可以进行拉伸矫直。

为防止拉断，拉伸前板材不允许有裂边、裂纹、边部毛刺等缺陷。

7.3.2.2　拉伸矫直工艺操作要点

(1) 通过张力矫直机的板片钳口夹持余量为 200 ~500mm。

(2) 淬火后的板片有裂边时，不允许在张力矫直机上矫直，但退火后的板片有裂边时，允许在张力矫直机上矫直。

(3) 板片在拉伸矫直前两端要平行，其四个角要成 90°。

(4) 张力矫直机夹持板片时，要对准中心线，不允许歪斜。

(5) 板片在拉伸时，板片下面的皮带不准开动。如产生纵向波浪时必须找钳工调整张力矫直机的夹持器，或清除钳口的铝屑等脏物。

(6) 板片在张力矫直前，可在大能力的辊式矫直机上预矫直，也可在轧机或压光机上给以小压下量轻微压光，使板片较为平整，特别是可消除板材横向瓢曲现象。

7.3.2.3　拉伸矫直设备

部分板材拉伸机主要技术参数见表 7-12。

表 7-12　部分板材拉伸机主要技术参数

项　目	不同拉伸机列主要技术参数			
	2.5MN	4MN	10MN	60MN
拉伸板材厚度/mm	0.3 ~4.0	0.5 ~7.0	4.0 ~12.0	5.0 ~150
拉伸板材宽度/mm	500 ~1500	1000 ~2500	1200 ~2500	1000 ~2500
拉伸板材长度/mm	2180 ~41800	4160 ~10300		5000 ~20000
最大拉伸速度/mm · s^{-1}	5.6	5 ~25	12	5
最大拉伸行程/mm		320		1200
传动油泵压力/MPa	20	20	86	20
传动油泵能力/L · min^{-1}	50			
油泵电动机功率/kW	20	16		
油泵电动机转速/r · min^{-1}	970	685		

7.3.3 张力矫直工艺

7.3.3.1 张力矫直概述

钳式纯拉伸矫直机生产效率低，且必须切除钳口印痕部分材料，很不经济。目前钳式拉伸矫直主要用于其他方法难以矫平的厚板。张力矫直能克服上述缺点，特别适用于矫平铝及铝合金薄带材。

乔·亨特于1958年研制出了工业上第一台矫直宽幅914mm卷材的张力矫直生产线。在1968年他又把这种生产线与张力辊矫直相结合，开发出了第一台连续张力矫直生产线。

现在张力矫直在铝加工工业中是最重要的板带材精整工序之一。目前纯张力矫直和较通用的张力矫直设备常与板带材的加工线（卷材的酸碱洗生产线、涂层生产线、气垫退火生产线）并为一体。

7.3.3.2 张力矫直工艺及操作要点

张力矫直工作原理是利用两组S辊之间的拉力对板材施加超过其屈服极限的张力，使带材产生一定的塑性变形，以达到消除或减小板片残余应力的目的，使带材平整。这种方法主要用于辊式矫直能矫平的板材或带材，也适用于铝合金厚板和变断面板材，一般铝合金拉伸变形量为2%左右。

张力矫直机的特点是不设小直径的钢矫直辊，如图7-13所示，带材在5号张力辊出口处至7号张力辊出口间进行拉伸，带材张力由1~5号制动张力辊升至屈服强度极限，由7~11号张力辊将张力降下来。

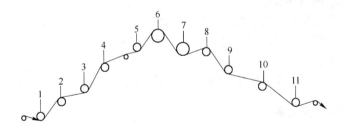

图7-13 张力矫直示意图

从张力矫直的工作原理可以看出，该生产方式存在着一些难以克服的缺点，如：

（1）材料塑性延伸发生在入口张力辊的最后一根辊子上，对于厚度为1.5mm以上的带材所需张力相当大（拉应力超过$R_{p0.2}$），使张力辊挂胶层迅速磨损。张力辊更换与磨削频繁。

（2）拉伸矫平前必须先切掉裂边，否则拉伸时容易发生断带。

（3）对某些硬合金带材，尤其是其屈服极限$R_{p0.2}$与强度极限R_m较接近的材料，很难矫平。

7.3.4 拉伸弯曲矫直工艺及设备

7.3.4.1 拉伸弯曲矫直概述

为了克服张力矫直的缺点，必须设法降低所需拉伸力。最初将传统的辊式矫直机布置在入、出口张力辊组之间，这样虽然大大降低了拉力，却出现了工作辊水平变形较大，以及轴承磨损严重的问题。最后开发了现代连续拉伸弯曲矫直机列，克服了纯拉伸矫直机列的缺点，如西南铝业（集团）有限责任公司从德国 UNGERER 公司引进的 1560mm 拉-弯矫直机列生产线。

7.3.4.2　拉伸弯曲矫直工作原理

连续拉伸弯曲矫直设备构成见图 7-14。

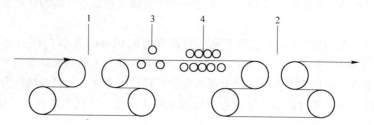

图 7-14　连续拉伸弯曲矫直设备构成示意图

1—制动 S 辊组；2—张力 S 辊组；3—三辊矫直辊组；4—九辊矫直机

连续拉伸弯曲矫直工作原理：带材在拉应力和弯曲应力的叠加作用下，产生永久性的塑性变形得到延伸变长，塑性延伸是由板材交替弯曲时的塑性压缩与塑性延伸的叠加而得。与纯拉伸相比，拉伸弯曲矫直时增加了弯曲应力，改变了应力状态，因而材料的应力状态较软，容易发生塑性变形。由于拉弯矫直机具有矫直效果好，残存应力小，所需的矫直张力小，操作简便等优点，在现代化的铝板带材生产企业中得到了广泛应用，已逐步成为铝板带材精整工序中不可缺少的组成部分。

拉弯矫直机主要由两部分组成：一部分是矫直单元；另一部分是张力辊组及其传动部分。矫直单元包括产生塑性延伸，消除板形缺陷的弯曲辊组和负责消除横向与纵向翘曲的矫直辊。张力辊组由入口张力辊组和出口张力辊组组成，负责提供矫直所需的张力。

拉伸与弯曲相结合的矫直方案的优点是：连续矫直，生产率高；功率消耗小；适用材料范围宽；矫直质量高等。目前流行的拉弯矫直机列唯一不足之处是设备造价和运行费用较高。

7.3.4.3　拉伸弯曲矫直设备

拉伸弯曲矫直机组是在最初的拉伸矫直机基础上在张力辊（S 形辊）之间增加了弯曲矫直辊，使带材在拉伸、弯曲矫直形成的多重作用下产生一定的塑性延伸，消除残余应力，以达到矫直的目的。现代化铝板带材广泛采用拉伸弯曲矫直机组进行矫直。

拉伸弯曲矫直机组大多数都带有清洗装置，可以采用清洗或不清洗两种工艺。也有将拉伸弯曲矫直机组与气垫式退火炉组合，或与涂层机组合，也可与纵横联合剪切机组组成一条专用生产线。

拉伸弯曲矫直机组主要设备组成为：入口侧卷材存放架、入口上卷小车、开卷机、自动带材边缘对中装置、卸套筒装置、伸缩台、夹送辊、入口液压剪及废料收集装置、带材自动对中装置、喂料和弯曲装置、圆盘切边剪、带材自动对中装置、带打孔机的带材缝合机、清洗装置、入口四辊 S 形制动张紧装置、张紧装置换辊装置、弯曲辊装置、换辊装置、出口四辊 S 形制动张紧装置、自动板形测量系统、出口液压剪及废料收集装置、静电涂油系统、偏导辊及伸缩导板、带材自动对中装置、卷取机、带卷称重装置的卸卷小车、皮带助卷器、出口侧卷材存放架、测厚装置、半自动带卷打捆机、气动系统、液压系统、电气传动及控制系统等，见图 7-15。

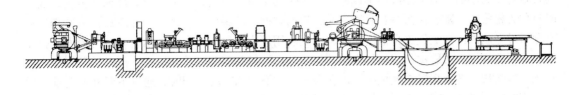

图 7-15 拉伸弯曲矫直机组结构示意图

图 7-15 是 1600mm 拉伸弯曲矫直机的基本示意图。其技术参数见表 7-13。

表 7-13 1600mm 拉伸弯曲矫直机主要技术参数

名 称	技术参数	名 称	技术参数
材 料	1×××系、3×××系、5×××系	生产速度 /m·min^{-1}	300（不清洗）（最大）
屈服强度/MPa	60~400		200（清洗）（最大）
宽度/mm	920~1600	加速时间/m·min^{-1}	0~300，共 12s
带材厚度/mm	0.10~2.00	伸长率范围/%	0~3.0
带卷重量/t	11（最大）	伸长率精度/%	±0.01
开卷机内径/mm	φ405、φ505、φ605	张力精度/N	±20
开卷机外径/mm	φ1000~1920	S 辊张力/kN	120
开卷方式	上、下开卷	清洗液压力/MPa	120
卷取机内径/mm	φ405、φ505、φ605	气动压力/MPa	0.4~0.6
卷取机外径/mm	φ1000~1800	负载/kN	2520（最大）
卷取精度	1~5 层：±2.5mm 5 层以上：±0.25mm	控制电压	220V/50Hz

7.4 清洗工艺及设备

随着国民经济的高速发展，航空航天、家用电器、装饰材料及饮料行业等对铝带、箔的需求越来越大，带来了 PS 基材、铝塑带、电容器箔、制罐料等高精度铝板带材的快速发展。这些产品对平直度、洁净度要求非常严格，而高精度铝板带材通常是采用全油冷却润滑轧制的，其表面残留大量的轧制油和铝粉，因此要获得良好的表面质量，必须清洗去掉其表面残留物。另外对于板形要求较高的铝带材还要进行拉弯矫直，拉弯矫直使带材在拉伸和弯曲的作用下，逐步产生塑性延伸并释放板材内应力，以改善板带材在冷加工时产生的波形、翘曲、侧弯和潜在的板形不良等缺陷，从矫直工艺考虑，首先必须对带材表面进行清洗。

近几年来，一种利用高压水射流技术用于铝板带表面的清洗机组，可对带材表面的轧制油污进行清洗。这种技术在西南某铝加工厂、中铝公司河南某铝加工厂等企业进行了应用。

7.4.1 铝板带清洗原理及理论

铝板带在冷轧制过程中，因轧辊与铝板表面摩擦和碾压，其表面会产生细微的氧化铝粉脱落和吸附，轧制油及其附带悬浮成分会残留在铝板表面，对铝板带复合、涂装等成品加工造成不利影响。而且拉弯矫直时由于带材在辊上产生剧烈弯曲变形，对带材施加的张力一部分转化为带材对张力辊的压力，并最终形成摩擦力，带动辊组，因此，如果带材表面未经清洗，变形时氧化铝粉脱落，随着油污一起吸附在张力辊的辊面，使辊面产生磨损，并造成铝板碴伤，故必须通过专门的清洗装置进行清洗。清洗就是利用压力泵对清洗介质加压，对带材表面进行非接触式喷洗或接触式刷洗，使材料表面的铝粉油污溶解脱落到清洗介质中，再经挤干辊挤干和高压空气吹扫，甚至高温空气烘干，以获得洁净干燥的铝带材。同时，通过不断补充清洗介质与在线循环过滤系统同时使用，使清洗介质保持足量和清洁，可大大节约热能和清洗介质。目前，铝加工行业的拉弯矫直机常用的清洗介质有清洗剂（或称溶剂油）、软化热水、化学溶剂。其优缺点介绍如下：

（1）软化热水：经济易得，安全，但附属设备多，电能消耗大，对挤干烘干要求高，否则易造成随机腐蚀，清洗能力有限，影响整机速度。

（2）清洗剂：清洗剂为煤油基或轻柴油成分，对轧制油和铝粉、液压油等具有良好的溶解效果，且挥发效果好，对挤干吹扫要求低，不产生腐蚀，不影响整机速度；缺点是成本高，有火灾隐患，因此要配备循环过滤系统和灭火系统。

（3）化学溶剂：采用一定浓度的碱液等化学溶液，使之与铝板表面发生一定程度的化学反应，去除表面铝粉、油污。优点是清洗效果极佳；缺点是附属设备多，不环保，影响整机速度。

7.4.2　清洗工艺

清洗过滤系统由清洗站、脏液箱、净液箱、板式过滤机、喂料罐、泵组等组成。带材清洗工艺流程：开卷→切头→缝合→上表面喷洗（可选刷洗）→下表面喷洗（可选刷洗）→上下表面漂洗→挤干→烘干→卷取。按其功能可划分为三个区域：高压喷洗（刷洗）区、漂洗区、挤干区，见图7-16。

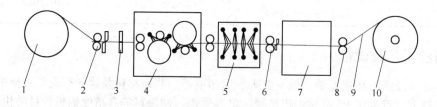

图 7-16　在线清洗机组结构示意图

1—开卷机；2—夹送剪切装置；3—缝合机；4—高压清洗机；5—低压漂洗机；6—挤干与吹扫装置；
7—烘干装置；8—出口导向装置；9—被清洗带材；10—卷取机

被清洗带卷由开卷机开卷后，以一定的速度进入夹送剪切装置对料头或料尾进行剪切，然后进入高压清洗机，带材经高压水射流冲洗后，进入低压漂洗机用低压水多排喷嘴喷淋漂洗带材，经挤干与吹扫装置挤干带材上的水分并用纯净压缩空气吹干后，进入烘干装置彻底烘干带材上的水分，最后进入卷取机重新卷成带卷。清洗循环系统设备由过滤机、加热装置、高压泵、储水装置、循环泵等组成。正如前面所说，清洗的目的主要是清洗铝板带材表面的轧制油及部分铝粉，由于水和油是互相排斥的，要破坏板带材表面的轧制油膜，必须把水加热到60～70℃。由于各地的水质不同，普通的自来水中钙、镁离子的含量也不同，当这些水加热到一定温度后会析出碳酸化合物，对铝带材又产生第二次污染，并堵塞孔径非常小的喷嘴，因此清洗用的水要用软化水。软化水经供水系统进入过滤机加热，然后由高压泵加压进入高压清洗机，通过合适的管子由高压喷嘴喷出，通过对铝带材表面的油污进行打击来清洗带材。为了提高清洗质量，可在高压清洗机上加刷辊装置。低压漂洗机的作用是对漂浮在带材表面的污垢进行冲洗，彻底洗净带材，因此进入低压漂洗机的水也应是 50~60℃ 软化水。经过清洗和漂洗后的铝带材进入挤干辊以阻断板面上大量的水，然后对带材边部用压缩空气吹扫，此时带材表面基本没有水滴，最后进入有一定温度的烘干炉进行彻底烘干。

高压泵的压力和流量是高压水射流清洗系统的两个主要参数，它们的大小及参数选择是由高压水射流的打击力决定。所谓高压水射流的打击力是指对清洗对象的打击能力，射流流动符合连续性原则，因此可用连续性动量方程来计算，冲量与动量相等，如果有多个喷嘴，需要将总流量 Q 分配到每一个喷嘴，计算出每一个喷嘴的打击力，其总和为整体喷嘴的打击力。可以看出，水泵的额定压力增大，喷嘴出口处射流速度也大，转换成射流打击力也大，清洗的效果就好。但是在这种足以克服污垢的破坏强度情况下，再增加水泵压力，其作用就很小了。因此，我们在设计清洗系统时要选择合适的泵压和流量，以达到最佳的打击力和好的清洗效果。

7.4.3 清洗设备

铝带箔清洗机组一般由开卷机、入口偏导辊装置、清洗装置、漂洗装置、挤干与吹扫装置、烘干箱装置、出口偏导辊装置、卷取机等单体组成。

铝板带材常用清洗机列如图 7-17 所示。

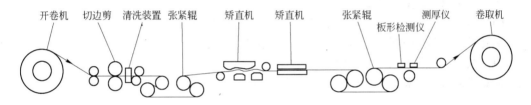

图 7-17 铝板带材清洗机列

表 7-14 列出了 2050mm 铝带箔清洗机列主要技术参数。

表 7-14 2050mm 铝带箔清洗机列主要技术参数

名　称	技术参数	名　称	技术参数
材　料	纯铝及软铝合金	开卷机张力/N	7500
来料厚度/mm	0.5~3.5	开卷机和卷取机速度 /m·min⁻¹	高速挡：250（对应 φ610mm 套筒）
来料宽度/mm	1000~1920		低速挡：125（对应 φ610mm 套筒）
来料卷径/mm	φ850~2400	卷取机张力/N	高速挡：4500
来料套筒尺寸/mm	φ610/φ510		低速挡：9000
来料最大卷重/kg	20500	成品宽度/mm	900~1920
机组速度/m·min⁻¹	0~125~250	成品套筒直径/mm	φ610/φ510
穿带速度/m·min⁻¹	15		

7.5 板带材精整过程的质量控制

7.5.1 表面质量缺陷及产生原因

（1）擦、划伤。因尖锐物与板面接触，有相对滑动时造成的呈单条状分布的伤痕，造成氧化膜连续性破坏，包铝层破坏，降低材料的抗蚀性和力学性能。

主要产生原因：精整机列（含剪切、矫直、清洗等）辊道、导板粘铝，使带板划伤；剪刃间隙调整不合理；开卷机及卷取机张力不当，造成卷材产品层间擦伤；吊运时松卷造成擦伤；垛板时风压不够造成产品层间擦伤。

（2）油污。产品表面不规则污染。

主要产生原因：主要辊面被污染，从而在产品表面产生油污；张力垫选材不当及生产工艺不当在铝材表面产生划伤及油污和铝粉的堆积。

（3）印痕。因辊面有凹凸或黏附异物引起板面产生的凹凸痕迹。应及时清擦或修磨辊面。

（4）矫直机粘伤。

主要产生原因：矫直辊润滑不够；矫直时压下量给定不合理。

（5）压折。薄板带精整后产品表面出现的折痕。

主要产生原因：轧制后产品板形不良；产品穿带时喂料不正。

7.5.2　尺寸精度、形状缺陷及产生原因

（1）宽度超差。产品宽度超过标准或合同要求的偏差值。

主要产生原因：圆盘剪间距调整不当；圆盘剪调节时没有很好预留剪切时的剪切余量。

（2）长度超差。产品长度超过标准或合同要求的偏差值。

主要产生原因：定尺设置不当。

（3）板形不良。产品不平直，不符合产品标准或合同要求。

主要产生原因：矫直工艺不合理；矫直工艺执行不到位；矫直设备能力不够。

（4）塔形。卷材产品一端凸出，一端凹陷。

主要产生原因：来料板形不良；产品对中不好。

复习思考题

1. 什么是精整，精整包括哪些主要工序？
2. 影响纵切质量的因素有哪些，试述纵切时剪刃水平间隙大小对纵切质量的影响。
3. 怎样保证横切时产品的尺寸精度？
4. 板带材的精整矫直有哪几种方式，各适用于什么产品？
5. 连续拉伸弯曲矫直的工作原理是什么？
6. 简述铝板带材清洗原理。

8 中厚板生产

8.1 中厚板的定义及应用

8.1.1 定义

美国铝业协会对厚板的定义为：横截面呈矩形，厚度等于或大于 6.35mm 的平直轧制产品。日本和欧洲对铝及铝合金厚板的定义是，厚度大于 6mm 的板材。因此，除美洲外，通常都把厚度大于 6mm 的板材称为厚板。中国虽没有对厚板给予明确的定义，但在 GB/T 3880—2006 标准中将各牌号的热轧板最小规格定为 4.5mm，由此可认为，厚板是指厚度大于 4.5mm 的板材。在实际生产中，往往把厚度介于 4.5~10mm 之间的板材称为中板，厚度介于 10~50mm 的板材称为厚板，厚度大于 50mm 的板材称为特厚板。

8.1.2 应用

轻金属及其合金中厚板应用于国民经济各个领域，但在交通运输业应用最广泛，尤其是在航空航天工业。以 1988~1998 年间国内的铝合金厚板为例，国内交通运输业的平均用量占 81.92%，机械与装备制造业占 9.72%。镁及镁合金中厚板也主要用于航空航天领域，近年来，有部分镁合金中厚板用于医疗器械、纺织机械等。

铝合金厚板典型产品及应用范围见表 8-1。

表 8-1　铝合金厚板典型产品及应用范围

产品	牌号-状态	规格/mm×mm×mm	应用范围	比例/%
热轧板	5754-O、5754-F、5083-O	(25~30)×(1250~1500)×(2500~3000)	容器箱、仓库、压力容器；结构件；运输、框架；船舶、岸上平台；工具等	20
冷轧板	5754-F、5086-H24、5083-O	(5~6)×(2000~2500)×(6000~8000)	容器箱、仓库、压力容器；结构件；运输；船舶、岸上平台；壳体、隔墙板等	25
热轧板	2017-T451、6082-T651、7075-T6	(5~15)×(1000~2000)×(2000~3400)	结构件；机器：台板、模板、工具(中高强度)；机加工件；国防工业；装甲车车壳等	28
冷轧板	2017-T451、6082-T651、7075-T6	(5~15)×(1000~2000)×(2000~3400)	公路、铁路运输；集装箱、设备；船舶、岸上平台；国防工业、装甲车车壳	8
普通航空板	2214-T451、7071-T7451、7075-T7351	(48~60)×(1200~1300)×(2500~3000)	航空工业：机翼、框架结构件；设备；容器、座椅；火箭发射架；装甲车结构件、车壳	12
变断面板	7075-T7351	厚35	机翼、框架；边部成型板	2
工具板	6061-T651	102×1230×3760	机器；航空工业用工具和台板	3

8.2　中厚板生产工艺流程

所有的中厚板都是用铸锭热轧法生产的，轧制一般在热轧生产线上由热粗轧机完成，也可在热轧生产线上设置专门的中轧机，也可在热轧生产线外另建一条独立的热轧生产线；对于薄的中板还需要进行冷轧，以获得所需要的性能与表面质量。特厚板只进行拉伸矫直，薄一些的板可进行辊矫。拉伸矫直除使厚板达到一定的平直度外，还用于消除淬火残余应力以获得所需要的性能。中厚板的生产工艺流程见图8-1。

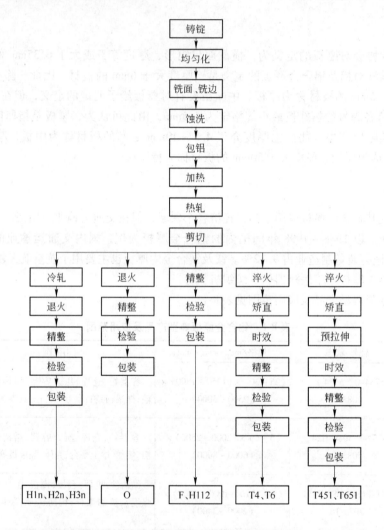

图 8-1　中厚板生产工艺流程

熔体净化处理、热轧、固溶处理、矫直与超声波检查是生产中厚板最关键的几道工序。净化处理由炉内处理与在线处理两部分组成，可使熔体中固态杂质、氢含量尽可能少，以保证铸锭有良好的冶金组织；热轧变形率达到 80% 以上，使铸造组织全部转变为热轧组织。对热处理可强化的合金，固溶处理温度尽可能快与均匀，以确保可溶的合金元素全部固溶，并且材料变形尽可能地小。现在固溶处理多采用辊底式炉。矫直既要保证有足够的变形量以达到平直度要求和消除内应力，又要不发生过度的变形。

8.2.1 铝合金中厚板的拉伸

前面热轧及冷轧部分已介绍过其他工序工艺要求，在此重点介绍铝合金中厚板的拉伸工艺。

在淬火过程中，由于板材表面层和中心层存在温度梯度，产生较大的内部残余应力，在进行机械加工时，会引起加工变形。铝合金板材进行拉伸处理的目的是通过纵向永久塑性变形，建立新的内部应力平衡系统，最大限度地消除板材淬火的残余应力，增加尺寸稳定性，改善加工性能。其方法是在淬火后、时效处理前的规定时间内，对板材纵向进行规范的拉伸处理，永久变形量约为 1.5%~3.0%。经此过程生产的板材称为铝合金拉伸板。

8.2.1.1 板材拉伸的工作过程

在拉伸机上，将淬火后板材的两端放入钳口咬合区（理论上称为刚端或称不变形区），牢固夹持后加载将挠度拉直，随后即板材进入拉伸塑性变形阶段，在达到设定的拉伸量后即可卸载结束拉伸过程。根据应力-应变曲线可知，塑性变形包含一定的弹性变形，因此必须考虑拉伸过程中的弹性变形（拉伸回弹量），对不同合金、不同规格的板材，预先给定的拉伸量不同，在自动化程度低的拉伸机上主要依靠经验操作来设定。此外，拉伸速度是保证板材各个部位得到均匀变形的重要因素之一。板材两端各个钳口咬合夹持的均匀程度也直接影响均匀变形和最终应力消除的效果。

8.2.1.2 铝合金拉伸板的应力分析

（1）厚板在热轧和淬火状态下的应力分布规律。剖析轧制过程中轧件表面层和内层金属的变形，可以发现，当轧件进入轧辊附近时，由于与轧辊接触的表面层金属在外摩擦力作用下，流动速度比内层速度稍快。由于刚端的作用，在表层金属产生拉应力，内层金属产生压应力。在距出轧辊的断面附近，由于金属的平均速度大于轧辊圆周速度的水平投影，因而在接触弧上，轧辊对金属流动起着阻碍作用，这样必定造成金属表面层速度落后内层流动速度，同样由于刚端的作用，仍将使表层金属产生拉应力，内层金属产生压应力。理论和实践证明，经过轧制以后的板材，沿厚度在轧制方向上，表层金属残余有拉应力，内层金属残余有压应力。

剖析淬火全过程的应力情况，板材加热发生再结晶，轧制过程中所形成的残余内应力得以消除。将加热后的板材快速放入冷水槽中，此时由于板材表面金属冷却得比内层金属快，淬火初期表层金属骤冷、急剧收缩，基于板材的整体性，表层金属产生拉应力，内层金属产生压应力，随着板材的进一步冷却，最终使内层金属骤冷、急剧收缩，使应力重新分配，最后导致表层金属残余有压应力，内层金属残余有拉应力，与其轧制过程残余的内应力分布规律正好相反。

（2）均匀变形时拉伸的应力分析。拉伸均匀变形的条件：钳口咬入部分为均匀咬合、夹持状态完全一致，且牢固，形成理想刚端。资料表明，在钳口咬合的刚端附近区域和宽度两侧边附近区域内，存在着不均匀变形区，其他区域为均匀变形区（应力消除区），如图8-2所示。如在生产过程中，将此不均匀变形区域作为成品提交给用户，则在随后的机械加工中将可能发生变形，影响最终使用，因此在成品锯切时，必须将此区域作为几何废料切掉。

（3）非均匀变形时拉伸的应力分析。拉伸非均匀变形的假定条件：假设钳口中的一组钳口松开，其他各组为均匀牢固夹持。计算结果表明，其不均匀变形的区域可能延伸至距刚端1m的范围内，如图8-3所示，应力值也明显增大，因此，钳口咬合夹持的质量对于板材拉伸后残余应力的分布有很重要的影响，生产中必须严格控制。

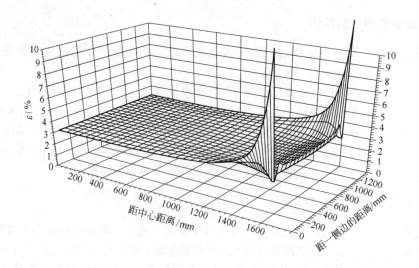

图 8-2　7075 铝合金淬火板均匀拉伸时长度方向上的应变

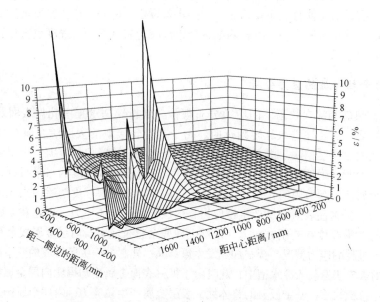

图 8-3　7075 铝合金板非均匀拉伸时长度方向的应变

8.2.1.3　拉伸板坯料尺寸的确定

确定原则：坯料尺寸 = 成品尺寸 + 几何废料。几何废料包括板材两端钳口咬合区、咬合区附近和两侧边的不均匀变形区域。根据生产实践、理论分析与实际测试结果，一般将板材长度两端各预留 400mm，即钳口夹持区域为 200~250mm，不均匀变形区约为 150~200mm 作为几何废料；宽度两边各预留 30~50mm 作为几何废料。

8.2.1.4　生产中拉伸板的质量控制

A　拉伸板的间隔时间

淬火至拉伸的间隔时间是拉伸板材生产工艺的参数之一。对自然时效倾向大的铝合金板材，淬火后时效强化的速度很快，其结果会大大增加拉伸作业的难度。经验证明，它同时对残余应力的消除也有一定的影响。实际生产中，一般将其控制在 2~4h 以内。对自然时效倾向不敏感的板材时间可适当延长。

　　B　拉伸板平直度的质量标准

　　拉伸板的平直度质量标准见表8-2。

表 8-2　拉伸板平直度的国际标准规定

标准名称	厚度/mm	长度方向平直度（不大于）/mm	宽度方向平直度（不大于）/mm
美国标准 ASTMB209—1995	6.3~≤80.0	5/2000 长度之内	4/(1000~1500) 宽度之内
	80.0~≤160.0	3.5/2000 长度之内	3/(1000~1500) 宽度之内
欧共体标准 EN485.3—1994	6.0~≤50.0	成品长度×0.2%	成品宽度×0.4%
	50.0~≤100.0	成品长度×0.2%	成品宽度×0.4%
中国标准 Q/Q141—1996	6.5~25.0	2/1000 长度之内	4/1000 宽度之内

　　C　拉伸板平直度的影响因素

　　主要影响因素有：

　　（1）钳口夹持质量对拉伸质量起着决定性的作用。钳口的均匀夹持，使板材纵向每一个单元都被拉伸到等量的长度，从而实现了均匀拉伸，也起到了对板材的矫直作用。

　　（2）拉伸机机架的刚度与预变形补偿的影响。由于板材拉伸机的两个拉力缸等量安置在两侧，对于横截面越大的板材，在拉伸过程中机架产生的变形将越大。因此，拉伸机机架应保持较大的刚度，设计与制造中应考虑机架预变形补偿，以克服和补偿拉伸过程中机架产生的变形。

　　（3）拉伸前板材尺寸的不规则性和应力分布的不均匀性。拉伸过程中有效地控制平稳的速度，使各个变形单元得以充分均匀地变形，是满足均匀拉伸的重要条件之一。

　　（4）实践证明，长度相对小一些，宽度相对大一些的板材，其横向展平效果要好得多。生产中应选择宽、长比大一些的工艺方案。

　　（5）对淬火后变形较大的板材，应利用辊式矫直机进行初步矫平，而后在拉伸机上进行最终的精矫平。

　　（6）由于拉伸机的主要作用是消除板材的残余应力，以纵向小变形量的塑性变形过程为主，因而对纵向有较好的矫直作用，对横向平直度的改善能力非常有限。

8.2.2　中厚板的酸洗

　　有些铝合金板材的表面质量要求比较高，其成品板材表面进行的酸洗成为必要的工序，尤其是经过盐浴炉淬火后的板材，都要进行酸洗，以去除板材表面的硝盐残迹和脏物。

　　酸洗是在板材淬火后进行，其工艺流程为：酸洗—冷水洗—温水洗。

　　先将板材放在浓度约为 6% HNO_3 的硝盐槽中进行酸洗，而后在冷水槽中冲洗。在用温水洗净时，水温不宜过高，应控制在 40℃ 以下，否则易引起铝合金板材时效。

8.3 中厚板生产过程的质量控制

中厚板的生产工艺流程中各工序都可能发生质量问题，其产品缺陷种类、产生原因及采取措施在各工序中已进行了分析，在此不再赘述，本节只对中厚板拉伸过程中的质量控制进行论述。

（1）拉伸量超标。根据不同合金、不同规格板材的拉伸回弹量特性，设定合适的预拉伸量。对强度高、合金化程度高的板材，拉伸后（4 天左右）约有千分之一的自然回弹量，生产中必须加以考虑。根据我国 4500 拉伸机多年来的生产经验，总结出拉伸设定量的经验计算式为：

$$拉伸设定量 = KC\left(\frac{拉伸坯料实际长度 - 钳口长度}{1000} + \frac{厚度 \times 宽度}{25 \times 1000}\right) \times 100\% \qquad (8-1)$$

式中　K——材料的弹性系数，一般为 0.6 ~ 1.0；

　　　C——淬火-拉伸间隔时间系数，一般为 1.0 ~ 1.5。

采用上述公式得出的拉伸设定量，基本上可以满足拉伸工艺要求的 1.5% ~ 3.0% 的永久变形量。

（2）应力消除不当。通常是由于各个钳口夹持不均匀；拉伸前板料局部波浪过大，有限的拉伸量不足以消除该区域的残余应力；拉伸速度不平稳，产生新的不均匀应力分布；锯切工序对拉伸板的两端头和两侧边切除的尺寸过小。因此，保持良好的热轧板形、规范的拉伸过程和正确选择锯切尺寸是取得良好拉伸结果的重要条件。

（3）拉伸过程断片。通常是熔体质量不好，内部夹渣、疏松严重等导致拉伸断片；热轧道次加工率分配不合理，使其厚板的表面层和心部的变形不均匀，导致心部残留严重的铸态过渡夹层，从而引起拉伸断片；热轧板边部缺陷（开裂、裂纹和夹渣等）尤其易发生拉伸断片。

（4）拉伸滑移线。拉伸滑移线通常是由于拉伸量过大；拉伸前平整工序的压光量过大（指压光矫直的加工方式）；淬火—拉伸—淬火—拉伸的多次重复生产等原因产生的。

复习思考题

1. 什么是中厚板？
2. 铝合金板材进行拉伸处理的目的是什么？
3. 拉伸板的坯料尺寸怎样确定？
4. 拉伸板平直度的影响因素有哪些，怎样影响的？
5. 中厚板生产过程中"应力消除不当"问题的产生原因是什么？

9 铝 箔 生 产

9.1 铝箔的定义及品种

9.1.1 定义

铝箔是指厚度小于或等于 0.2mm 的铝带材。各国对铝箔厚度的规定见表 9-1。铝箔按其加工方式不同可分为轧制箔、蒸着箔和喷镀箔。本章主要讨论轧制箔。

表 9-1 各国对铝箔厚度的规定

国　家	中国	美国	俄罗斯	英国	法国	德国	意大利	瑞典	日本
最大厚度/mm	0.2	0.15	0.2	0.15	0.2	0.02	0.05	0.04	0.15

9.1.2 品种

铝箔产品可分为以下几类：

（1）按形状分。铝箔按形状分为卷状铝箔和片状铝箔。铝箔产品绝大多数为卷状，只有极少数手工业包装用户使用片状铝箔。

（2）按厚度分。铝箔按厚度一般分为双张箔和单张箔。厂家一般将厚度小于或等于0.012mm 的铝箔称双张箔；大于 0.012mm 的铝箔称单张箔。

（3）按状态分。铝箔按状态分为全硬箔、软状态箔、半硬状态箔、四分之一硬箔和四分之三硬箔。

1）全硬箔。指轧制（完全退火材料并经75% 以上冷轧变形）后未经退火处理的铝箔。由于未经退火处理，铝箔表面有残油。应用领域有加工铝箔器皿、装饰箔、药用箔等。

2）软状态箔。指轧制后经充分退火而变软的铝箔。由于经充分退火，铝箔的抗拉强度降低，伸长率增加，材质柔软，表面无残油。应用领域有食品、香烟等复合包装材料、电器工业等。

3）半硬箔。指铝箔的抗拉强度介于全硬箔和软状态箔之间的铝箔。应用领域有空调箔、瓶盖料等。

4）四分之三硬箔。指铝箔的抗拉强度介于全硬箔和半硬箔之间的铝箔。应用领域有空调箔、铝塑管用箔等。

5）四分之一硬箔。指铝箔的抗拉强度介于软状态箔和半硬箔之间的铝箔。应用领域有空调箔等。

（4）按表面状态分。铝箔按表面状态可分为单面光箔和双面光箔。铝箔轧制分单张轧制和双合轧制。单张轧制时铝箔上下面都和轧辊接触，双面都具有明亮的金属光泽，这种箔称双面光箔。双合轧制时每张箔只有一面和轧辊接触，与轧辊接触的一面和铝箔相互接触的一面表面光亮度不同，与轧辊接触的面光亮，铝箔之间相互接触的面发暗，这种铝箔称单面光箔。

双面光箔的最小厚度主要取决于工作辊直径的大小，一般不小于 0.01mm；单面光箔的厚度一般不大于 0.06mm。

（5）按用途分。铝箔按用途主要分为包装用箔、日用品用箔、电器设备用箔和建筑用箔。铝箔的主要用途见表 9-2。

表 9-2　铝箔主要用途一览表

行　业	类　别	典型厚度/mm	加工方式	用　途
包装	食　品	0.006 ~ 0.009	复合纸、塑料薄膜、压花上色、印刷等	糖果、奶及奶制品、粉末食品、饮料、茶、小食品等
	烟　草	0.006 ~ 0.007	复合纸、上色、印刷等	各种香烟内、外包装
	医　药	0.006 ~ 0.02	复合、涂层、印刷	片剂、颗粒剂等
	化妆品	0.006 ~ 0.009	复合、印刷等	
	瓶　罐	0.011 ~ 0.2	印刷、冲制等	瓶盖、易拉罐等
日用品	家　庭	0.01 ~ 0.02	小卷	家庭食品包装等
	器　皿	0.011 ~ 0.1	成型加工	
电器设备	电解电容器	0.015 ~ 0.11	在特定介质中浸蚀	电解电容器
	电力电容器	0.006 ~ 0.016	衬油浸纸	电容器
	散热器	0.09 ~ 0.2	冲制翅片	各种空调散热器
	电　缆	0.15 ~ 0.2	铝塑复合	电缆包覆
建筑业	绝热材料	0.006 ~ 0.03	复合材料	住宅、管道包覆材料
	装饰板	0.03 ~ 0.2	涂漆、复合材料	建筑装饰板
	铝塑管	0.2	复合聚乙烯塑料	各种管道

9.2　铝箔的主要性能

铝箔具有闪耀的银白色美丽光泽，无毒、无味，对人体无害，经过着色、压花和印刷加工后，可以得到任意多彩的花色图案和花纹，并且不失其美丽的光泽。目前轧制箔的最小厚度可达到 4μm，同时铝箔又轻，如厚度为 6μm 的铝箔，每平方米的重量仅为 16g。

9.2.1　导电导热性能

铝箔的导电、导热性能仅次于银、金和铜，约相当于铜的 60%。随着铝中杂质元素的增加，其导电、导热性能有所降低，99.990% 纯铝在 20℃ 时电阻率为 $2.6547 \times 10^{-8} \Omega \cdot m$，等体积的电导率为 64.94% IACS。铝的等体积电导率为 57% ~ 64.94% IACS。由于铝箔的厚度很薄，当铝箔缠绕使用时，铝箔的等体积电导率可达 60% ~ 80% IACS。GB 3616—1999 标定的 1145、1235 合金不同厚度铝箔的电阻参考值见表 9-3。

表 9-3　不同厚度 1145、1235 合金铝箔的电阻值

标定厚度/mm	0.0060	0.0065 ~ 0.0070	0.0080	0.0090	0.010	0.11	0.16
最大电阻(宽度 10mm)/Ω · m	0.55	0.51	0.43	0.36	0.32	0.28	0.25

9.2.2　防潮性能

铝箔与其他包装材料相比，透湿性低，具有良好的防潮性能，同时具有安全、方便及保存

期长的优点。虽然随着厚度的减薄（0.02mm 以下），铝箔不可避免地出现针孔，但其防潮性能比没有针孔的塑料薄膜及其他包装材料仍有优势，如果铝箔表面涂树脂或与纸、塑料薄膜复合，其防潮性能会更好。不同厚度铝箔与其他包装材料的透湿度对比见表9-4。

表9-4　不同包装材料透湿度对比

材料名称	透湿度/$g \cdot (m^2 \cdot 24h)^{-1}$	材料名称	透湿度/$g \cdot (m^2 \cdot 24h)^{-1}$
0.009mm 铝箔	1.08 ~ 10.70	0.09mm 聚氯乙烯膜	7
0.013mm 铝箔	0.60 ~ 4.80	0.1mm 聚氯乙烯膜	4.8
0.018mm 铝箔	0 ~ 1.24	0.02mm 聚氯乙烯膜	157
0.025mm 铝箔	0 ~ 0.46	0.065mm 聚氯乙烯膜	28.4
0.03 ~ 0.15mm 铝箔	0	0.095mm 聚氯乙烯膜	41.2
玻璃纸	1670	0.008 ~ 0.009mm 聚酯膜	26
防潮玻璃纸	50 ~ 70	乙烯涂层纸	60 ~ 95
焦油纸	20 ~ 50		

9.2.3　隔热和对光的反射性能

铝箔对热辐射能的发射率特别小，因此具有良好的隔热性能。铝箔的发射率与厚度关系不大，主要取决于其表面的平整度，其发射率一般为5%~20%，因此铝箔对热辐射能的吸收非常小，能使80%~95%的辐射热反射回去。铝箔是良好的隔热保温材料。

铝箔对光的反射能力特别强，其对光的反射率与铝箔的纯度、平整度、表面粗糙度、热射线波长等因素有关。随着铝箔纯度的增加与热射线波长的增大，铝箔对光的反射率增大；随着平整度的降低与表面粗糙度的增大，铝箔对光的反射率降低。

在可见光波长0.38~0.76μm范围内，铝箔对光的反射率可达70%~80%；在红外线波长0.76~50μm范围内其反射率可达75%~100%。

9.2.4　力学性能

铝箔的力学性能因化学成分、生产工艺、厚度、状态的不同而不同。生产铝箔的坯料，包括铸轧坯料（CC材）和热轧坯料（DC材）。本节的力学性能数值除特别注明外，均指铸轧坯料生产的铝箔力学性能。表9-5~表9-14列出了某些典型用途铝箔的力学性能。

表9-5　食品、香烟包装用铝箔的力学性能

厚度/mm	状　态	抗拉强度 R_m/MPa	断后伸长率 A_{50mm}/%
0.006 ~ 0.0065	O	60 ~ 100	0.5 ~ 1.5
0.007 ~ 0.009		65 ~ 100	1.0 ~ 1.5

表9-6　啤酒杯与家用铝箔的力学性能

厚度/mm	状　态	抗拉强度 R_m/MPa	断后伸长率 A_{50mm}/%	破裂强度/kPa
0.010 ~ 0.011	O	78 ~ 105	2.0 ~ 4.5	50 ~ 80
0.011 ~ 0.012		78 ~ 105	2.0 ~ 5.0	55 ~ 80
0.012 ~ 0.014		80 ~ 110	2.5 ~ 5.0	60 ~ 90
0.014 ~ 0.018		80 ~ 110	3.5 ~ 6.0	75 ~ 95
0.018 ~ 0.022		85 ~ 110	4.0 ~ 7.0	85 ~ 115
0.022 ~ 0.024		85 ~ 110	4.5 ~ 7.5	110 ~ 140

表9-7　药用箔的力学性能

厚度/mm	状态	抗拉强度 R_m /MPa	断后伸长率 A_{50mm} /%	破裂强度 /kPa	热封强度 /N·(15m)$^{-1}$	表面湿润张力 /N·m^{-1}
0.018 ~ 0.025	H18	160 ~ 210	1.0	≥150	≥8	≥0.032

表9-8　器皿用铝箔的力学性能

厚度/mm	状态	抗拉强度 R_m/MPa	断后伸长率 A_{50mm}/%	杯突值 IE/mm
0.010 ~ 0.012	H18	160 ~ 190	0.5 ~ 1.0	
0.06 ~ 0.12	H24	115 ~ 140	≥10	≥4.0

表9-9　电缆箔的力学性能

厚度/mm	状态	抗拉强度 R_m/MPa	断后伸长率 A_{50mm}/%	备注
0.10 ~ 0.15		70 ~ 100	15 ~ 25	
0.2	O	70 ~ 100	18 ~ 28	
0.15 ~ 0.20		85 ~ 100	25 ~ 34	高性能电缆箔

表9-10　铝塑管用铝箔的力学性能

厚度/mm	状态	抗拉强度 R_m/MPa	断后伸长率 A_{50mm}/%
0.15 ~ 0.30	O	70 ~ 100	≥22
	H22	110 ~ 135	≥22

表9-11　空调器用铝箔的力学性能

厚度/mm	状态	抗拉强度 R_m /MPa	规定非比例延伸强度 $R_{P0.2}$/MPa	断后伸长率 A_{50mm} /%	杯突值 IE /mm
0.08 ~ 0.20	O	80 ~ 105	50 ~ 70	≥20	≥7.0
0.10 ~ 0.15	H22	110 ~ 130	70 ~ 105	≥18	≥6.0
0.10 ~ 0.15	H24	125 ~ 150	95 ~ 130	≥15	≥5.0
0.090 ~ 0.115	H26	135 ~ 165	115 ~ 140	≥8	≥4.5

表9-12　装饰板用铝箔（带）的力学性能

厚度/mm	状态	抗拉强度 R_m/MPa	断后伸长率 A_{50mm}/%
0.026 ~ 0.050	H18	>130	≥0.5
0.060 ~ 0.450	H18	>140	≥1.0

表9-13　电子铝箔力学性能

种类	厚度/mm	状态	铝纯度 /%	抗拉强度 R_m /MPa	(100)〈001〉织构 /%	牌号
特种高压阳极箔	0.100 ~ 0.110	O	>99.99	20 ~ 40	>95	1A99
通用阳极箔	0.070 ~ 0.100		>99.96	20 ~ 40	>85	1A99、1A98
低压阳极箔	0.040 ~ 0.100	O/H19	99.99	30 ~ 70/130 ~ 170	>75	1A99
	0.040 ~ 0.100		99.98	50 ~ 90/140 ~ 180	>75	1A98
	0.040 ~ 0.100		99.97	50 ~ 100/150 ~ 190	>75	1A97

种　类	厚度/mm	状态	铝纯度/%	抗拉强度 R_m /MPa	(100)⟨001⟩ 织构/%	牌　号
阴极箔	0.030~0.060 /0.015~0.060	O/H19	>99.50	4~8/16~25		1050
			>99.85			1A85
			>99.70	5~9/18~26		1070
			>99.00	6~8/18~26		
	0.025~0.050	H19	>98.00	25~30		3003
			>99.00	18~23		2301

表9-14　合金铝箔的力学性能

牌　号	厚度/mm	状　态	抗拉强度 R_m/MPa	断后伸长率 A_{50mm}/%
2A11	0.03~0.04	O	≤195	≥1.5
	0.05~0.20			≥3.0
	0.03~0.04	H18	≥205	
	0.05~0.20		≥215	
2A12	0.03~0.04	O	≤195	≥1.5
	0.05~0.20		≤205	≥3.0
	0.03~0.04	H18	≥225	
	0.05~0.20		≥245	
2A21	0.03~0.20	O	85~138	≥8
	0.05~0.20	H14/H24	130~180	≥1
	0.10~0.20	H16/H26	≥180	
3003	0.03~0.10	O	100~140	≥10
	>0.10~0.20			15
	0.05~0.20	H14/H24	140~190	6
	0.10~0.20	H16/H26	≥180	
5A02	0.03~0.05	O	≤195	
	>0.05~0.20			4
	0.10~0.20	H16/H26	≥255	
5052	0.03~0.20	O	175~225	15
	0.05~0.20	H14/H24	250~300	3
	0.10~0.20	H16/H26	≥320	

9.3　铝箔生产工艺

在双张箔的生产中，铝箔的轧制分粗轧、中轧、精轧三个过程。从工艺的角度看，可以大体从轧制出口厚度上进行划分，一般的分法是出口厚度大于或等于0.05mm为粗轧，出口厚度在0.013~0.05mm之间为中轧，出口厚度小于0.013mm的单张成品和双合轧制的成品为精轧。粗轧与铝板带的轧制特点相似，厚度的控制主要依靠轧制力和后张力，粗轧加工率大，可达

50% ~65%，而中、精轧由于其出口厚度很小，其轧制特点已完全不同于铝板带材的轧制，具有铝箔轧制的特殊性，其特点主要有以下几个方面：

（1）铝板带轧制。要使铝板带变薄主要依靠轧制力，因此板厚自动控制方式是以恒辊缝为 AGC 主体的控制方式，即使轧制力变化，随时调整辊缝使辊缝保持一定值以获得厚度一致的板带材。而铝箔轧制至中精轧，由于铝箔的厚度极薄，轧制时，增大轧制力，使轧辊产生弹性变形比被轧制材料产生塑性变形更容易，轧辊的弹性压扁是不能忽视的。轧辊的弹性压扁决定了在铝箔轧制中轧制力已起不到像轧板材那样的作用。铝箔轧制一般是在恒压力条件下的无辊缝轧制，调整铝箔厚度主要依靠调整后张力和轧制速度。

（2）叠轧。对于厚度小于 0.012mm（厚度大小与工作辊的直径有关）的极薄铝箔，由于轧辊的弹性压扁，用单张轧制的方法是非常困难的，因此采用双合轧制的方法，即把两张铝箔中间涂上润滑油，然后合起来进行轧制的方法（也称叠轧）。叠轧不仅可以轧制出单张轧制不能生产的极薄铝箔，还可以减少断带次数，提高劳动生产率，采用此种工艺能批量生产0.006 ~0.03mm 的单面光铝箔。

（3）速度效应。铝箔轧制过程中，箔材厚度随轧制速度的提高而变薄的现象称为速度效应。对于速度效应机理的解释尚有待于深入的研究，产生速度效应的原因一般认为有以下三个方面：

1）工作辊和轧制材料之间摩擦状态发生变化。随着轧制速度的提高，润滑油的带入量增加，从而使轧辊和轧制材料之间的润滑状态发生变化。摩擦系数减小，油膜变厚，铝箔的厚度随之减薄。

2）轧机本身的变化。采用圆柱形轴承的轧机，随着轧制速度的提高，辊颈会在轴承中浮起，因而使两根相互作用而受载的轧辊将向相互靠紧的方向移动。

3）材料被轧制变形时的加工软化。高速铝箔轧机的轧制速度很快。随着轧制速度的提高，轧制变形区的温度升高。据计算变形区的金属温度可以上升到 200℃，相当于进行一次中间恢复退火，因而引起轧制材料发生加工软化现象。

9.3.1　铝箔坯料

9.3.1.1　铝箔坯料的类型

铝箔坯料分热轧坯料（DC 材）和铸轧坯料（CC 材）。热轧坯料是由大铸锭（最厚的扁锭达 600mm）经锯切、铣面、坯锭加热、热轧、冷轧、退火后生产的坯料。铸轧坯料是由连续铸轧带坯（一般 6 ~8mm 厚）经冷轧、退火后生产的坯料。

用铸轧法和热轧法生产的铝箔坯料，在铝箔轧制过程中的力学性能变化不同，CC 材强度高，轧制加工硬化速度快；其最终退火性能也不同，在相同温度、时间退火后，CC 材生产的铝箔强度高，DC 材生产的铝箔强度低。所以用不同的坯料生产铝箔，应分别采用不同的轧制、分切、退火工艺。7μm 铝箔 DC 材退火温度比 CC 材退火温度低 10 ~30℃。

铸轧法和热轧法各有优、缺点。铸轧法工艺流程短，成本低，但它不适于生产多品种铝合金板带箔材。目前，世界上用铸轧料和热轧料生产的铝箔产量相当，前者的产量略高于后者。

9.3.1.2　铝箔坯料的技术要求

（1）冶金质量。熔体必须经过充分的除渣、除气、过滤和晶粒细化，铸（锭）轧板的内部组织不允许有气道、夹渣、偏析和晶粒粗大等缺陷。要求 100g Al 熔体的氢含量控制在

0.12mL 以下，非金属夹渣不超过 0.001%，铸轧板的晶粒度为一级。

（2）表面质量。表面应洁净、平整，不允许有松树枝状、压过划痕、擦划伤、孔洞、腐蚀、翘边、油斑、金属或非金属压入等，这些缺陷的存在会直接影响铝箔的表面质量。

（3）端面质量。端面切边应平整，不允许有毛刺、裂边、串层、碰伤等，毛刺、裂边、碰伤会造成轧制过程中频繁断带及断带甩卷，串层会影响板形控制及再轧制的切边质量。

（4）坯料厚度和宽度偏差。为保证铝箔厚度公差，铝箔坯料的纵向厚度偏差应不大于名义厚度的 ±5%（高精度轧机可控制在 ±2%）。宽度偏差为正公差，一般要求不大于名义宽度3mm，如果铝箔坯料厚度波动大，势必造成铝箔厚度波动大，严重时会造成压折缺陷。

（5）板形。坯料横向截面呈抛物面对称，凸面率不大于 0.5% ~ 1%，楔形厚差断面形状不大于 0.2%，对装有自动板形控制系统的冷轧机，坯料的在线板形不大于 ±10I。

（6）力学性能。铝箔坯料力学性能的选择，主要根据所生产铝箔产品的品种和性能要求。铝箔坯料典型的力学性能指标见表9-15。

表 9-15　铝箔坯料典型的力学性能

合金牌号	状　态	抗拉强度 R_m/MPa	断后伸长率 A_{50mm}/%
1070、1060	O	60 ~ 90	≥20
	H14	80 ~ 140	≥3
	H18	≥120	≥1
1145、1235	O	80 ~ 120	≥30
	H14	130 ~ 150	≥3
	H18	≥150	≥1
3003	O	100 ~ 150	≥20
	H14	140 ~ 180	≥2
	H18	≥190	≥1

9.3.2　铝箔生产工艺流程

铝箔生产工艺流程主要有以下两种方式，见图9-1和图9-2。图9-1是老式设备生产工艺流程。由于老式设备规格小，需要的铝箔坯料窄，要经过剪切分成小卷退火后再进行轧制。轧制

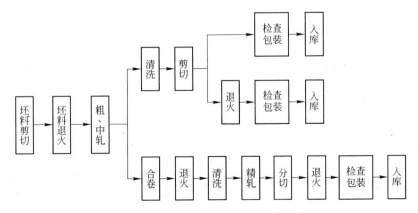

图 9-1　老式设备铝箔生产工艺流程

时老式设备采用的是高黏度轧制油，需经过一次清洗处理，双合轧制前还要经过一次中间低温恢复退火。图 9-2 是现代铝箔生产工艺流程，由于轧制油黏度的下降与轧制速度的提高，不需要清洗和中间恢复退火工序。现代铝箔生产工艺流程短，缩短了生产周期，减少了中间生产环节，从而减少了缺陷的产生，降低了成本，提高了铝箔的产品质量和成品率。

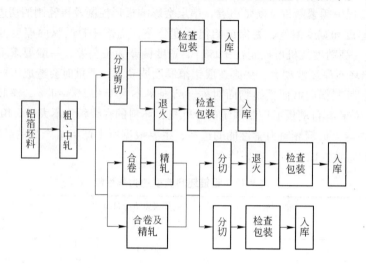

图 9-2　新式设备铝箔生产工艺流程

9.3.3　铝箔轧制工艺参数的确定

9.3.3.1　铝箔坯料厚度、宽度、状态的选择

铝箔坯料的厚度范围一般为 0.3 ~ 0.7mm，铝箔坯料厚度的选择，主要取决于粗轧机的设备能力和生产工艺的安排。

铝箔坯料宽度的选择应考虑所生产铝箔的合金状态、成品规格、轧制与分切的切边及分切抽条量的大小、设备能力、操作水平及生产技术工艺管理等因素。轧制铝箔时，铝箔坯料的最大宽度一般不超过工作辊辊身长度的 80% ~ 85%，如有良好的板形控制系统可达 90%。

铝箔坯料的状态分软状态、半硬状态和全硬状态三种。对于一般力学性能要求的软状态或硬状态铝箔如双张箔、普通单张箔，可以选择软状态或半硬状态坯料。对于有特殊性能要求的铝箔如电缆箔、空调箔等，可以选择半硬状态或全硬状态坯料。选择半硬状态坯料时应充分考虑中间热处理工艺、化学成分及最终热处理工艺对成品铝箔力学性能的影响；选择全硬状态坯料时，应充分考虑化学成分和最终热处理工艺对成品铝箔力学性能的影响。

9.3.3.2　铝箔加工率的选择

由于成品厚度的不同，箔材轧制一般为 2 ~ 6 个道次，轧制道次要根据轧机的效率、成品箔材的规格和组织性能的要求、前后工序生产能力的平衡来确定。纯铝箔材的总加工率一般可达 99%，铝合金箔材的总加工率一般不大于 90%。道次加工率的选择原则如下：

（1）在设备能力允许，轧制油润滑和冷却性能良好，并能获得良好表面质量和板形质量的前提下，应充分发挥轧制金属的塑性，尽量采用大的道次加工率，提高轧机的生产效率。

（2）道次加工率，要充分考虑轧机性能、工艺润滑、张力、原始辊型、轧制速度、表面质量、板形质量、厚度波动等因素。软状态或半硬状态铝箔坯料的轧制道次加工率一般为40%~65%，硬状态铝箔坯料的轧制道次加工率一般为20%~40%。

（3）对于厚度偏差、表面质量、板形质量要求高的产品，宜选用较小的道次加工率。

（4）对有厚度自动控制系统和板形自动控制系统的轧机，可适当采用较大的道次加工率。

（5）道次加工率的选择，应从实际出发，在现场实践中依据设备、质量、生产效率等情况不断摸索总结后，最终确定下来。典型的道次分配表见表9-16和表9-17。

表9-16　典型的道次分配表（硬状态坯料）

道次	入口厚度/mm	出口厚度/mm	压下量/mm	加工率/%	道次	入口厚度/mm	出口厚度/mm	压下量/mm	加工率/%
1	0.40	0.31	0.09	22.5	1	0.30	0.21	0.09	30.0
2	0.31	0.22	0.09	29.0	2	0.21	0.15	0.06	28.6
3	0.22	0.15	0.07	31.8	3	0.15	0.11	0.04	26.6
4	0.15	0.11	0.04	26.6	4				

表9-17　典型的道次分配表（软状态或半硬状态坯料）

道次	入口厚度/mm	出口厚度/mm	压下量/mm	加工率/%	道次	入口厚度/mm	出口厚度/mm	压下量/mm	加工率/%
1	0.70	0.35	0.35	50.0	1	0.40	0.20	0.20	50.0
2	0.35	0.15	0.20	57.1	2	0.20	0.10	0.10	50.0
3	0.15	0.065	0.085	56.7	3	0.10	0.05	0.05	50.0
4	0.065	0.029	0.036	55.4	4	0.05	0.028	0.022	44.0
5	0.029	0.014	0.015	51.7	5	0.028	0.014	0.014	50.0
6	0.014×2	0.007×2	0.014	50.0	6	0.014×2	0.007×2	0.014	50.0
	0.014×2	0.0065×2	0.015	53.6					
	0.014×2	0.006×2	0.016	57.1					

9.3.3.3　铝箔轧制速度的选择

A　铝箔轧制速度的影响因素

（1）箔材轧机的性能。

（2）坯料的质量。坯料如果厚度波动较大，板形或端面不良，为最大限度地改善轧制后铝箔质量应采用低速轧制。

（3）轧制油。在其他条件相同的情况下，轧制速度随轧制油中添加剂含量的增加和轧制油黏度的增大而降低，随着轧制油温度的升高而提高。

（4）轧辊粗糙度。在其他条件相同的情况下，轧制速度随着工作辊粗糙度的增大而提高，随着粗糙度的减小而降低。粗糙度对轧制速度的影响见图9-3。

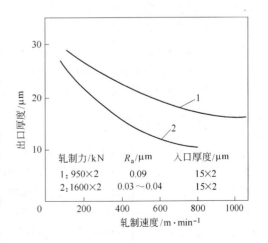

图9-3　粗糙度对轧制速度的影响

（5）铝箔板形。在铝箔轧制过程中，变形热、摩擦热的作用使轧制变形区的温度变化很快，从而使轧辊辊型发生变化，轧制出的铝箔板形也会随着辊型的变化而发生改变。对于手动控制板形的铝箔轧机，铝箔板形的变化完全依靠操纵手的观察，然后再手动分别控制弯辊或轧制力及各油嘴的喷射量，如果轧制速度太快，操纵手的反应跟不上，板形控制就很困难。即使一名最优秀的操作手，所能控制的轧制速度一般也不会超过 700～800m/min，在线最好板形水平在 ±80I 以上。当轧制速度超过 800m/min，为了获得良好的板形质量，就必须采用板形自动控制系统。板形自动控制系统采用了自动喷淋、自动弯辊、自动倾斜，更为先进的轧机还采用了 VC、DRS 等板形控制技术，使铝箔的轧制速度和板形控制水平大幅度提高，铝箔的在线板形可以控制在 ±9～20I 以下的水平。

（6）表面质量。在其他工艺条件相同的情况下，轧制速度低，轧辊间油膜薄，铝箔表面更接近轧辊表面，轧出的铝箔光亮度好。轧制速度高，轧辊间的油膜厚，轧出铝箔的光亮度差，因此，在非成品道次，为提高生产效率应尽量采用高速轧制。但在生产成品道次要求铝箔表面的光亮度好，应降低轧制速度，适当增加后张力，对 0.006～0.007mm 厚度的铝箔双合道次的轧制速度一般不超过 600m/min。

B　铝箔轧制速度效应

当轧制力和前后张力不变时，铝箔的出口厚度随着轧制速度的升高而减薄，这种现象称为铝箔轧制的速度效应。

9.3.3.4　轧制后张力的选择

后张力主要是通过影响变形区状态以改变塑性变形抗力来起作用。后张力在铝箔轧制中调节厚度的作用十分明显，而且重要，与速度调节厚度相比，具有快速、灵敏的特点。值得指出的是，用后张力调节铝箔的厚度要充分考虑入口带材的板形、材质等对轧制速度的影响。

（1）后张力与入口板形。入口带材板形如有中间或两肋波浪，应适当减小后张力；入口带材如有两边波浪，应适当增大后张力，以增加入口带材的平整度，减少入口打折现象，同时后张力的设定范围不宜过大。

（2）后张力与入口带材性质。后张力的设定与入口带材的性质有关，带材因合金、状态的不同，其屈服强度也不同，屈服强度越高，后张力越大，在生产中选取的后张力值应为所轧带材屈服强度值的 25%～35% 为宜。如果后张力过大，会增加铝箔的断带次数；如果后张力过小，会造成入口带材拉不平，入口出现打折现象。

（3）后张力与轧制速度。后张力对轧制速度的影响程度随着铝箔厚度的减薄而呈现增加的趋势，如果要通过调节轧制速度来提高轧机的生产能力，应适当降低后张力。

9.3.3.5　前张力的选择

前张力的主要作用是拉平出口铝箔，使铝箔卷展平、卷紧、卷齐。前张力对厚度的影响比后张力要小得多，但前张力对出口铝箔的平直度却有很大影响。一名优秀的操作手给定的前张力总是尽可能的小，前张力小，可以明显地观察到铝箔板面的板形质量，反映出真实的铝箔出口板形，但过小，容易造成松卷、串层，甚至"起棱"，反之前张力过大，不仅掩盖了真实的板形，使离线板形变差，而且容易造成断带。对于纯铝，单位前张力范围一般为 25～60MPa，0.006～0.007mm 道次的前张力范围以 25～40MPa 为宜。

9.3.3.6 轧辊的选择

轧辊是铝箔轧制的重要工具，在铝箔轧制过程中，工作辊辊身和铝箔直接接触，其尺寸、精度、表面硬度、辊型及表面质量对铝箔表面、板形质量与轧制工艺参数的控制起到非常重要的作用。轧辊又分为工作辊和支撑辊。轧辊使用一定时间后，为磨去轧辊表面疲劳层并获得一定的凸度和粗糙度，必须进行磨削。

（1）工作辊尺寸。工作辊的直径和辊身长度代表铝箔轧机的公称规格。工作辊的直径对单张箔轧制的最小出口厚度影响很大。单张轧制铝箔的最小厚度可用下式计算：

$$h_{\min} = \frac{3.58D(K - \overline{\sigma})}{E} \tag{9-1}$$

式中　$h_{\min}$——轧出铝箔的最小厚度，mm；

　　　D——工作辊直径，mm；

　　　K——金属强制流动应力，$K = 1.115\overline{\sigma}_{0.2}$，MPa；

　　　$\overline{\sigma}_{0.2}$——入口金属的平均屈服强度，MPa；

　　　$\overline{\sigma}$——轧件平均单位张力，$\overline{\sigma} = \frac{1}{2}(\sigma_0 + \sigma_1)$，MPa；

　　　σ_0——前张力，MPa；

　　　σ_1——后张力，MPa；

　　　E——轧辊的弹性模量，$E = 220$GPa。

工作辊辊身长度决定铝箔轧制宽度，通常最大可轧制的铝箔宽度是辊身长度的80% ~ 85%，当投入板形控制系统时，最高可达90%；铝箔宽度再大，板形控制将非常困难。

（2）轧辊的几何精度。工作辊辊身和辊颈的椭圆度不大于0.005mm，辊身两边缘直径差不大于0.005mm，辊身和辊径的同心度不大于0.005mm，当轧制为双辊驱动时，一对工作辊的直径偏差不超过0.02mm。支撑辊辊身和辊颈的椭圆度不大于0.03mm，辊身的圆锥度不大于0.005mm。

（3）轧辊的表面硬度。轧辊在生产运行过程中要承受相当大的压力，一般都采用经过特殊处理的锻造合金钢来制造，轧辊表面硬度要求严格，同时还要有一定深度的淬火层。工作辊的表面硬度一般为95 ~ 102HSD，淬火层深度不小于10mm，支撑辊表面的硬度一般为75 ~ 80HSD，淬火层深度不小于20mm，辊颈的硬度一般为45 ~ 50HSD。

（4）轧辊的辊型。为了获得厚度均匀、板形平整的铝箔产品，合理地选择轧辊辊型是非常重要的。辊型是指辊身中间和两端的直径差和这个差值的分布规律，通常分布是对称的，呈抛物线状（另一种说法呈正弦曲线），而把直径差称为凸度。如果凸度偏大，轧出的铝箔会中间松，两边紧；凸度偏小，轧出的铝箔会中间紧，两边松。凸度的选择，通过理论计算很困难，大多是根据实际经验来选定。工作辊的凸度一般为0.04 ~ 0.08mm，支撑辊的凸度一般为0 ~ 0.02mm，辊型的误差应在标准值的±10%以内。

（5）轧辊表面磨削质量。轧辊表面磨削后不允许有螺旋印、振痕、横纹、划痕及其他影响铝箔表面质量的缺陷，同时具有满足不同要求的粗糙度。轧辊表面的粗糙度与轧出铝箔的粗糙度、光亮度、轧制过程中的轧制速度、摩擦系数、轧制力的大小等有直接的关系，根据轧制工艺的不同，轧辊表面的粗糙度不同。粗轧时，压下量较大，工作辊的粗糙度应当能使轧制油充分吸附。此外，轧辊表面应尽可能适应高速轧制。中轧辊的粗糙度要比粗轧精细；精轧为使铝箔获得光亮表面，精轧辊表面粗糙度应更精细。但值得注意的是，如果轧辊粗糙度太小，轧制后的铝箔表面容易产生人字纹、横波纹缺陷，同时降低了轧制速度。表 9-18 列举了常用工作辊磨削砂轮号与粗糙度值。支撑辊的粗糙度一般为 $R_a = 0.3 \sim 0.4 \mu m$。

表 9-18　常用工作辊磨削砂轮号与粗糙度值

工作辊磨削砂轮号	80 号	120 号	180 号	220 号	280 号	320 号	500 号
粗糙度 $R_a/\mu m$	0.3 ~ 0.4	0.2 ~ 0.5	0.10 ~ 0.15	0.06 ~ 0.09	0.05 ~ 0.06	0.04 ~ 0.05	0.03 ~ 0.04

（6）轧辊的磨削工艺。轧辊的磨削工艺包括砂轮的修整、冷却润滑剂及砂轮转速、轧辊转速、走刀量和进刀量。

1）砂轮修整。砂轮在磨削过程中会有一部分铁屑残留在砂轮表面的气孔中，随着沉积量的增加将影响轧辊的磨削质量，另外砂粒在磨削过程中逐渐变钝，降低了砂轮的磨削加工性能，所以通过砂轮修整来恢复砂轮的磨削性能。砂轮修整采用的是金刚石刀刃（顶角 70° ~ 80°），修整质量与砂轮转速、刀架进给速度、横向进磨量、修整时间有关。

2）冷却润滑剂。轧辊磨削液的作用一方面是冷却磨削过程中产生的热，润滑轧辊与砂轮；另一方面是冲洗磨削产生的铁屑等。为了提高轧辊的磨削质量，还要在线过滤和定期更换，经常取样分析，要求 pH 值不大于 7.5，杂质颗粒最大不大于 $2\mu m$，杂质含量不大于 0.3%。冷却润滑剂（磨削液）是防锈乳化油按 2% 浓度与水混合而成的乳液，具有良好的防锈润滑和冷却性能。

3）磨削制度。磨削制度包括砂轮转速、轧辊转速、走刀量和进刀量，参数值应根据不同的磨床性能、砂轮型号与磨辊要求来选定。表 9-19 为典型的砂轮参数，表 9-20 为 KT640 磨床220 号辊精磨工艺参数。

表 9-19　典型的砂轮参数

参　数 ＼ 种　类	80 号	220 号	500 号
规格/mm × mm × mm	650 × 305 × 65	650 × 305 × 65	650 × 305 × 65
材　质	WA	WA	GC
粒度/μm	80	220	500
硬　度	H	J	K
结合剂	V	B	NB

表 9-20　KT640 磨床 220 号辊精磨工艺参数

走刀次数	轧辊转速 /r · min^{-1}	砂轮转速 /r · min^{-1}	走刀速度 /mm · min^{-1}	进刀电流（进刀后）/A
1	40	450 ~ 500	1000	4 ~ 5
2	40	450 ~ 500	800 ~ 1000	5
3	40	450 ~ 500	500 ~ 800	3.5 ~ 4
4	40	450 ~ 500	350 ~ 500	2.5 ~ 3
5	40	450 ~ 500	350	1.5 ~ 2
6	40	450 ~ 500	300 ~ 350	1
7	40	450 ~ 500	300	0.5

9.3.3.7　铝箔轧制时的厚度测量与控制

A　铝箔轧制的厚度测量

（1）涡流测厚。结构简单，价格便宜，维修方便，适用于厚度偏差要求不严（±8%以上），轧制速度低（500m/min以下）的铝箔轧机。

（2）同位素射线测厚。测量精度高，价格适中。厚度的测量范围取决于同位素种类，同位素需要定期更换，保管不方便，适用于高速铝箔轧机。该种测厚方式应用较少。

（3）X射线测厚。测量精度高，反应速度快，不受电场、磁场的影响，在使用和保管上较同位素β、γ射线方便，价格较贵，广泛应用于高速铝箔轧机。厚度测量范围取决于发射管的电压，只要调整X射线管的阳极电压便可检测各种厚度，高速铝箔轧机X射线厚度测量发射管电压一般为10kV，检测厚度可达9~2700μm。

B　铝箔轧制的厚度控制

轧制工艺参数的改变对出口带材厚度的影响是不同的。图9-4表示的是轧制力、轧制速度和开卷张力对出口带材厚度影响的相对关系。出口带材厚度大时，冷轧（粗轧）轧制力的影响大，随着厚度的减薄，轧制力的影响减弱，开卷张力、轧制速度的影响逐渐增加。现代高速铝箔轧机厚度AGC的控制方法主要有：压力、开卷张力、压力/张力、张力/压力、张力/速度、速度/张力以及速度最佳化、厚度自适应、自动减速控制等。

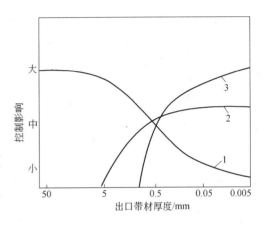

图9-4　轧制力、轧制速度、开卷张力
对出口带材厚度影响的相对关系
1—轧制力（位置）；2—开卷张力；3—轧制速度

（1）压力控制。以轧制力作为可控制变量，利用出口侧测定的厚度与设定目标值厚度相比较，产生厚度偏差信号，通过调整轧制力，使出口厚度偏差趋近于零。可用于铝箔粗轧机。

（2）张力控制。以开卷张力作为可控制的变量，利用出口侧测定的厚度与设定目标厚度相比较，产生厚度偏差信号。偏差信号通过张力控制器，调整开卷张力值，使出口厚度偏差趋近于零。对于因采用单电动机或双电动机驱动引起的开卷张力变化，可自动进行补偿，对于不同的合金和厚度范围所允许的开卷张力范围可调，因此可在最小断箔几率的条件下，尽可能获得大的开卷张力调节范围。适用于粗、中、精轧机的控制。

（3）速度控制。以轧制速度作为可控制变量，利用出口侧测定的厚度与设定目标厚度相比较，产生厚度偏差信号。偏差信号通过轧制速度控制器，调整轧制速度，使出口厚度偏差趋近于零。常用于精轧。

（4）张力/速度与速度/张力控制。开卷张力与轧制速度组成厚度控制方式，依靠AGC计算机软件中的第一级控制器和第二级控制器来实现。铝箔轧制时，出口箔材厚度与目标值出现偏差，第一级控制器的输出就会发生变化，使厚度回到目标值范围内，当第一级控制器的输出已超过溢出限，而厚度仍未回到目标范围内，此时第二级控制器将会启动将出口厚度调整到目标值范围内，并使第一级控制器的输出回到正常范围。常用于中、精轧机。以速度/张力AGC方式为例，其厚度调节程序如下：

1）在铝箔轧制过程中，AGC计算机会不停地将测厚仪测量的出口箔材厚度与目标设定值相比较。当出口箔材的厚度大于目标值时，AGC 计算机就会增加输出速度基准信号，提高轧制速度，以使箔材的出口厚度回到目标值范围内。如果速度基准输出达到溢出限，箔材的出口厚度仍未回到目标值范围内，此时张力控制器启动，增加开卷张力，使箔材的厚度变薄回到目标值范围内，且使速度回到正常范围内。

2）当测厚仪测量的出口箔材厚度小于目标值时，AGC 计算机就会减小输出速度基准信号，降低轧制速度，使出口箔材厚度增大。当速度小到低于速度溢出下限时而箔材的出口厚度仍未回到目标值范围内，开卷张力控制器启动，减小开卷张力，使箔材的厚度增厚并回到目标值范围内，且使速度回到正常范围内。

另外，还有压力/张力和张力/压力控制，适用于粗轧。

(5) 速度最佳化控制。利用张力和速度的不同组合，采用尽量小的张力而获得最大轧制速度，即低张力、高速度进行铝箔轧制的方法，该系统主要特点如下：

1）在不影响铝箔厚度的情况下，将轧机升速到初始值。不同合金及不同轧制道次其初始值不同。

2）通过减小开卷机电流使张力 AGC 范围接近下限，以达到最佳轧制速度，由此在最大轧制速度下将厚度控制在目标值。

3）控制轧制速度不超过设定的上、下限。对于不同合金和厚度范围，该上、下限是可调的。

4）可通过速度的升降修正出口厚度偏差，并使开卷张力尽量小。

5）张力值的选择必须在能够控制厚度的范围内，并且张力只能下降到不使箔材起皱、不打折的范围。

6）张力的选择值应根据不同合金、规格状态等，依据实践总结确定下来。

(6) 目标值自适应（TAD）控制。TAD 控制系统具有参照测量出的出口箔材厚度、自动在线修正设定的厚度目标值功能，使箔材厚度尽量接近设定的目标厚度下限值，即当入口带材厚度偏差变化很小时，控制系统可以把出口厚度目标值的绝对值减小，自动采用负偏差控制，以增加单位重量的面积。当入口带材厚度偏差较大时，控制系统可以把目标厚度增大，而把超差的废品限制在最小范围。

(7) 自动减速功能。高速铝箔轧机自动减速功能可以使开卷尾部尽可能采用高速轧制，以减少轧制时间和尾部不均匀，同时还可以避免减速不及时造成的尾部跑头现象。其特点就是系统通过不断地计算开卷直径，当开卷直径达到套筒临界时，系统控制轧机轧制速度按最大减速比减到最终速度，开卷套筒仅留预定的料尾。

9.3.3.8　铝箔轧制时的辊型与板形控制技术

A　轧制前的准备

a　轧辊磨削及预热

一般说来，铝箔轧制支撑辊的凸度为 0 ~ 2% ，工作辊凸度为 4% ~ 8% 。轧辊的凸度及辊型曲线是通过轧辊磨床的成型机构来实现的，在凸度值确定以后，轧辊的辊型精度取决于轧辊磨床的精度。因此，保证轧辊磨床运行正常，对铝箔板形的控制是十分关键的。

另外，轧辊表面粗糙度的均匀性对产品的板形质量也会产生影响。如果轧辊表面的粗糙度不均匀，就会导致材料的不均匀变形，从而产生板形缺陷。因此，在轧辊磨削的过程中，一定要保证轧辊表面粗糙度的均匀性。

在磨削轧辊时还应注意，刚刚从轧机上卸下来的工作辊不能立即进行磨削，因为这时的轧辊辊身温度很高，轧辊的辊型与常温下差别很大，如果这时进行磨削，会影响辊型的控制精度。正确的方法应该是将辊身温度冷却至室温后，再进行磨削。

对于铝箔生产来讲，轧辊的预热也是很重要的环节。当新工作辊送入轧机后，在未使用之前，为了使轧辊温度升高，以利于轧制生产，一般都要用轧制油对轧辊进行一定时间的预热。表9-21给出了常用的轧辊预热时间。

表9-21 轧辊预热时间

序 号	项 目	时间/min
1	换工作辊后预热	10
2	换支撑辊后预热	30
3	连休24h以上后预热	10
4	连休48h以上后预热	20

对于粗轧，轧辊预热的油温为30~40℃。对于中、精轧，轧辊预热的油温为50~55℃。预热时，需注意轧辊的运转速度不应超过穿带速度。

在实际生产过程中，尤其是精轧过程中，虽然轧辊经过了预热，但通常轧制油的温度为30~60℃，而正常轧制时变形区内的温度在100℃以上，这时，由于温度差，在轧制过程中产生的变形热与轧辊之间会发生频繁的热量交换，使轧辊的温度发生变化，从而导致辊型的变化十分复杂。因此，在换完新辊刚刚开始轧制时，产品的板形往往难以控制，但是，经过了一段时间的轧制后，轧辊的温度与变形区内的温度趋于一致，轧辊的热凸度趋于稳定，这时，产品的板形质量才会得到较好的控制。

为了避免由于换辊之后，板形难以控制而产生较多的废品，换辊之后刚刚开始轧制的阶段，应该想办法让轧辊的辊身温度尽快升高，缩短轧辊温升的时间。为了达到这个目的，常用的办法是加大轧制力、提高轧制速度等。但采取这些办法，要尽量保证轧制过程中不产生断带。具体的操作还需要操作人员在生产过程中，根据现场的具体情况及自身的操作经验灵活掌握。

b 目标板形曲线的选择

现代化的铝箔轧机，大多配备了先进的板形自动控制系统（AFC）。为了使产品的出口板形良好，在使用板形仪时，要给出产品的目标板形，以使轧制产品的出口板形在板形仪的控制下，尽量接近目标板形。

理想的板形曲线应是一条与x轴重合的水平线，即一条直线。但用一条直线来作为目标板形，往往不能得到好的控制效果，其原因是：一在轧制过程中，轧制产品的中部温度高于边部温度，如果按照理想的目标板形生产产品，冷却后，因为中部与边部的温度差，往往会产生内应力；为了对这种差值进行补偿，目标板形应设为凹形，即中间松、两边紧的形状，目标板形曲线如图9-5a所示；二对于厚度较薄的产品来讲，尤其是对于铝箔产品，如果按理想的目标板形进行生产，很容易产生断带。为了减少轧制过程中的断带，应采用略凸的目标板形，即中间紧、两边松的形状，目标板形曲线如图9-5b所示。

在铝箔轧制过程中，由于产品的厚度很薄，为了避免断带，造成浪费，一般采用图9-5b所示的目标板形曲线。具体的曲线形状，应根据毛料的原始板形、产品的品种、轧辊的辊型等多方面的因素进行综合考虑，不同的道次、不同的合金品种、不同的宽度，应有不同的目标板形曲线。一般来讲，随着压下道次的增加，目标板形曲线的弯曲度应增大，这样，才能有效地

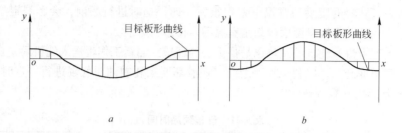

图 9-5　目标板形曲线

a—考虑热应力时的目标板形曲线；b—考虑断带效应时的目标板形曲线

防止轧制过程中的断带。表 9-22 给出了几种典型规格的目标板形曲线弯曲度设定值范围，供参考。

表 9-22　不同道次目标板形曲线的设定值

道　次	入口厚度/mm	出口厚度/mm	弯曲度（BOW 值）	
			宽度 1220mm	宽度 975mm
1	0.36	·0.2	−20 ~ −26	−16 ~ −20
2	0.2	0.1	−24 ~ −30	−18 ~ −26
3	0.1	0.05	−28 ~ −40	−26 ~ −36

为了保证板形曲线的对称性，在正常情况下，倾斜、边缘均设定为 0，只有在设备不正常或是坯料板形缺陷十分严重的时候，才考虑更改这两个参数设定。

B　铝箔轧制的板形控制

a　弯辊控制

现代化的铝箔轧机，都配备有液压弯辊系统。当轧制产品出现对称板形缺陷时，采用弯辊系统控制会收到良好的效果。当材料的出口板形与目标板形相比，呈现中间紧、两边松时，采用负弯辊控制进行调整；当材料的出口板形与目标板形相比，呈现中间松、两边紧时，采用正弯辊控制进行调整。当误差较大时，可适当加大弯辊力。

由于铝箔轧制所希望的板形是中间紧、两边松，因此，在实际生产过程中，经常采用负弯辊控制，一般的控制范围为 −50% ~ −80%。装有板形仪的轧机，还可以实现弯辊自动控制。

表 9-23 给出了 0.36mm × 975mm、1235-H14 铝箔坯料在工序前 3 道轧制的弯辊力。

表 9-23　不同轧制道次弯辊力对比

道次	宽度/mm	合金-状态	入口厚度/mm	出口厚度/mm	弯辊比例/%	弯辊力/kN
1	975	1235-H14	0.36	0.2	−60	33
2	975	1235-H14	0.2	0.1	−65	36
3	975	1235-H14	0.1	0.05	−70	39

b　喷淋控制

喷淋控制是铝箔生产中最常用的一种板形控制方法。其控制原理，就是通过对局部冷却液流量的调整，来改变轧辊局部的热凸度，从而起到控制板形的作用。例如，如果轧机操作人员在生产过程中发现产品局部偏松，这时就可以相应加大偏松部位所对应轧制油喷嘴的流量。由于轧制油的温度远低于变形区内轧辊的温度，加大轧制油流量后，其相应部位轧辊的热凸度就会减小，这样，就可以相应地减小偏松部分的变形量，从而达到改善板形的目的。

由于喷淋控制的调整比较灵活，适用的范围广，调整的效果也较好，所以，在铝箔轧制过程中，喷淋控制是控制板形最常用的一种手段。从理论上讲，喷淋调节可以对任何板形缺陷进行控制，但它受到两个条件的限制，一是当采用 AFC 后，其响应速度较慢，一般为 8 ~ 12s，而倾斜、弯辊控制的响应时间仅为 1s 以内；二是轧制油的流量及油温受工艺润滑及冷却的限制，流量不能过大，也不能过小，油温不能过高，也不能过低。

c　调整轧制工艺参数

（1）压下量。改变道次压下量，可以改变轧制过程中由于变形而产生的变形热量，从而使轧辊的热凸度发生变化。道次压下量增加，变形热增加，轧辊热凸度增大；反之，道次压下量减小，变形热减少，轧辊热凸度变小。因此，当轧制成品出现边部波浪时，可以考虑适当增加压下量，加大轧辊热凸度，使边部波浪得到修正；当轧制成品出现中间波浪时，可以适当降低压下量，减小轧辊热凸度，使中部波浪得到修正。但压下率的改变，必须在保证产品质量的前提下才能进行。一般来讲，铝箔轧制的道次压下率的范围是 40% ~ 60%。过高或过低，都会影响产品质量。

（2）张力。调整轧制过程中的张力，可以改变材料在变形区内的受力情况，尤其是后张力的作用更为明显。后张力增加，会促使轧制材料的变形率增大，从而使轧辊的热凸度增加。因此，当出现边部波浪时，可以适当增加张力，通过增加轧辊热凸度来调整边部波浪。当出现中部波浪时，可以适当减小张力。

采用张力调整时还应注意，箔材在张力的作用下，尤其是张力较大的情况下，板形也许是良好的，但是当将张力撤掉或减小时，箔材就会出现板形缺陷，这就是常说的"假板形"。因此，在实际生产过程中，在保证产品质量的前提下，应该尽量采用小张力轧制，因为只有这样，才能在轧制过程中最大程度地反映产品的真实板形，从而可以采取相应的调整措施，提高板形控制水平。

（3）轧制速度。在铝箔轧制过程中，轧制速度的增加，会使轧制变形区的温度变化加快，从而使轧辊辊型发生变化，轧制出的铝箔板形也会随着辊型的变化而发生改变。对于手动控制板形的铝箔轧机，铝箔板形的变化完全依靠操作工的观察，然后再手动分别控制弯辊力或轧制力及各油嘴的喷射量。如果轧制速度太快，操作工的响应能力跟不上，板形控制就很困难。操作工所能控制的轧制速度一般不超过 700 ~ 800m/min，在线最好板形水平在 ±80I 以上。当轧制速度在 800m/min 以下时，对于手工操作而言，可以合理地利用速度来灵活地进行板形调整，在保证板形质量的前提下，实现高速轧制。根据热力学原理，轧制速度增加，轧制过程中产生的变形热增加，轧辊的热凸度变大，这时生产中的产品会产生中间波浪。因此，在产生中间波浪时不能提高轧制速度。在实际生产过程中，可以尝试有意识地让产品产生轻微的边部波浪，然后提高轧制速度，通过提高速度来提高轧辊的热凸度，以此来实现高速轧制条件下的板形控制，这种方法尤其对于精轧是十分有效的。但在实际运用中，一定要根据现场设备、工艺的具体情况，灵活掌握。

当轧制速度超过 800m/min 时，为了获得良好的板形质量，必须采用板形自动控制系统。板形自动控制系统采用了自动喷淋、自动弯辊、自动倾斜，更为先进的轧机还采用了 VC、DRS 等板形控制技术，使铝箔的轧制速度和板形控制水平大幅度提高，铝箔的在线板形可以控制在 ±9 ~ 20I 以下的水平。表 9-24 列出了轧制过程中板形缺陷的一般调整方法。

表 9-24　轧制过程中板形缺陷的一般调整方法

调整内容	边部波浪	中间波浪
压下量	适当增加压下量	适当减小压下量
张　力	适当增加张力	适当减小张力
速　度	适当提高轧制速度	适当减小轧制速度
喷淋量	增大边部喷淋量	增大中部喷淋量

C　铝箔轧制板形调节过程举例

在实际生产过程中，由于影响板形的各种因素，如轧辊、轧制油、设备、工艺参数等都处于动态的变化之中，所以，产品出口板形的变化过程是十分复杂的，要精确地描述产品的板形状况十分困难。在调节板形的过程中，经常是综合运用各种调节手段，这时，对于操作人员来讲，要掌握板形控制的基本原理，同时还必须具有丰富的实际操作经验。以下以铝箔粗轧机板形控制过程为例，说明板形的调整过程。

假设在轧制过程中，材料的出口板形曲线如图 9-6a 中虚线所示，实线为目标板形曲线。此时，板形仪的设定值为：BOW：-26；Tilt：0；Edge：0。

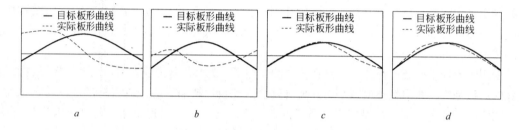

图 9-6　板形调整过程示意图

由图 9-6a 可以看到，实际板形曲线与目标板形曲线相差较大，并且无明显的对称性，也无规律可循。这时，如果只用一种手段是很难进行调整的。针对板形两边倾斜较严重的特点，首先改变 Tilt 值，将板形曲线调成图 9-6b 所示的形状，这时，板形仪的设定值为：BOW：-26；Tilt：-2；Edge：0。

此时，实际板形曲线已经有了一定的对称性。采用改变目标曲线的弯曲度（BOW 值）并加大负弯辊力的方法，将板形曲线进一步调整成图 9-6c 所示的形状。此时，板形仪的设定值为：BOW：-36；Tilt：-3；Edge：0。负弯辊力由 27kN 增加至 33kN。

需要说明的是，在进行调整的过程中，轧制油冷却调整也要同时采用，以消除在调整过程中出现的局部板形缺陷。这时，板形曲线已接近于目标曲线，但仍存在着一部分不理想的地方，为此，可以通过采用调整轧制油流量的办法，调整局部的板形缺陷，使板形曲线趋近于目标板形曲线。最后，调整结果如图 9-6d 所示。这样，就完成了一个板形调整过程。

在实际生产过程中，操作人员还可以根据自身的经验，通过对工艺参数，如张力、轧制速度等的合理控制，对板形进行控制。

现代化的铝箔生产，对板形质量要求越来越高。而对于高速轧制而言，由于变形区内轧辊热凸度的变化十分迅速，用手动的方法是很难有效控制板形的。为了实现在高速轧制条件下良好的板形控制精度，提高产品板形质量，安装了板形自动控制系统（AFC）。这套系统的特点是，通过板形检测辊将轧制过程中轧制材料施加在板形检测辊上的压力分布检测出来，并将检测信号传送到控制中心。控制中心通过计算后，得出相应的调整及补偿信号，并将信号及时反馈给控制系统。信号通过反馈系统后，自动进行相应的调整及补偿，通过倾斜、弯辊、喷淋等方式实现对板形的控制。

国际上的一些铝箔轧机还采用了多种板形控制手段，如 VC（vallable crown roll）、CVC（colltinously variable crown）、DSR（dynamic shape roll）。DSR 辊控制技术相对于 VC 和 CVC 技术上的优势，使之呈现出较强的发展势头，而 HES（hot edge sparays）的特点是补偿带材边部的温度降低，是一种新的板形控制方式。

9.3.4 铝箔的工艺润滑

9.3.4.1 轧制油的选择与管理

A 轧制油性能要求

轧制油的性能必须满足铝箔轧制的特殊性，其要求如下：

（1）润滑性能好。轧制油在轧辊和轧件之间形成一层油膜，使轧制可在摩擦系数小、轧制力小、功率消耗低的条件下进行，同时油膜必须具有足够的承载能力，以达到一定的压下量和轧制速度，保证铝箔变形均匀，表面质量好。

（2）冷却性能好。铝箔轧制时，会产生大量的变形热、摩擦热，这些热量会使辊型发生变化。轧制油应具有良好的导热冷却性能，通过喷淋可以吸收并带走轧制时产生的热量，有利于调整和控制板形。

（3）退火性能好。轧制油要有适当的馏程和黏度，铝箔成品退火时轧制油容易挥发，不易产生残油或油斑。

（4）流动性能好。轧制时会产生大量的铝粉，轧制油应能将轧辊表面的铝粉冲走，保持轧辊的清洁，改善铝箔表面光洁程度。

（5）具有适当的闪点和黏度。闪点与黏度高的轧制油，容易造成铝箔成品退火除油不净、油斑或油粘连废品；但闪点与黏度太低，轧制油挥发性大，油雾大，着火的危险性大。

（6）稳定性好。不易氧化变质，有良好的抗氧化稳定性，有较长的使用寿命。

（7）无难闻气味。对人体健康无害，对设备和铝箔无腐蚀作用。

（8）价格合理，货源充足。

B 轧制油的选择

对于轧制速度在 200m/min 以下的老式二辊铝箔轧机，基础油多采用高速机油。对于高速铝箔轧制，基础油采用的是窄馏分煤油，其流动、润滑性好，冷却能力强，能均匀分布在轧辊和铝箔表面上。其主要成分为一定范围内不同碳数的烷烃和少量芳烃组成，其碳链的长短和黏度、馏程有关，馏程越高，烃类的碳链越长，黏度越大。根据基础油的组成不同，轧制油又可分为石蜡系和环烷系两种。石蜡系和环烷系基础油性能比较见表 9-25，几种典型基础油的理化性能见表 9-26。

表 9-25 石蜡系和环烷系基础油性能比较

项目 类别	密度 （同黏度下）	黏度指数	热容	残碳	闪点 （同黏度下）	相对分子质量	橡胶膨胀	苯胺点
石蜡系	小	高	大	多	大	大	小	高
环烷系	大	低	小	少	小	小	大	低

表 9-26 几种典型基础油的理化性能

油品	SOMENTOR31	MR921	MOA-1	石巨轮 1 号	石巨轮 2 号	CZ1	CZ2	MR924
密度（20℃）/g·cm^{-3}	0.795	0.746	0.791	0.801	0.803	0.802	0.803	0.762
黏度（40℃）/mm^2·s^{-1}	1.70	1.68	1.728	1.6～1.8	2.1～2.3	1.78	2.61	2.10
闪点/℃	79	94	83	80	100	94	124	110
硫含量/mg·kg^{-1}	0.31	0.31	0.40	0.25	0.25	14.4	66.6	0.37
碘值/mgKOH·g^{-1}	0.27						0.56	
酸值/mgKOH·g^{-1}	0	0	0.01			0.04	0.027	0
倾点/℃	-30	-10	-28	≤-20	≤-18			
馏程/℃	205～250	202～255	205～250	205～250	230～270	212～245	250～271	230～265
芳烃含量/%	0.2	0.44	<0.5	0.4	0.5	≤0.5	≤0.5	0.75
链烃含量/%	62.4	100	40.5	42	98	10.4	11.8	99.8
环烃含量/%	37.4	0	59.49					0.2

高速铝箔轧制基础油的选用有如下三种方式：

（1）粗轧和中精轧选用不同的基础油，即粗轧选用黏度较高（约为 2.2mm^2/s）的基础油，中、精轧选用黏度较低（约为 1.7mm^2/s）的基础油。这种方式考虑的是粗轧对所轧材料的表面光亮度要求不严，要求的是大压下量和轧制速度，这就需要油膜强度高，承载能力大，所以粗轧选用黏度较高的基础油。中、精轧要求表面光亮度，同时考虑退火后的除油效果，所以选择黏度较低的基础油。

（2）粗、中、精轧都选用低黏度基础油，这主要考虑管理上的方便，为满足粗、中、精轧不同生产工艺的要求，通常采用调整添加剂的种类和含量的方法。

（3）根据基础油中硫含量和芳烃含量，基础油分为高档油和普通油。硫质量分数小于 0.5×10^{-4}%，芳烃质量分数小于 1% 的基础油称高档油，其他属普通油。

硫和芳烃的含量高，其气味和毒性大。芳烃对人的中枢神经系统有较强的毒害作用，而含硫化合物又以多环毒性最大，对人体的免疫功能有害；同时由于普通油的退火性能和氧化安定性（油易变黄）较差，西方发达国家已不采用普通基础油，所用基础油都为低硫、低芳烃，而且必须通过美国食品与药物管理局 FDA—21CFR178.3620 的检验，此检验已为国际社会所接受。

高档油与普通油相比，气味小、轧制润滑、退火性能好，但价格贵、成本较高，目前国内多数高速铝箔轧机已采用高档基础油。

C 添加剂的选择

添加剂由极性分子组成，它能吸附在金属表面上形成边界润滑膜，防止金属表面的直接接触，保持摩擦界面的良好润滑状态。添加剂极性越大，在金属表面的吸附能力越强，其润滑性能越好。但吸附能力越强，越容易形成退火油斑，因此添加剂的选择必须考虑润滑性能和退火性能两者之间的关系，同时还要考虑添加剂必须与基础油具有良好的互溶性。低速铝箔轧制用添加剂，一般为豆油、花生油、煤油。高速铝箔轧制用添加剂主要有两种，即单体添加剂和复合添加剂。

a 单体添加剂

单体添加剂主要包括酯、醇和脂肪酸三类。粗、中、精轧机根据轧制工艺要求的不同，分别加入两种（中精轧）或三种（粗轧）添加剂，各种单体添加剂的特性比较见表9-27，常用单体添加剂的种类见表9-28。

表 9-27 各种单体添加剂的特性比较

种类＼项目	油膜厚度	油膜强度	光泽	退火脱脂性	润湿性	磨粉分散性	热稳定性	寿命
脂肪酸	薄	强	良	差	良	大	差	差
酯	厚	强	差	一般	差	中	良	良
醇	薄	弱	优	优	优	小	一般	优

表 9-28 常用单体添加剂种类和性能

别名	名称	结构式	性能				
			羟值 /mgKOH·g^{-1}	皂化值 /mgKOH·g^{-1}	酸值 /mgKOH·g^{-1}	熔点 /℃	纯度/%
脂肪酸 十二酸	月桂酸	CH3(CH2)12COOH			277~283	40~44	C12,95 以上
十四酸	蔻酸	CH3(CH2)14COOH			240~250	50~55	C14,93 以上
十六酸	棕榈酸	CH3(CH2)16COOH			215~221	59~64	C16,93 以上
十八酸	硬脂酸	CH3(CH2)18COOH			194~220	67~70	C18,90 以上
十八烯酸	油酸	CH3(CH2)17COOH			200~206	10~18	
醇 十二醇	月桂醇	CH3(CH2)12CH2OH	295~305			23~27	C12,95 以上
十四醇	蔻酸醇	CH3(CH2)14CH2OH	240~260			37~43	C14,95 以上
十六醇	鲸蜡醇	CH3(CH2)16CH2OH	210~230			48~54	C16,80 以上
十八醇	硬脂酸醇	CH3(CH2)18CH2OH	200~210			58~63	C18,95 以上
酯 十二酸甲酯	月桂酸甲酯	CH3(CH2)12COOCH3		256~260		-3	C12,48 以上
十四酸甲酯	蔻酸甲酯	CH3(CH2)14COOCH3		235~240			C14,90 以上
十六酸甲酯	棕榈酸甲酯	CH3(CH2)16COOCH3		220~226		14	C16,90 以上
十八酸丁酯	硬脂酸丁酯	CH3(CH2)18(CH2)3COOCH3		165~173		16~20	C18,55 以上

b 复合添加剂

复合添加剂是由添加剂生产厂家配制的添加剂浓缩液，与单体添加剂相比，它具有添加方便、添加量容易控制、退火污染性小等特点，目前在高速铝箔轧机上已广泛使用。复合添加剂主要分两类，一类为醇系，适用于高压下量的粗轧；另一类为酯系，适用于要求铝箔有光亮度的中精轧，其理化性能见表9-29。

表 9-29 典型复合添加剂的理化性能

种类\项目	ESSO		石巨轮	
	WYROL10	WYROL12	STE－10	STE－12
类型	酯系	醇系	酯系	醇系
色度/ASTM	0.5	0.5	0.5	0.5
灰分/%	0.005	0.005	0.005	0.005
密度/kg·m⁻³	845	835	830~849	830~844
倾点/℃	6	18	5	15
酸值/mgKOH·g⁻¹	0.5	0.1	0.05	0.02
皂化值/mgKOH·g⁻¹	97	22	≥100	≥25
闪点/℃	80	105	80	105
馏程/℃	200~350	230~330	208~270	230~275
黏度/mm²·s⁻¹	2.5	8.6	2.6	8.6

D 轧制油的配制与典型理化指标

a 轧制油的配制

轧制油的配制必须满足轧制工艺的要求。合理的配比应根据生产工艺、设备状况的不同在实践中不断总结摸索。表9-30~表9-32为典型的轧制油添加剂配比。

表 9-30 低速轧制典型添加剂配比

类型	豆油或花生油	煤油
比例/%	5~10	5~20

表 9-31 高速轧制典型单体添加剂配比

类型	粗轧			中轧		精轧	
	酯	醇	脂肪酸	醇	脂肪酸	醇	脂肪酸
比例/%	1~3	1~3	0.1~1	1~2	1~2	0.5~2	1.5~2

注：一些厂家选择硬脂酸丁酯、十四醇、十八醇和油酸。

表 9-32 高速轧制典型复合添加剂配比

类型	粗轧	中轧	精轧
	醇类	酯类	酯类
比例/%	4~8	3~6	3~6

注：一些厂家选择醇系、酯系混合使用或加入0.5%的脂肪酸。

b 轧制油的理化性能

相同基础油加入不同添加剂配制的轧制油理化性能对比见表9-33。

表 9-33 不同复合添加剂配比的轧制油理化性能

添加剂比例		馏程/℃	酸值/mgKOH·g⁻¹	皂化值/mgKOH·g⁻¹	黏度/mm²·s⁻¹	摩擦系数	最大无卡咬负荷/Pa
2%	WYROL10	210~256	0.03	3.12	1.696	0.14	294
	STE-10	210~258	0.01	3.97	1.713	0.14	393
5%	WYROL10	210~258	0.03	5.18	1.711	0.13	294
	STE-10	210~258	0.01	6.39	1.733	0.14	294
8%	WYROL10	210~263	0.04	7.45	1.744	0.12	343
	STE-10	211~261	0.03	9.87	1.751	0.13	314
2%	WYROL12	210~251	无	0.64	1.713	0.21	314
	STE-12	210~254	无	0.85	1.724	0.20	314
5%	WYROL12	210~252	无	1.10	1.754	0.19	314
	STE-12	210~261	无	1.50	1.798	0.20	314
8%	WYROL12	211~262	无	1.76	1.844	0.16	343
	STE-12	210~262	无	2.04	1.943	0.18	314

注: 基础油为石巨轮 1 号, 摩擦系数为室温下 1.96N 负荷。

c 轧制油的过滤

在铝箔轧制过程中, 要求轧制油具有使铝箔表面光亮, 退火时能挥发清除等特性。但在铝箔轧制过程中会将大量的铝屑、铝粉、灰尘及其他微小颗粒带入轧制油中, 使轧制油变黑及铝箔轧制质量下降。铝屑、铝粉、灰尘及微小颗粒直径大部分在 5μm 以下, 很难用一般的机械方法过滤掉, 所以铝箔轧制油必须 100% 的全流量过滤, 而且必须具备小于 1μm 的公称过滤精度。

高速铝箔轧制油的过滤绝大多数采用的是平板式过滤器, 见图 9-7, 其特点是过滤能力大和过滤精度高。过滤能力的大小取决于滤箱板的层数, 一般轧机的过滤能力为 600~1500L/min, 公称过滤精度可达 0.5μm, 过滤后净油的灰分含量小于 0.05%。平板式过滤器所用助滤剂为硅藻土和活性白土, 过滤介质为无纺过滤布。

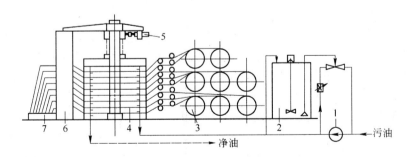

图 9-7 平板式过滤器
1—过滤泵; 2—搅拌箱; 3—滤纸卷; 4—滤板箱; 5—压紧机构;
6—引纸机构; 7—集污箱

E 轧制油的管理

a 轧制油的检验与分析项目

为了使铝箔轧制能够正常稳定地进行, 轧制油的管理是非常重要的, 因此应定期检验轧制油的各项性能指标是否在允许的范围内。主要检测项目有：馏程、黏度、皂化值（酯值）、酸值、羟值、灰分、水分、闪点等。

　　b　轧制油的日常管理

轧制油的日常管理如下：

　　（1）每班生产前应过滤轧制油，过滤时不应开机生产，同时在生产中应避免污油倒流。

　　（2）由于油量不足，需加基础油时，应按比例加入规定的添加剂及添加剂数量。

　　（3）要掌握油箱中的油位，避免油箱油位低于泵口。当油位低于泵口时，泵会吸入空气，而不能充分控制喷油嘴的流量，容易造成箔材起波浪或表面不好，同时也会缩短泵的使用寿命。

　　（4）轧制油温度与油的黏度、油膜强度有着密切的关系，油温的高低对铝箔表面光泽、表面质量及轧制工艺参数都有影响。粗、中、精轧轧制油的控制温度各不相同，粗轧油温为30 ~ 40℃，中轧油温为40 ~ 50℃，精轧油温为50 ~ 60℃。

　　（5）对每次轧制油分析报告都要认真分析，发现异常应及时采取措施，必要时应更换轧制油。

　　（6）定期清扫轧制油箱和双合油箱，清除沉积于油箱底部的沉积物。

9.3.4.2　高速铝箔轧制的火灾预防

　　随着铝箔轧制速度的不断提高及窄馏分轧制油的应用，铝箔轧机的火灾事故是目前世界上所有铝箔厂家都避免不了的灾害，为此，现代高速铝箔轧机，都毫无例外地设置了 CO_2 自动灭火系统。自动灭火系统随时处于戒备状态，对防火区温度及火情进行自动监测与控制。

　　A　火灾原因分析

　　轧制中发生火灾应具备燃烧的三个条件，即可燃物、助燃物（即空气中的氧气）和火源。

　　（1）高速铝箔轧制全部采用的是窄馏分煤油做基础油，加入少量的添加剂组成轧制油，作为轧制过程的润滑剂（冷却剂）。轧制油的温度一般在30 ~ 60℃的范围内。在铝箔轧制过程中，由于大量的高速喷射，必然在轧机周围弥散着大量的油蒸气，这就是极易起火或爆炸的可燃物条件。另外，轧制油的闪点很低，一般为80 ~ 100℃。当空气中油蒸气达到一定浓度（轧制油爆炸极限为1.85% ~ 36.5%）时，一旦遇到火源，就会引起燃烧或爆炸。

　　（2）火源主要与下列因素有关：

　　1）塞料。轧制过程中由于某种因素，突然断带。如果断带保护装置不能在极短的时间内打断铝箔，就会引起工作辊塞料，工作辊、导辊与铝箔的高速摩擦，产生火花，引起火灾。另外，如果在轧制过程中，铝箔坯料厚度波动很大，突然增厚很多，也容易产生工作辊塞料，引起摩擦起火。

　　2）轴承箱润滑不良。铝箔轧制过程中，工作辊、支撑辊、导辊都处于高速运转状态，如果轴承箱中润滑油不足或无润滑油，就会导致轴承产生大量的摩擦热，产生火花而引起火灾。

　　3）轴承箱安装不合适。如果轴承箱安装不合适，将会导致轧辊辊颈与轴承箱内套之间的相对运动，引起摩擦，产生大量的摩擦热而引起火灾。另外，轧辊内环在轧制过程中发生窜动或轴承损坏，也会引起摩擦起火。

　　4）静电。铝箔轧制过程中会产生大量的铝箔碎片，碎片散落在轧机底部的集油盘中。由于轧制油的高速喷射与流动，使铝箔碎片失去电子而带上正电荷，而流油和油雾带负电荷，铝箔碎片与轧制油之间形成电容器构造的静电电位积累，当这种积累达到一定强度时，就会形成自激导电，引起火灾。

如果基础油或添加剂选择不当，轧制中会产生大量的"油泥"沉积在轧机本体和集油盘中，"油泥"与铝箔碎片之间也会形成电容器构造的静电电位积累，导致火灾事故的发生。值得注意的是，"油泥"的危险更大。

5）明火作业。在防火区域内运用明火作业，会因疏于管理或安全防火措施不到位引起火灾。

B 火灾的预防措施

火灾的预防措施如下：

（1）在高速铝箔轧制中，很难避免在轧机周围产生高浓度的油蒸气。为了尽量降低油蒸气的浓度，应保证排烟装置的正常运行并使其排风量达到最大值。

（2）加强工作辊、支撑辊、导辊油雾润滑系统的点检与检查，保证油雾发生器油位、油压、风压、温度符合要求，油雾发生器与轴承箱的连接管路畅通，以满足足够的润滑条件。油雾、润滑不良是引起轧机火灾最重要的原因之一，在生产中，必须高度重视油雾润滑系统，发现问题及时停车处理。

（3）加强轧辊内环、轴承的检查与管理，每次换辊都应进行检查，对有故障的部位及时修理与更换。轴承箱的安装松紧应适度，避免辊颈与轴承内套产生相对运动。

（4）断带保护装置应灵敏有效，铝箔坯料厚度应均匀，不允许突然增厚，以避免发生塞料。在操作上，在料卷的尾部，应适当降低轧制速度。

（5）提高操作水平，减少断带，及时清理轧机本体与集油盘中的碎铝片，使轧机本体、管道、油箱等接地良好；如果产生"油泥"应及时更换不合理的添加剂或基础油，同时轧制油中可以加入适量的抗静电剂等。

（6）严格动用明火作业制度。在防火区动用明火作业，应及时清理作业区周围的易燃易爆物品，并由专业消防人员、安全员在现场实施安全防火保护。

（7）加强员工教育，每位员工都应了解掌握安全灭火常识、灭火器材、灭火设备的正确使用方法，牢记火警电话，发生火灾时，应首先采取灭火措施，同时用最快的速度拨打火警电话，以免延误灭火时机。

9.3.5 铝箔的双合与分卷

9.3.5.1 铝箔的合卷

A 铝箔合卷的方式

目前双合轧制的生产工艺有两种，一种是单独设置合卷机，将要双合轧制的铝箔合卷、切边，然后再进行双合轧制；另一种是在精轧机上同时装有两个开卷装置，双合轧制的两个卷同时开卷、合卷、切边与双合轧制。两种合卷方式的特点见表9-34。

表9-34 两种合卷方式的特点

直接开卷、合卷和双合轧制	合卷后再进行双合轧制
节省一套设备，减少一道工序	增加一套设备，多一道工序
开卷、合卷双合轧制时张力大、路线长	合卷时张力小，轧制时路线短
轧制需两次切边	合卷时一次切边
轧制时断带较多	轧制时断带较少

　　B　铝箔合卷质量要求

　　（1）两张合卷的铝箔厚度应均匀，厚度偏差不大于±3%。

　　（2）合卷前双合面均匀地喷上双合油，合卷后每侧切边10~15mm。如双合油喷不均匀，轧制后暗面将产生色差。合卷切边是为了切去边部裂口，同时保证两张双合轧制的铝箔宽度一致。

　　（3）合卷时不能有起皱、打折现象，对单独合卷的铝箔，两张铝箔的张力尽量一致，张力一般为10~20MPa，避免一张松，一张紧。这些缺陷的存在，容易引起轧制断带。

　　（4）切边应无裂口、毛刺、夹边。

　　（5）对单独合卷的铝箔要求端面整齐、无窜层，卷取张力控制要合理，避免出现松卷或起棱。

9.3.5.2　铝箔的分卷

　　铝箔分卷（分切、剪切）是指将双合轧制后的双层铝箔分切成两卷或多卷单层箔，将单张轧制的铝箔分切成一卷或多卷铝箔。

　　A　铝箔分切的目的

　　（1）将铝箔卷到适合用户要求的管芯上，管芯有钢管芯、铝管芯、纸管芯，管芯直径有ϕ75mm、ϕ150mm等。

　　（2）分切成用户要求的宽度、长度（直径）。分切对轧机来料宽度的要求，除考虑成品宽度外，还应考虑每边切5~10mm，中间抽条2~6mm。

　　（3）按用户要求把铝箔光面或暗面卷在外表面，将断头用超声波焊接牢固或做明显的标识。

　　（4）对轧机来料的质量进行检查，如表面质量、厚度、板形、针孔数量等。对轧机来料存在的缺陷应根据其对产品质量的影响程度，分别采取改切、降级或扒料等办法。

　　B　铝箔分切的方式

　　用一台分切机分切0.006~0.2mm厚度的铝箔，设备性能、精度难以保证最终产品的质量，在0.006~0.2mm铝箔范围内，最好将分切分为3个层次，即薄箔0.006~0.03mm、中厚箔0.03~0.07mm和厚箔0.07~0.2mm。

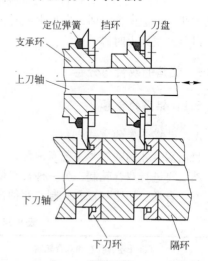

　　（1）薄刃组合圆盘刀剪切方式。这种剪切方式采用不同结构形式的上下刀轴进行剪切，如图9-8所示。

　　上刀为薄刃圆盘刀，下刀为刀环，可以根据铝箔宽度，调整固定上刀和下刀的位置，上、下刀的重叠量可以微调，刀盘侧隙可调至无侧隙状态进行剪切，且调整方便。目前这种剪切方式广泛应用于厚箔和中厚箔的剪切。当剪切硬状态铝箔时，上、下刀刃重叠量0.5~1.0mm，当剪切软状态铝箔时，上、下刀刃重叠量0.2~0.3mm。

图9-8　薄刃组合圆盘刀剪切示意图

　　（2）剃须刀片分切方式。这种剪切方式上刀是剃须刀片，下刀是带槽的导辊，其结构形式如图9-9所示，每组上刀由两片剃须刀片组成，间隙距离为4mm、6mm、8mm，并设有重叠的调节机构。剪切下的铝箔条由吸风机吸走，这种分切方式广泛用于硬状态薄箔的分切。

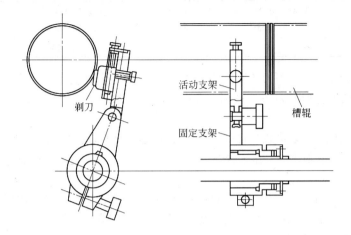

图 9-9　剃须刀片剪切示意图

C　铝箔分切的质量控制

（1）开卷张力。分切张力应根据铝箔的厚度、宽度与轧机来料的板形来控制。张力过大，铝箔卷的孔隙率小，对铝箔的退火除油性能与伸展性能不利。张力过小，容易造成铝箔卷松卷缺陷。张力控制先松后紧会造成铝箔卷端面"箭头"（表面起棱）。轧机来料如果中间松，张力要小些；中间紧及两边松时，张力要大些；实际分切时应平衡控制张力，并使之随着铝箔卷径的增大保持一定的递减梯度。

（2）张力梯度。张力梯度是指在张力设定值不变的情况下，在运行过程中，张力随着卷取直径的增大，按一定的梯度递减。运用张力梯度可以使分切后的产品随着卷径的增大而呈

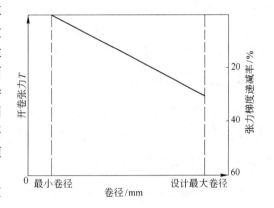

图 9-10　张力梯度曲线

里紧外松的特性，提高铝箔卷的卷取质量。张力梯度的调节范围为 0~60%，张力梯度曲线见图 9-10。

（3）孔隙率。孔隙率的大小，表示铝箔卷卷取的松紧程度，孔隙率太小。影响退火除油效果，孔隙率太大，易产生松卷。孔隙率的计算公式为：

$$孔隙率 = \frac{理论重量 - 实际重量}{理论重量} \times 100\% \qquad (9-2)$$

$$理论重量 = \frac{\pi}{4}(D^2 - d^2) \times l \times 2.71 \qquad (9-3)$$

式中　D——铝箔卷外径，mm；

d——铝箔卷内径，mm；

l——铝箔卷宽度，mm。

铝箔产品分切后的孔隙率见表 9-35。

表 9-35　铝箔卷分切后的孔隙率

厚度 × 宽度 /mm × mm	(0.006 ~ 0.01) × (200 ~ 300)	(0.006 ~ 0.01) × (300 ~ 500)	(0.006 ~ 0.01) × (500 ~ 800)	(0.006 ~ 0.01) ×800 以上
孔隙率/%	7 ~ 9	9 ~ 12	10 ~ 13	11 ~ 14

（4）边部。分切时上、下刀的安装必须牢固合理，吃刀量（上、下刀重叠量）和上、下刀之间的间隙调整不合理或刀刃不锋利，会产生边部毛刺、毛边，甚至出现边部裂口、小波浪、翘边等缺陷。

（5）表面。轧机来料表面板形良好，如果压平辊辊型不好，某部位与铝箔卷接触不实或导辊之间不平行，卷取轴跳动，压平辊两侧压力不均匀，都容易造成铝箔卷表面出现皱纹、打底厚等缺陷。

（6）断头焊接。对于厚度范围为 0.006 ~ 0.035mm 的铝箔，接头应采用超声波焊接。超声波焊接铝箔是属于两张铝箔表面凹凸不平处的嵌镶而不是熔焊，焊接时主要控制的工艺参数为焊接速度、焊接压力和焊接输入功率。

D　铝箔的清洗

高速铝箔轧机工艺润滑油采用的是低黏度、窄馏分的基础油，轧制时不采用清洗工艺。低速铝箔轧机采用的是高黏度工艺润滑油，在成品道次前需要清洗（双张箔有的不清洗），采用一边轧制，一边清洗的工艺。清洗的目的是去除铝箔表面的高黏度轧制油和脏物，防止成品退火出现油斑、粘连，降低铝箔针孔数量。常用清洗剂为汽油和煤油的混合液。

9.3.6　铝箔的成品退火

大部分铝箔是软化退火后使用。对于双合轧制铝箔或包装单张铝箔，软化退火不仅是为了使铝箔完全再结晶，而且要完全除掉铝箔表面残油，使铝箔表面光亮平整并能自由展开。

9.3.6.1　铝箔成品退火的种类

（1）低温除油退火。铝箔轧制后，铝箔表面会残留部分轧制油，为了减少表面残油，又能保证其硬状态的力学性能，可采用低温除油退火工艺。退火温度为 150 ~ 200℃，退火时间为 10 ~ 20h。表面除油效果良好，铝箔的抗拉强度下降 5% ~ 15%。

（2）不完全再结晶退火。部分软化退火，退火后的组织除存在加工变形组织外，还可能存在着一定量的再结晶组织。不完全再结晶退火主要是为了获得满足不同性能要求的 H22、H24、H26 状态的铝箔成品。

（3）再结晶退火。退火温度在再结晶温度以上，保温时间充分长，退火后的铝箔为软状态。软状态退火不仅是为了使铝箔再结晶，而且要完全除掉铝箔表面的残油，使铝箔表面光亮平整并能自由伸展。

9.3.6.2　成品退火工艺参数的优化

A　成品退火工艺参数的选择

a　加热速度

加热速度是指单位时间所升高的温度。确定铝箔加热速度应考虑下列因素：

（1）卷的宽度、直径越大，箔卷的热均匀性越差。若加热速度太快，容易造成箔卷表面与心部温度差别大，由于热胀冷缩的原因，箔卷心部的体积变化会有较大差别，从而产生很大的热应力，而使箔卷表面起鼓、起棱。对 0.02mm 以上的铝箔加热速度的影响不明显，而对 0.02mm 以下的薄箔加热速度应适当降低，低速加热还有利于防止铝箔的粘连。

（2）快速加热易于得到细小均匀的组织，改善其性能，如 3A21 合金铝箔，为防止退火过程中极易出现的局部晶粒粗大、晶粒不均匀现象，通常采用快速加热的方法。

（3）实际生产中，在保证质量的前提下应尽量提高加热速度。

（4）有轴流式循环风机的退火炉，由于气流循环快、温度均匀，可适当提高加热速度。

目前铝箔退火炉绝大多数是气流循环式电阻炉，装炉量 10～30t，带有温度自动控制、超温报警等功能，炉气温度的均匀性在 ±5℃。

b 加热温度

加热温度是指成品退火的保温温度。加热温度对退火质量影响很大，若选择合理，不仅可以获得良好的产品质量，而且可以提高生产率，降低电能消耗。选择加热温度应考虑下列因素：

（1）对软状态铝箔，要求铝箔表面光亮，无残油和油斑。从去除铝箔表面残油的角度来看，加热温度越高，去油性能越好，但加热温度太高，会使铝箔内部晶粒组织粗大，力学性能下降。对软状态铝箔，薄箔的加热温度可选择 200～300℃。铸轧坯料生产的铝箔较热轧坯料生产的铝箔加热温度高 10～30℃。对软状态厚箔的加热温度可选择 300～400℃。

（2）加热温度越高，铝箔的自由伸展性越差。图 9-11 为加热温度和保温时间对铝箔黏结强度的影响。

（3）加热温度的高低对铝箔的组织和性能影响最大，尤其对中间状态铝箔，正确选择加热温度是保证中间状态铝箔组织和力学性能的关键。为保证铝箔的组织和力学性能，一般先采用试验室试验，根据试验室结果制定退火工艺，然后再在工业生产中进行生产试验。

c 保温时间

保温时间是指加热温度的保持时间。保温时间和加热温度在一定条件下可相互影响，加热温度高，保温时间就短。当加热温度一定时，保温时间要保证铝箔表面和内部温度均匀一致。保温时间的选择要考虑下列因素：

（1）铝箔卷的宽度和直径。对软状态双张铝箔卷，当退火温度一定时，为达到除油效果，应随着铝箔卷宽度和直径的增大，延长保温时间，对宽幅、卷径大的铝箔卷保温时间可达 100～120h。不同宽度铝箔卷的保温时间如图 9-12 所示。

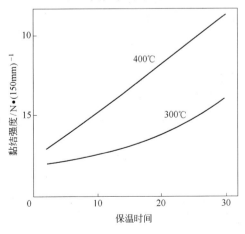

图 9-11 加热温度和保温时间
对铝箔黏结强度的影响

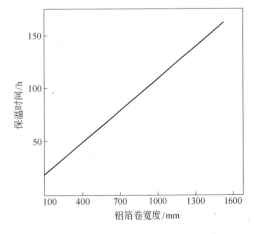

图 9-12 双张铝箔宽度与保温时间的关系

（2）孔隙率对除油效果影响较大。孔隙率大，保温时间可缩短，在其他条件相同时，孔隙率为14%的0.007mm铝箔卷与孔隙率为10%的0.007mm铝箔卷相比，前者可缩短保温时间10% ~20%。

（3）对有性能要求的铝箔，保温时间要足以使铝箔卷表面、内部组织和性能均匀一致。

（4）考虑到生产效率，在能够保证铝箔退火质量的前提下，应尽量提高加热温度，缩短保温时间。

　　d　冷却速度

冷却速度的选择要考虑下列因素：

（1）铝箔卷的厚度、宽度和直径。铝箔厚度越薄，宽度和直径越大，冷却速度应越小；冷却速度太大，会引起铝箔卷表面和内部温差增大，产生较大的热变形，使铝箔卷表面起鼓、起棱。冷却速度对0.02mm以上较厚的铝箔卷影响较小，但对0.02mm以下较薄的铝箔卷应控制其冷却速度和出炉温度，冷却速度应小于15℃/h，出炉温度应小于60℃。

（2）组织和性能。对热处理不可强化合金箔材，冷却速度对组织和性能的影响很小，但对热处理可强化的合金箔材，如果冷却速度太快，第二相质点得不到充分长大，就有可能形成细小的弥散质点，造成部分淬火效应，使强度升高，塑性降低，所以对此类合金箔材的冷却速度应加以控制。

（3）生产效率。在保证质量的前提下，可适当加快冷却速度，缩短退火周期。

　　B　铝箔退火的方式

（1）普通空气电阻炉退火。对一般工业用铝箔，普遍采用的是普通空气电阻炉退火，炉内有轴流式循环风机，为保证炉腔内正压力，清洗风机向炉内吹进外界空气。采用该种退火方式，只要退火工艺选择合理，完全能够消除铝箔表面残油，保证铝箔表面质量和性能良好。

（2）保护性气体退火。保护性气体通常为氮气，可采用液化气燃烧分解的方法或直接将氮气通入退火炉内，氮气含量可达80%以上。此种方式因为没有氧气，轧制油只蒸发而没有氧化燃烧，所以，即使是高黏度轧制油，也不易出现油斑和油粘连。

（3）负压退火。负压退火采用的不是向炉内吹空气，保持炉内正压向外排油烟的方法，而是向炉外抽气保持炉内负压的方法。采用该种方式，轧制油挥发较快，可以缩短退火除油的时间。

（4）真空炉退火。铝箔真空炉退火除油效果、表面质量好，但时间长、成本高。目前只有一些必须高温退火并严格要求防止表面氧化的电子铝箔采用真空炉退火。

9.4　铝箔生产过程的质量控制

影响铝箔轧制质量的因素很多，主要有以下几种：

（1）人员。操作人员的操作技术水平和责任心的影响。

（2）设备。设备的设计、制造、安装水平以及生产运行条件下，厚度检测、板形检测与控制水平的影响。

（3）坯料。坯料的表面质量、厚度偏差、内在冶金质量、成分与力学性能的影响。

（4）工艺。轧制参数（加工率、轧制力、轧制速度、前后张力、压平辊的使用），轧制油（基础油、添加剂、油温和黏度、喷射量与分布、喷射压力和过滤等），轧辊（加工精度、硬度、凸度、表面、辊型、磨削工艺、支撑辊辊型调节能力）的影响。

铝箔的主要缺陷有：

（1）针孔。针孔是铝箔材的主要缺陷。原料中、轧辊上、轧制油中，甚至空气中的尘埃尺寸达到 6μm 左右进入辊缝均会引起针孔，所以 6μm 铝箔没有针孔是不可能的，只能用多少和大小评价。由于铝箔轧制条件的改善，特别是防尘与轧制油有效地过滤和方便的换辊系统的设置，铝箔针孔数目愈来愈取决于原料的冶金质量和加工缺陷。由于针孔往往是原料缺陷的脱落，很难找到与原缺陷的对应关系。一般认为，针孔主要与含气量、夹杂、化合物及成分偏析有关。采取有效的铝液净化、过滤、晶粒细化均有助于减少针孔。当然采用合金化等手段改善材料的硬化特性也有助于减少针孔。优质的热轧材轧制的 6μm 铝箔针孔可在 100 个/m² 以下。铸轧材当净化较好时，6μm 铝箔针孔在 200 个/m² 以下。在铝箔轧制过程中，其他造成针孔的因素也很多，甚至是灾难性的，每平方米数以千计的针孔并不少见。轧制油的有效过滤，轧辊短期更换及防尘措施均是减少铝箔针孔必备的条件，而采用大轧制力，小张力轧制也会对减少针孔有帮助，见图 9-13。

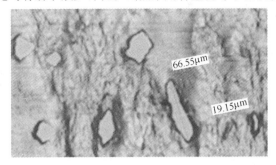

图 9-13　针孔

（2）辊印、辊眼、光泽不均。它主要是轧辊引起的铝箔缺陷，分为点、线、面三种，最显著的特点是周期出现。造成这种缺陷的主要原因为：轧辊不正确的磨削；外来物损伤轧辊；来料缺陷印伤轧辊；轧辊疲劳；辊间撞击、打滑等。所有可以造成轧辊表面损伤的因素，均可对铝箔轧制形成危害。因为铝箔轧制辊面光洁程度很高，轻微的光泽不均匀也会影响其表面状态。定期的清理轧机，保持轧机的清洁，保证清辊器的正常工作，定期换辊，合理磨削，均是保证铝箔轧后表面均匀一致的基本条件。

（3）起皱。由于板形严重不良，在铝箔卷取或展开时会形成皱折，其本质为张力不足以使箔面拉平。对于张力为 20MPa 的装置，箔面的板形不得大于 30I，当大于 30I 时，必然起皱。由于轧制时铝箔往往承受比后续加工更大的张力，一些在轧制时仅仅表现为板形不良的铝箔在分切或退火后的使用时却表现为起皱。起皱产生的主要原因是由于板形控制不良，包括轧辊磨削不正确、辊型不对、来料板形不良及调整板形不正确等。

（4）亮点、亮痕、亮斑。双合面由于双合油使用不当引起的亮点、亮痕、亮斑，主要是因为双合油油膜强度不足，或轧辊面不均引起轧制变形，外观呈麻点或异物压入状。选用合理的双合油，保持来料清洁和轧辊的辊面均匀是解决这类缺陷的有效措施。同时改变压下量和选择优良的铝板也是必要的。

（5）厚差。厚差难以控制是铝箔轧制的一个特点。3% 的厚差在板材生产时不难控制，而在铝箔生产时却非常困难。原因在于厚度薄，其他微量条件均可对其造成影响，如温度、油膜、油气浓度等。铝箔轧制一卷可达几十万米，轧制时间长达 10h 左右，随时间延长，厚差很容易形成，而对厚度调整的手段仅有张力-速度。这些因素均造成了铝箔轧制的厚控困难，所以，真正控制厚差在 3% 以内，需要许多条件来保证，难度相当大。

（6）油污。油污是指轧制后铝箔表面带上了多余的油，即除轧制油膜以外的油。这些油往往由辊颈处或轧机出口上、下方甩、溅、滴在箔面上，且较脏，成分复杂。铝箔表面带油污比其他轧制材带油污危害更大：一是由于铝箔成品多数作为装饰或包装材料，必须有一个洁净的表面；二是其厚度薄，在后道退火时易形成泡状，而且由于油量较多在该处形成过多的残留物而影响使用。油污缺陷多少是评价铝箔质量的一项很重要的指标，见图 9-14。

（7）水斑。水斑是指在轧制前有水滴在箔面上，轧制后形成的白色斑迹。较轻微时会影

响铝箔表面状况，严重时会引起断带。水斑是
由于油中有水珠或轧机内有水珠落在箔面上形
成的，控制油内水分和水源是避免水斑的唯一
措施。

（8）振痕。振痕是指铝箔表面周期性的横
波。产生振痕的原因有两种：一种是由于轧辊
磨削时形成的，周期在 10 ~ 20mm 左右；另一
种是轧制时由于油膜不连续振动，常产生在一
个速度区间，周期为 5 ~ 10mm。产生振痕的根
本原因是油膜强度不足，通常可以采用改善润
滑状态来消除。

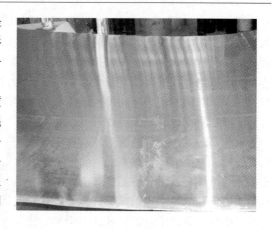

图 9-14　油污

（9）张力线。当厚度达到 0.015mm 以下
时，在铝箔的纵向形成平行条纹，俗称张力
线。张力线间距在 5 ~ 20mm 左右，张力愈小，张力线愈宽，条纹愈明显。当张力达到一定值
时，张力线很轻微甚至消失。厚度愈小，产生张力线的可能性愈大，双合轧制产生张力线的可
能性较单张大。增大张力和轧辊粗糙度是减轻、消除张力线的有效措施，而大的张力必须以良
好的板形为基础。

（10）开缝。开缝是箔材轧制特有的缺陷，在轧制时沿纵向平直地裂开，常伴有金属丝线。
开缝的根本原因是轧制时后张力过小，来料中间松、边部紧，辊型控制不当，坯料存在气道，
入口侧打折或来料打折。开缝常发生在中间。严重的开缝无法轧制，而轻微的开缝在以后的分
切时裂开，这往往造成大量废品。

（11）气道。在轧制时间断出现条状压碎，边缘呈液滴状曲线，有一定宽度，轻度的气
道未压碎，呈白色条状并有密集针孔。在压碎铝箔的前后端存在密集针孔是判断气道
与其他缺陷的主要标志。气道来源于原料，所以选择含气量低的材料作为铝毛坯非常
重要。

（12）卷取缺陷。卷取缺陷主要指松卷或内松外紧。由于铝箔承受的张力有限，卷取硬卷
就很困难。里紧外松的卷是最理想的，而足够的张力是形成一定张力梯度的条件，所以，卷取
质量最终依赖于板形好坏。内松外紧的卷会形成横棱，而松卷则会形成椭圆，均会影响以后的
加工。

（13）碰伤。铝箔卷与卷或卷与其他物体相撞后，在箔卷表面或端面产生的伤痕，如图
9-15所示。其特征是铝箔表面或端面有部分凹陷，严重时，铝箔卷不易或无法打开。

碰伤产生的主要原因如下：各生产工序吊运或存放不当；运输及搬运过程中碰伤；铝箔卷
在退火料架或包装台上被其他突出物磕碰而产生伤痕。

（14）印痕。箔材表面存在周期性的凹陷或凸起，如图 9-16 所示。

印痕产生的主要原因如下：轧辊或导辊表面有缺陷；轧辊或导辊表面粘有金属屑等脏物；
套筒或管芯表面不清洁或局部存在光滑凸起；卷取时，箔材表面粘有异物。

（15）表面气泡。箔材表面不规则的圆形或条状空腔凸起；凸起的边缘圆滑，两面不对称，
分布无规律。表面气泡产生的主要原因如下：退火温度过高，加热时间过长；金属氢含量
偏高。

（16）腐蚀。铝箔表面与周围介质接触，发生化学反应或电化学反应后，在铝箔表面产生
的缺陷。被腐蚀的铝箔表面会失去光泽，严重时还会产生灰色腐蚀物，如图 9-17 所示。

图 9-15　碰伤

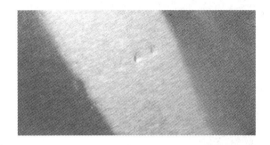

图 9-16　印痕

腐蚀产生的主要原因如下：铝箔生产及运输、存放保管不当，由于气候潮湿或雨水浸入而引起腐蚀；轧制油中含有水分或呈碱性；测厚仪冷却系统滴水或高压风中含水；储运过程中，包装防腐层破损。

（17）板形不良。由于不均匀变形使箔材表面局部产生起伏不平的现象，称为板形不良。

根据缺陷产生的部位，板形不良分为中间波浪、边部波浪、二肋波浪及复合波浪。

板形不良在边部称边部波浪，在中间称中间波浪，二者兼有之称复合波浪，既不在中间又不在边部称二肋波浪。边部波浪如图 9-18 所示。

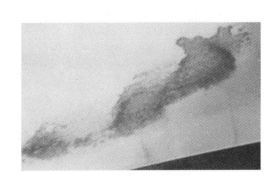

图 9-17　腐蚀

图 9-18　波浪

板形不良产生的主要原因如下：来料板形质量不好，同板差超标；压力调整不平衡，辊型控制不合理；道次压下量分配不合理；轧辊辊型不合理；轧制油喷淋不正常。

（18）粘连。铝箔卷单张不易打开，多张打开时呈板结状，产品自由垂落长度不能达到标准要求，严重时，单张无法打开。

粘连产生的主要原因如下：轧制油理化指标不合理；分切张力过大；退火工艺不合理。

（19）横波（起棱）。垂直压延方向横贯箔材表面的波纹及凸起，如图 9-19 所示。

横波（起棱）产生的主要原因如下：卷取张力控制不当，缠卷时先松后紧；套筒或管芯精度不够；分切时同一轴卷径大小不一样；生产工艺参数控制不合理。

（20）人字纹。箔材表面呈现的有规律的人字形花纹，一般呈白色，表面有明显的色差，但十分光滑，如图 9-20 所示。

人字纹产生的主要原因如下：轧制时道次压下量过大，金属在轧辊间由于摩擦力大，流动速度慢，产生滑移；辊型不好，温度不均；轧辊粗糙度不合理；轧制油理化指标不合理。

图 9-19　横波

图 9-20　人字纹

（21）孔洞。箔材表面的孔洞，如图 9-21 所示。

孔洞产生的主要原因如下：轧辊表面有损伤；生产过程中，外来物脱落后形成裂口；来料表面有夹杂、气道、严重划伤等缺陷；压下量过大导致变形不均匀。

铝箔轧制缺陷种类尽管很多，但最终主要表现为：以孔洞为特征的针孔、辊眼、开缝、气道；以表面状况为特征的油污、光泽不均、振痕、张力线、水斑、亮点亮斑；以影响后道工序加工的板形、起皱、打折、卷取不良；以尺寸为特征的厚差等。实质上，铝箔特有的缺陷只有针

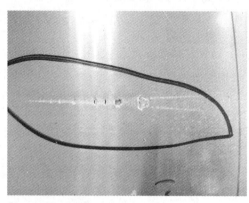

图 9-21　孔洞

孔一种，其他几种缺陷板材同样也有，只不过表现的严重程度不同或要求不同而已。

复习思考题

1. 铝箔的定义是什么？
2. 铝箔轧制有哪些主要特点？
3. 铝箔坯料的冶金质量有哪些要求？
4. 铝箔生产中道次加工率的分配原则是什么？
5. 影响铝箔轧制速度的因素有哪些？
6. 高速铝箔轧制的火灾预防措施有哪些？
7. 铝箔退火有哪些方式？
8. 简述铝箔的主要缺陷及产生原因（五种以上）。

10 产品的检验及包装

10.1 产品质量检验

10.1.1 产品质量检验的主要指标

通常产品质量检验的主要指标包括：板带材的化学成分、厚度、宽度、不平度、侧向弯曲率、表面工艺油残留量、表面粗糙度、力学性能、晶粒组织等。根据用户使用情况及产品生产时所采用的技术标准不同，各有侧重。

10.1.2 产品质量检验主要工具及设备

10.1.2.1 离线检测工具

离线检测工具包括：光电直读仪或化学检测、螺旋千分尺（精确到 0.001mm）、卷尺（精确到 1mm）、用于测量波高的直尺（精确到 1mm）、检测平台、游标卡尺、拉伸机、电子显微镜等。

10.1.2.2 在线检测工具

（1）板形辊。接触式张力测量辊，如 ABB 公司的板形测量辊、戴维国际开发公司的 VI-DI-MON 板形辊、Hess Engineering 公司的 Sund-Wig/BFI 带材平直度测量辊等，选用时应根据需要检测的带材厚度范围和设备工作环境确定。非触式板形仪主要用于无张力或微张力热轧或冷轧的板形检测，有两种形式，一种是用得较多的激光板形仪，另一种是用得较少的涡流板形仪。

（2）测厚仪。测厚仪主要有涡流测厚仪、X 射线测厚仪、放射线测厚仪、激光测厚仪等，选用时应根据需要检测的带材厚度确定。

（3）表面检测工具。板带材表面检测工具主要用于检测板带材表面的擦划伤、印痕、压过划痕及粘伤等轧制缺陷。第一代表面检测系统是采用激光扫描仪对二维表面缺陷逐点扫描进行检测；第二代表面检测系统是建立在 CCD 线列阵摄像仪的基础上，逐条线进行扫描检测。目前表面检测系统采用了特别的算法，配有 CCD 面列阵摄影机和专门的显示系统，如德国 Mavis Machine Vision 公司开发的测量系统和 Cognex 公司开发的 is-1500 表面检测设备等。

10.1.2.3 产品质量检验主要方法

板带材的厚度可用测厚仪进行在线检测及用螺旋千分尺进行离线测量；宽度用卷尺或游标卡尺进行测量；不平度（单位为 I）采用板形测量仪进行在线检测或将板材或带材自由放在检测平台上用直尺和卷尺分别测量波高（h）和波长（l），按公式：$l = (h/2\pi)^2 \times 10^5$ 进行计算得出；侧向弯曲率是将长度为 1m 的直尺靠在带材的边部，然后用另一直尺测量出带材边部到 1m 长直尺的最大距离；表面缺陷可采用目测或使用专用表面检测工具进行检测；表面工艺油残留量、表面粗糙度、力学性能、晶粒组织等指标则需用专用设备按相应的技术标准进行检测。

10.2　产品的包装

对产品包装的一般要求：

（1）包装箱应有足够的强度，不能因其破损使产品受到损伤。

（2）包装箱可用木材也可用金属或其他材料制成。

（3）包装箱的尺寸能满足产品尺寸的要求，保证产品在箱内无窜动或挤折。采用集装箱发运时，还应考虑其尺寸匹配。

（4）各种包装箱（件）应规整、不歪斜、清洁、干燥。内包装用木材水含量不大于20%。

（5）长形包装箱加强带的带距除能满足包装箱的坚固性要求外，还应满足吊车和叉车作业要求。

（6）木质包装箱制作时，钉子的位置应呈迈步形排列，钉帽要打靠，钉尖要盘倒，不准露钉尖。棱角处应钉护角铁。

（7）所用包装纸及内包装材料的水溶性应呈中性或弱酸性。

（8）捆扎用钢带的质量应符合 GB/T 4173 标准要求。

（9）板、带、箔产品包装箱内应放置防潮的硅胶。

（10）凡是要装产品的包装箱，在包装时均应首先在包装箱内铺一层厚度不小于 0.08mm 的塑料布或中性（弱酸性）防潮纸或者其他防潮材料，然后再铺设两层牛皮纸或中性（弱酸性）浸油纸。产品装入箱后，四边的包装纸（或布）应向上规则包好，还要用胶带纸密封好，上层再盖一层防潮纸（或两层浸油纸）、塑料布，方可加盖钉好。

10.2.1　常用包装材料

包装材料的种类繁多，包装方法不同，所采用的包装材料也不同，总的说来有以下几大类：木材、纸、化工材料、竹制品、钢材等。直接用来包装铝加工材的包装材料有以下几类。

A　防潮材料

防潮材料主要有以下几种：

（1）聚乙烯薄膜。根据制造方法及性质分为高压法聚乙烯薄膜及中低压法聚乙烯薄膜，一般为筒状或薄膜状。薄膜的颜色原则上是自然色、均匀，膜面无气泡、折痕、针孔等，不允许有 0.6mm 以上的黑点、杂质以及 2mm 以上的结晶点和僵块，膜面之间无黏结。存放和使用应在 50℃ 以下，其力学性能应符合表 10-1 的规定。

表 10-1　聚乙烯薄膜的力学性能

指标名称	指标要求	
	厚度小于 0.05mm	厚度不小于 0.05mm
拉伸强度（纵、横向）/MPa	≥0.1	≥0.1
断裂伸长率（纵、横向）/%	≥0.14	≥0.25
直角撕裂强度（纵、横向）/MPa	≥0.04	≥0.04

（2）聚乙烯加工纸。聚乙烯加工纸是将聚乙烯薄膜（一般多为 0.01~0.07mm 左右）复合在各种纸上而成，具有优异的防水、防潮、耐蚀、热封口性能。

（3）沥青防水纸。沥青防水纸是在各种克重（30~75g/m²）的两层牛皮纸间黏附沥青层

$(40 \sim 80 g/m^2)$ 而成，其价格便宜，是一种具有防水、防潮、气密性、耐化学性的柔软包装材料。

（4）自黏膜。包装用自黏膜是由 C6 或 C8 材料按一定比例制成的一种延伸可达 370% 以上的材料，其外表面有一层黏性物质，主要用于自动包装机列上。为保持其密封性，在使用时要求其延伸达到 150% ~ 250% 以上仍具有弹性。具体技术指标为：拉伸强度不小于 20MPa，直角撕裂强度不小于 12MPa，自黏性不小于 $1.5 \times 10^{-2} MPa$。

　B　包装箱

包装箱主要用于板材或重量小于 1.5t 的小卷的包装。制作包装箱需要的材料有：原木材、胶合板、竹席板、钢钉、金属材料等。

（1）木材。作为包装用的木材，一般常用的主要是松、冷杉、铁杉等针叶树，其含水率原则上要求控制在 20% 以下，但对于成箱后还会继续干燥的外部用材的含水率可控制在 24% 以下。木材不能有下列缺陷：

1）板材和扁方材的木节或群生节在板宽方向的直径超过板宽的 1/3，或钉钉子部位及两端有节者。

2）方材的木节或群生节在材宽方向的直径超过材宽的 1/3，且贯通两面者。

3）用做应力构件的木材的钝棱带有树皮的大小，超过厚度的 1/2，以及在材宽方向上超过 2cm 者。

4）板材上有 1.2cm 以上的木节孔、虫眼、死结、漏节等缺陷者，但已修补的除外。

5）有裂纹、腐朽、变形等缺陷者，但已修补者除外。

（2）胶合板。根据使用部位的受力情况可选用三层、五层及更多层数的胶合板。

（3）铁钉。根据需要确定长度。

（4）护棱（联结铁皮）。护棱的材质与钢带相同，根据需要可用经防锈处理的护棱。

（5）钢带。钢带分为 16mm、19mm、32mm 三种，并根据需要可作防锈处理。

（6）竹席板。竹席板主要用来制作国内包装箱的侧壁和顶板，它是由竹席和乳胶经热压而成，具有防水、防潮性能，并具有一定的强度。

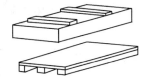

包装箱的具体结构如图 10-1 所示。

图 10-1　板材包装箱示意图

　C　木托盘（含圆形顶盖或方形框架）

木托盘主要用于卷材的立式包装，托盘的底方用冷云、落叶松等强度较高的木材制作，木方、木板无腐朽和霉烂。底方上不允许有影响强度的死节，也不允许有大于 20mm 的贯穿活节；允许有不影响强度的活节，活节的尺寸不得超过材宽的 40%，每米材长上的活节数不得超过 5 个。底方上允许有宽度不超过 1mm 的裂纹（钢木托盘允许有宽度不超过 2mm 裂纹），且裂纹长度不得超过材长的 1/4。

托盘用木方及木板均用整根，不允许对接，所用木方及木板厚度应一致，不能高低不平，厚度不均，宽度及厚度公差应控制在 ± 2mm 内。底板不铺满，板与板之间留 30 ~ 80mm 的间隙，底板与底方之间用两颗 76.2mm 的铁钉呈迈步形进行联结。为了节约木材，当卷重大于 3t 时，可采用厚度为 3mm 的冷轧钢板折弯成槽形包在底方外面加强底方的强度。

用来制作圆形顶盖的竹席板或胶合板不允许有起层、气泡、潮湿、霉烂、穿洞等影响强度和防水性的缺陷，且尽可能地用整块制作。当直径较大时，允许有一条接缝，但接缝间隙不大于 2mm，拼接时用 100mm 宽的同种材料压头，并用胶粘接牢后用铁钉钉牢，钉尖要盘倒。木托盘的结构示意图如图 10-2 所示。

 D　井字架

 井字架主要用于卷材的卧式包装，从节约成本的角度出发，当卷材重量超过 3t 时可采用钢木结构的底座（用 3mm 厚的冷轧钢板折弯成 U 形包在木方外面，从而减小木方的尺寸），例如：用于包装重量为 5～7t 卷材的井字架的底方尺寸为 120mm × 120mm、斜方尺寸为 150mm × 120mm，如改用钢木结构的底座，则可采用底方尺寸为 100mm × 100mm、斜方尺寸为 100mm × 100mm 的井字架。小卷可采用全木底座，也可采用全钢底座（全用槽钢焊接制作而成，但其斜方上固定有起缓冲作用的橡胶皮）。井字架的结构示意图如图 10-3 所示。

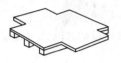
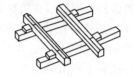

图 10-2　卷材包装用木托盘   图 10-3　井字架示意图

 井字架的底方、斜方必须用整根木材，且不允许有影响强度的死结，在起吊位置和中间部位不允许有超过材宽 40% 的活结，其余部位不允许有超过材宽 50% 的活节，每米材长的活节数不得超过 5 个（活节尺寸不足 10mm 的不计）；允许有宽度不超过 2mm 的裂纹，但单根裂纹长度（深度）不得超过材长（材厚）的 1/4；连接底方、斜方的螺栓、螺帽不允许有严重变形及裂纹，且装配好后螺栓、螺帽应低于支撑铝卷的木方表面 15～20mm；如使用冷弯槽钢，则冷弯槽钢、起吊铁皮及其他连接件应折弯成直角，钢材质量应符合 GB 708—88 的要求。

 E　纸制品

 包装时所用原纸主要有牛皮纸和新闻纸（作防止片间表面损伤的衬纸用）两种，它们的主要技术指标如表 10-2 和表 10-3 所示。

表 10-2　牛皮纸主要技术指标

指标名称		规定		允许误差/%
		一号	二号	
定量/g·m^{-2}		60	60	±5
		70	70	
		80	80	
		90	90	
耐破度（不低于）/MPa	60g/m^2	0.19	0.15	
	70g/m^2	0.23	0.19	
	80g/m^2	0.26	0.23	
	90g/m^2	0.30	0.25	
纵向撕裂度/MPa	60g/m^2	52	37	
	70g/m^2	64	50	
	80g/m^2	75	60	
	90g/m^2	84	70	
水分/%		7	7	+3
pH 值（不大于）		7		

注：纸面应平整，不允许有褶子、皱纹、残缺、斑点、裂口、孔眼等缺陷。

表 10-3 新闻纸主要技术指标

指 标 名 称		单位	规 定			
			A	B	C	D
定量		g/m²	45±1.5	49±2.0	51±2.0	
横幅（1562mm）定量变异系数（不大于）		%	2.5	3.0		
断裂长	卷筒纸纵向	m	3200	2900	2700	2500
	平板纸纵横平均（不小于）				1900	1700
横向撕裂度（不小于）		MN	230	200		
尘埃度（0.5~4.0mm）（不多于）		个/m²	72	100	140	200
其中1.5~4.0mm（不多于）			4	8	12	20
大于4.0mm			不许有	不许有	不许有	不许有
交货水分		%	6.0~10.0			
pH值（不大于）			7			

注：纸面不允许有褶子、洞眼、疙瘩、气斑、裂口等外观缺陷。

（1）纸筒。用作厚度不大于 0.8mm 卷材的内衬，对其具体要求是：湿度不大于 15%，径向溃压力根据内径不同要求范围在 1300~1800N，锥度不大于 1mm，尺寸有：内径 $\phi75mm$、$\phi200mm$、$\phi300mm$、$\phi405mm$、$\phi505mm$、$\phi605mm$ 等多种规格，长度由带材宽度决定；壁厚由卷材重量决定，常采用壁厚为 20mm 的纸芯。

图 10-4 外纸板示意图
L—卷周长；B—卷宽

（2）纸板。纸板由牛皮纸、乳胶经黏合干燥而成，其表面刷有一层防潮油。要求：厚度为 3~5mm，湿度不大于 15%，表面无孔洞、起层、霉斑、翘曲、气泡直径不大于 10mm，戳穿强度不小于 10MPa，耐磨强度不小于 2MPa，如图 10-4 所示。

（3）纸角。纸角的制作方法与纸板相同，其宽度一般为 100mm×100mm×（4~6）mm，侧面按一定间距（间距由卷径大小粗略确定）开有三角形的缺口，如图 10-5 所示。

（4）端头纸板。制作方法与纸板相同，质量要求与纸板相同，如图 10-6 所示。

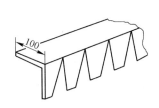

图 10-5 纸角示意图

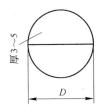

图 10-6 端头纸板示意图
（D 为卷径）

10.2.2 包装标志

10.2.2.1 收发货标志

收发货标志包括：

（1）产品标志的内容：产品的产地、到货地、收货单位、包装编号、重量（国内产品注明净重，出口产品还需注明毛重）、生产日期及其他注意标志等。

（2）标志的色彩：收发货标志原则上全部是黑色，所用的墨水耐摩擦，并且无渗透、褪色、剥落等缺点。

（3）标志的位置：

1）国内包装：板材包装箱的两对称侧面靠上顶边位置；

2）卷材的包装：卷材的上四分之一位置。

（4）注意事项：

1）除了收发货标志、注意标志之外，其他一切标志都不得记入；

2）旧标志必须完全清除；

3）广告标志不得影响必要标志的醒目程度。

10.2.2.2　指示标志

指示标志包括：

（1）色彩：指示标志原则上是黑色，也可使用红色，如与包装的底色相同也可采用反色。

（2）方法：指示标志可用刷涂、印模、描绘、印刷、标签等方法进行标示，但要使用在运输过程中不产生渗透、磨损、磨破、褪色、剥落等现象的材料。

（3）位置：指示标志要标示在包装表面易见的位置。

1）方向标志原则上标示在包装侧面或端面近上方的角落处，并要标示两处以上。

2）位置标志通常相对地标示在起吊位置处。

10.2.2.3　装箱单

凡是装箱的产品应有装箱单。装箱单是由卖方发运到买方的包装货物的明细表。它除了向买方通知内装货物的详情外，同时还是进出口报关、银行贷款批准及其他贸易业务处理的文件。它的主要内容有：生产日期、发货单编号、合同或订货单编号、合金及状态、规格、技术标准、重量、检验印记等。

10.2.3　包装方法

铝加工材的包装方法很多，产品规格、运输方式及运输距离不同，所选择的包装方法也不同。下面仅对卷材和板材这两类产品的包装方法做简要说明。

10.2.3.1　卷材的包装

卷材包装分三种：立式包装、卧式包装和装箱。大卷（宽度不小于 650mm，重量不小于 1.5t）一般采用立式包装（卷材轴心线向上）或卧式包装（卷材轴心线呈水平）；小卷一般采用卧式包装或装箱，较少采用立式包装。它们包装后的最终示意图分别如图 10-7 ~ 图 10-10 所示。

图 10-7　立式包装示意图

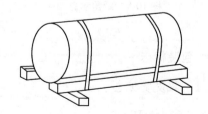
图 10-8　卧式包装示意图

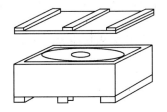

图 10-9 小卷立式装箱包装示意图

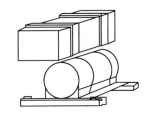

图 10-10 小卷卧式装箱包装示意图

由于分条卷宽度窄、重量轻，因此包装时多采用多卷合包方式。为了避免卷材端面损伤，在卷与卷之间通常加有与卷材外径相近、厚度为 1~3mm 的同心圆纸（如果卷材卷取特别整齐，可加不同心圆纸），然后用两根 16mm 的钢带对称地沿径向将分条卷打捆在一起，其余包装方法与单条小卷的包装方法相同。其所用的同心圆的参数如图 10-11 所示。

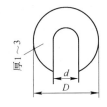

图 10-11 同心圆示意图
D—卷材外径；d—卷材内径

10.2.3.2 板材的包装

根据 GB/T 3199 规定，对厚度不小于 30mm 的普通板材采用裸件；对厚度在 5mm 以下的板材不允许采用裸件，即要进行包装。板材的包装方法有两种：下扣式包装和装箱包装（可用于横切机列实现在线包装）。它们包装后的最终示意图分别如图 10-12 和图 10-13 所示。

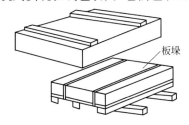

图 10-12 板材下扣式包装示意图

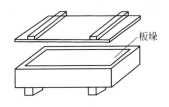

图 10-13 板材装箱包装示意图

在板带材的包装中，为了防止板片间擦伤表面，绝大多厂商采用板片间衬纸方式。衬纸方式有两种：（1）手工衬纸；（2）静电衬纸。衬纸大多采用新闻纸。其原理和设备都较简单，在这里不做叙述。

10.2.3.3 铝箔的包装

铝箔的包装应根据产品的规格、尺寸选择包装箱和包装方式，产品入箱后不能被挤伤或使其窜动。包装箱的制作材料可以是木板、多层板、纤维板、金属等材料；包装箱应清洁规整，有足够的强度保证在贮运过程中不变形、不破损。木制包装箱中钉子呈迈步排列，钉尖不能外露，应盘倒，避免在贮运过程中钉帽、钉尖扎伤产品。底托的高度应满足叉车运输的要求。

铝箔的包装方式有堆垛式、悬架式和底托式。堆垛式主要用于规格小、重量轻的产品；底托式主要用于规格大、重量大的产品；悬架式主要用于一般规格和重量的产品。

铝箔产品检验合格并盖上检印章后，卷外面应缠一层结实的中性或弱酸性材料，接头处用胶带或标签封口；端面垫用软衬垫，以保护铝卷的端面；加干燥剂，套上塑料袋并封口后放入包装箱。产品装箱后，上面再盖上一层防潮纸或塑料布，在放入装箱单后，方可加盖、钉牢。

短途运输可以不装箱，但对产品应做一些必要的防磕碰和防雨措施。

每箱产品的包装重量，除考虑箱子的承重、包装成本外，还应考虑运输方式及用户的运输装卸能力。

复习思考题

1. 产品质量检验的主要指标是什么？
2. 产品的离线检测及在线检测工具分别有哪些？
3. 产品质量检验的主要方法是什么？
4. 产品包装用主要防潮材料有哪些？

参 考 文 献

[1] 尹晓辉，等. 铝合金冷轧及薄板生产技术[M]. 北京：冶金工业出版社，2010.
[2] 李念奎，等. 铝合金材料及其热处理技术[M]. 北京：冶金工业出版社，2012.
[3] 肖亚庆，等. 铝加工技术实用手册[M]. 北京：冶金工业出版社，2005.
[4] 王祝堂，田荣璋. 铝合金及其加工手册[M]. 长沙：中南工业大学出版社，1989.
[5] 傅祖铸. 有色金属板带材生产[M]. 长沙：中南工业大学出版社，1992.
[6] 孙建林. 轧制工艺润滑技术[M]. 北京：冶金工业出版社，2004.
[7] 娄燕雄. 轧制板形控制技术[M]. 长沙：中南工业大学出版社，1993.
[8] 杨守山，等. 有色金属塑性加工学[M]. 北京：冶金工业出版社，1982.
[9] 曹乃光，等. 金属塑性加工原理[M]. 北京：冶金工业出版社，1983.
[10] 王国栋. 板形控制及板形理论[M]. 北京：冶金工业出版社，1986.
[11] 赵志业. 金属塑性变形与轧制理论[M]. 北京：冶金工业出版社，1980.
[12] 郑璇. 民用铝板、带、箔材生产[M]. 北京：冶金工业出版社，1992.
[13] 许石民，孙登月. 板带材生产工艺及设备[M]. 北京：冶金工业出版社，2008.
[14] 袁志学，王淑平. 塑性变形与轧制原理[M]. 北京：冶金工业出版社，2008.
[15] 张景进. 板带冷轧生产[M]. 北京：冶金工业出版社，2006.
[16] 苏鸿英，译. 铝板材在线表面质量检查新技术[J]. 中国有色金属，2007，12.
[17] 何定洋，刘静安. 铝板带材清洗工艺探讨[J]. 铝加工，2005，6.
[18] 李伟. 铝板带辊式矫直机主要故障的原因及对策[J]. 铝加工，2008，6.
[19] 张京城. 铝带拉弯矫直机组中的物理清洗[J]. 有色金属加工，2003，32(5).
[20] 吴建新. 铝带精密纵切工艺探讨[J]. 科技创新导报，2007，33.
[21] 王华春，李吉彬. 冷轧表面质量控制的影响因素[J]. 铝加工，2004，4.
[22] 胥福顺，李全，等. 冷轧铝板带材生产的板形控制[J]. 云南冶金，2006，35(1)：53.

冶金工业出版社部分图书推荐

书　名	定价(元)
有色金属行业职业教育培训规划教材	
有色金属塑性加工原理	18.00
金属学及热处理	32.00
重有色金属及其合金熔炼与铸造	28.00
重有色金属及其合金管棒型线材生产	38.00
重有色金属及其合金板带材生产	30.00
有色金属分析化学	46.00
轧制工程学(本科教材)	32.00
材料成形工艺学(本科教材)	69.00
加热炉(第3版)(本科教材)	32.00
金属塑性成形力学(本科教材)	26.00
金属压力加工概论(第2版)(本科教材)	29.00
材料成形实验技术(本科教材)	16.00
冶金热工基础(本科教材)	30.00
连续铸钢(本科教材)	30.00
塑性加工金属学(本科教材)	25.00
轧钢机械(第3版)(本科教材)	49.00
机械安装与维护(职业技术学院教材)	22.00
金属压力加工理论基础(职业技术学院教材)	37.00
参数检测与自动控制(职业技术学院教材)	39.00
有色金属压力加工(职业技术学院教材)	33.00
黑色金属压力加工实训(职业技术学院教材)	22.00
铜加工技术实用手册	268.00
铜加工生产技术问答	69.00
铜水(气)管及管接件生产、使用技术	28.00
冷凝管生产技术	29.00
铜及铜合金挤压生产技术	35.00
铜及铜合金熔炼与铸造技术	28.00
铜合金管及不锈钢管	20.00
现代铜盘管生产技术	26.00
高性能铜合金及其加工技术	29.00
铝加工技术实用手册	248.00
铝合金熔铸生产技术问答	49.00
镁合金制备与加工技术	128.00
薄板坯连铸连轧钢的组织性能控制	79.00

双峰检